水产品中重要食源性寄生虫检疫手册

李树清　黄维义　主编

中国农业出版社

编 写 人 员

主　编　李树清　黄维义

副主编　李　健　陈志飞

编　者　黄忠荣（上海出入境检验检疫局）

李春阳（上海出入境检验检疫局）

罗凯明（上海出入境检验检疫局）

林颖峥（上海出入境检验检疫局）

郁　枫（上海出入境检验检疫局）

陈志飞（上海出入境检验检疫局）

李树清（上海出入境检验检疫局）

黄维义（广西大学）

王冬英（广西大学）

黄腾飞（广西大学）

梅雪芳（广西大学）

全琛宇（广西大学）

杨　磊（广西大学）

李　健（复旦大学）

李雯雯（中山大学附属第一医院）

张鸿满（广西壮族自治区疾病预防控制中心）

石云良（广西壮族自治区疾病预防控制中心）

审　校　张鸿满

前　言

本书由上海出入境检验检疫局和广西大学动物科学技术学院共同编著。前者负责上海口岸进出境水产品的寄生虫检疫工作，后者专职从事寄生虫的科研和教学工作。近10年来，两个单位一直密切合作致力于水产品中主要危害人类健康重要食源性寄生虫的研究，对异尖线虫、颚口线虫、裂头绦虫、异形吸虫等寄生虫有较深入的研究，建立了水产品中一系列寄生虫分离方法、形态鉴定方法、分子生物学鉴定方法，起草了《水产品中颚口线虫检疫技术规范》（SN/T 3497—2013）、《甲壳类水产品中并殖吸虫囊蚴检疫技术规范》（SN/T 3504—2013）等检验检疫行业标准，编者在总结研究和检疫工作经验的基础上编著了本著作。

本书中所指的水产品是指适合人类食用的淡水或海水的有鳍类、甲壳类和其他形式的水产生物及所有软体动物。不包括藻类等海洋植物产品及其制品。

本书的突出特点是其实用性，如对分类中同物异名多、分类混乱的异尖线虫进行了梳理，阐述了主要的致病种及不致病种的判定方法，并以图示比较各虫种的形态特征；在国内首次详细叙述了徐氏拟裸茎吸虫；为便于读者理解、使用，对本书涉及的人兽共患寄生虫以手绘的方式描述其生活史。

本书分4章，第一章，描述了水产品中具有公共健康危害的重要食源性寄生虫，包括：线虫4类——异尖线虫、颚口线虫、毛细线虫、管圆线虫；吸虫5类——后睾吸虫、并殖吸虫、异形吸虫、棘口吸虫、徐氏拟裸茎吸虫；绦虫1类——裂头绦虫；原虫1类——库道虫。对每类寄生虫的分类、宿主、生活史、危害、对外界的抵抗力、地理分布及诊断和鉴定方法进行了详细描述。第二章，根据水产品的分类，对每类水产品需要重点检疫的食源性寄生虫进行归纳总结，便于查阅。第三章，阐述了水产品中寄生虫的检疫方法，特别增加了动物感染实验，详细介绍了使用的试验动物种类、感染幼虫或囊蚴的数量和感染方法。第四章，详细介绍了各国寄生虫的检疫及处理措施。

本书可适用于进出境检验检疫人员、水产品出口企业自检人员、国内水产品寄生虫检疫人员及相关政策的制定者阅读。

该书获得国家重点研发计划项目（2016YFC1202000，2016YFC1202004）、上海市科委项目（11dz0503100）和上海出入境检验检疫局项目（HK002－2014）的资助。本书在编写过程中，参考了大量的中外文期刊、书籍等文献，引用了其中的文字和图片。在此，表达由衷的感谢。对无私提供异尖线虫宝贵照片的河北师范大学张路平教授表示最诚挚的谢意。也希望本书能为其他读者提供有益的参考。

由于水平有限，不足之处还望读者批评指正。

编　者

2016年3月

目　　录

第一章　水产品中重要食源性寄生虫

一、异尖线虫

作为人食源性寄生虫病病原的异尖线虫通常是指某些异尖亚科（Anisakinae）线虫的感染性三期幼虫，其成虫大部分是海洋哺乳动物或海鸟的蛔虫（并非所有异尖科线虫都具危险性）。人吃了生的或未煮熟的海鱼时误食了这些感染性幼虫，就会造成异尖线虫病（anisakiasis 或 anisakidosis）。虽然幼虫一般在感染数天后死亡，不能发育为成虫而完成其生活史，但活的幼虫钻入消化道及其他组织器官造成机械性损伤，引起患者腹部或相应部位疼痛，常与其他急腹症甚至癌症混淆造成误诊。死后的虫体作为过敏源，在重复感染时会引起严重过敏反应（Audicana，2002；Sallusto，2009）。异尖线虫可感染的鱼类在世界各地都存在，南半球的感染率稍低于北半球。近些年，各国虽然加强了海鱼的检疫和处理保存的规范要求，降低了人直接感染活虫的风险，但如果鱼体内的死虫过多，也可能作为过敏原，对于一些敏感的人，甚至对吃添加鱼粉食品的儿童产生危害（Nieuwenhuizen，2013）。鉴于异尖线虫病对人类健康构成的威胁，各国检疫机构将该虫列为检疫对象。然而，因海鱼体内寄生的异尖科线虫非常普遍，种类很多，幼虫发育不完全，形态鉴定困难，不可能区分到具体的种，常常造成误判。如果漏检致病幼虫将会给人带来威胁，如果误判为非致病虫种，因其涉及的鱼种多，感染率高，则会带来较大经济损失。因此，正确地认识异尖线虫尤为重要。

（一）病原分类

异尖线虫隶属于线虫门（Nematoda），色矛纲（Chromadorea），旋尾目（Spirurida），蛔亚目（Ascaridina），异尖线虫科（Anisakidae）。异尖线虫科包含 3 个亚科，到目前为止，已报道的人异尖线虫病病原都属于异尖亚科（Anisakinae）。其中大部分是异尖属（*Anisakis*）下的几个种，少数是伪新地属（*Pseudoterranova* Mosgovoi，1951），个别是对盲囊线虫属（*Contracaecum* Railliet & Henry，1912；Mattiucci S，2008）。异尖线虫属下的虫种较多，随着研究的深入，发现报道的新种数量不断增加。目前较为公认的是该属下有 9 个有效种（Mattiucci，2008），其中的狭义简单异尖线虫［*A. simplex*（*sensu stricto*）Rudolphi，1809］、典型异尖线虫（*A. typical* Diesing，1860）、抹香鲸异尖线虫（*A. physeteris* Baylis，1920）、派氏异尖线虫（*A. pegreffii* Campana-Rouget & Biocca，1955）已在病人身上发现。异尖线虫属另外 5 个种未见病例报道，它们是简单异尖线虫 C 型（*A. simplex* C Mattiucci *et al.*，1997）、短交合刺异尖线虫（*A. brevispiculata* Dollfus，1966）、小抹香鲸异尖线虫（*A. paggiae* Mattiucci *et al.*，2005）、剑吻鲸异尖线虫（*A. ziphidarum* Paggi，Nascetti，Webb，Mattiucci，Cianchi & Bullini，1998）、异尖线虫未定种（*Anisakis* sp. Valentini *et al.*，2006）。也有学者通过同工酶电泳分析指出简单异尖线虫是一个复合种包含 3 个姊妹种，分别为：狭义简单异尖线虫、简单异尖线虫 C 型、派氏异尖线虫（Nascetti，1986）。

一直以来各属异尖线虫幼虫的鉴定存在很大的混乱。近些年许多学者认为一些报道中的异尖亚科中的海豹线虫（*Phocanema* Myers，1959）、前盲囊线虫（*Parracaecum* Railliet & Henry，1912）、钻线虫（*Terranova* Leiper & Atkinson，1914）等均应是伪新地线虫的同物异名（Deardorff and Overstreet，1980；Gibson，1983；Bouree *et al.*，1995；Lymbery，2007）。因此，近 20 多年人异尖线虫病的研究主要涉及简单异尖线虫（*A. simplex*）、迷惑伪新地线虫（*P. decipiens*）和对盲囊线虫（*C. osculatum*）。随着分子生物学分类方法的使用，对感染人的异尖线虫种类有更深入的研究（Ishikura，1998；Audicana，2002；Mattiucci，2008）。

异尖线虫科另外两个亚科：一是高氏亚科（Goeziinae Travassos，1919），是硬骨鱼类和一些爬行动物的寄生虫；二是针蛔亚科（Raphidascaridinae Hartwich，1954），绝大多数是鱼的寄生虫，有些种偶尔感染鸟。目前未有这两个亚科的幼虫感染人的证据。个别综述文章称针蛔亚科中的宫脂线虫（*Hysterothylacium* spp.）（Ishikura，1993）能感染人的说法目前无虫体鉴定证据不能肯定。因为绝大多数宫脂线虫终末宿主是鱼，实验证明其无论是幼虫还是成虫均不能在 30℃ 以上的温度下存活，幼虫感染实验动物也不成功（Deardorff *et al.*，1982；Gonzalez，1998；Huang WY，1989）。所以，对这两个亚科在此不详述。鉴于针蛔亚科多是鱼的寄生虫，其幼虫形态鉴定较困难，且宫脂属、针蛔属（*Raphidascaris* Railliet & Henry，1915）、拟针蛔属（*Raphidascaroides* Yamaguti，1941）、鲔蛔属（*Thynnascaris* Dollfus，1933）之间常是同物异名的混淆。仅宫脂属就有 60 多种，在世界各地多种鱼体内广泛大量寄生，从幼虫到成虫各阶段都有（Abdel-Ghaffar *et al.*，2015），其幼虫形态又与异尖属及对盲囊属线虫近似，常引起混淆。如检出大量宫脂线虫（或称鲔蛔线虫、针蛔线虫）时即认为有很多异尖线虫感染、对人有危险，是不正确的。因此，本书在形态学鉴定及分子生物学鉴定方法中加入宫脂线虫作为鉴别比较。

（二）宿主

异尖线虫终末宿主几乎分布于全球各个海域。20 多个国家或地区已报道有上百种鱼寄生有异尖线虫。我国东海、南海、黄海和渤海等海域有数十种鱼类感染异尖线虫。值得注意的是，现在发现淡水鱼也有可能感染异尖线虫。这表明在全球生态环境改变的压力下，使得海洋动物寄生虫在淡水动物中出现，这必将增加防治的难度。

异尖属线虫终末宿主、中间宿主及转续宿主包括如下所列海水动物（Mattiucci，2006，2007；Mattiucci *et al.*，1986，1997，2001，2002a，b，2004，2005；Nadler *et al.*，2005；Nascetti *et al.*，1986；Paggi *et al.*，1998a，b，c）。

终末宿主包括鲸目（Cetaceans）下多种海豚和鲸鱼：

须鲸科（Balaenopteridae）：小须鲸（*Balaenoptera acutorostrata*）。

海豚科（Delphinidae）：短喙真海豚（*Delphinus delphis*）、巨头鲸（*Globicephala melaena*）、短鳍领航鲸（*Globicephala macrorhynchus*）、白喙海豚（*Lagenorhynchus albirostris*）、北露脊海豚（*Lissodelphis borealis*）、虎鲸（*Orcinus orca*）、伪虎鲸（*Pseudorca crassidens*）、蓝白细吻海豚（*Stenella coeruleoalba*）、宽吻海豚（*Tursiops truncates*）、亚马逊河白海豚（*Sotalia fluviatilis*）、白点细吻海豚（*Stenella attenuate*）、长细吻海豚（*Stenella longirostris*）、糙齿尖嘴海豚（*Steno bredanensis*）。

小抹香鲸科（Kogiidae）：小抹香鲸（*Kogia breviceps*）、抹香鲸（*Kogia sima*）。

独角鲸科（Monodontidae）：白鲸（*Delphinapterus leucas*）。

小露脊鲸科（Neobalaenidae）：小露脊鲸（*Caperea marginata*）。

鼠海豚科（Phocoenidae）：鼠海豚（*Phocoena phocoena*）。

抹香鲸科（Physeteridae）：抹香鲸（*Physeter catodon*）。

喙鲸科（Ziphiidae）：柏氏中喙鲸（*Mesoplodon densirostris*）、杰氏中喙鲸（*Mesoplodon europaeus*）、哥氏中喙鲸（*Mesoplodon grayi*）、初氏中喙鲸

(*Mesoplodon mirus*)、柯氏喙鲸(*Ziphius cavirostris*)。

中间宿主或转续宿主包括柔鱼类及大部分硬骨鱼总纲(Osteichthyes)的多种海鱼:

乌贼科(Sepiidae):欧洲横纹乌贼(*Sepia officinalis*)。

柔鱼科(Ommastrephidae):短柔鱼(*Todaropsis eblanae*)、褶柔鱼(*Todarodes sagittatus*)、*Todarodes angolensis*、*Illex coindettii*。

颌针鱼科(Belonidae):颌针鱼(*Belone belone*)。

鲆科(Bothidae):大口羊舌鲆(*Arnoglossus laterna*)、眶嵴羊舌鲆(*Arnoglossus imperialis*)。

乌鲂科(Bramidae):乌鲂(*Brama brama*)。

鲹科(Carangidae):南非竹筴鱼(*Trachurus capensis*)、地中海竹筴鱼(*Trachurus mediterraneus*)、蓝竹筴鱼(*Trachurus picturatus*)、竹筴鱼(*Trachurus trachurus*)、脂眼凹肩鲹(*Selar crumenophthalmus*)。

棘鲆科(Citharidae):斑尾棘鲆(*Citharus linguatula*)。

鲱科(Clupeidae):大西洋鲱鱼(*Clupea harengus*)、氏脂眼鲱(*Etrumeus whiteheadi*)。

糯鳗科(Congridae):鳗鱼(*Conger conger*)、星康吉鳗(*Astroconger myriaster*)。

鲯鳅科(Coryphaenidae):鲯鳅(*Coryphaena hippurus*)、谐鱼(*Emmelicththys nitidus nitidus*)。

鳀科(Engraulidae):欧洲鳀(*Engraulis encrasicolus*)。

鳕科(Gadidae):北鳕(*Boreogadus saida*)、蓝鳕(*Micromesistius poutassou*)、大西洋鳕鱼(*Gadus morhua*)、黄线狭鳕(*Theragra chalcogramma*)、条长臀鳕(*Trisopterus luscus*)。

蛇鲭科(Gempylidae):杖蛇鲭(*Thyrsites atun*)。

六线鱼科(Hexagrammidae):远东多线鱼(*Pleurogrammus azonus*)。

鮟鱇科(Lophiidae):钓鮟鱇(*Lophius piscatorius*)、锄齿鮟鱇(*Lophius vomerinus*)。

江鳕科(Lotidae):蓝魣鳕(*Molva dypterygia*)、单鳍鳕(*Brosme brosme*)。

无须鳕科(Merluccidae):南非无须鳕(*Merluccius capensis*)、阿根廷无须鳕(*Merluccius hubbsi*)、欧洲无须鳕(*Merluccius merluccius*)。

糯鳗亚目(Muraenidae):地中海海鳝(*Muraena helena*)。

稚鳕科（Moridae）：船冻红小褐鳕（*Pseudophycis bachus*）。

金线鱼科（Nemipteridae）：金线鱼（*Nemipterus virgatus*）、*Nemipterus bathybius*。

鼬鱼科（Ophidiidae）：岬羽鼬鳚（*Genypterus capensis*）。

胡瓜鱼科（Osmeridae）：海公鱼（*Hypomesus pretiosus japonicas*）。

褐鳕科（Phycidae）：褐鳕（*Phycis phycis*）、鳚状褐鳕（*Phycis blennoides*）。

虎鱚科（Pinguipedidae）：蓝色鳕鱼（*Parapercis colias*）。

鲽科（Pleuronectidae）：庸鲽（*Hippoglossus hippoglossus*）、川鲽（*Platichthys flesus*）。

鲑科（Salmonidae）：驼背大马哈鱼（*Oncorhynchus gorbuscha*）、大马哈鱼（*Oncorhynchus keta*）、大西洋鲑鱼（*Salmo salar*）。

秋刀鱼科（Scomberesocidae）：竹刀鱼（*Scomberesox saurus*）。

鲭科（Scombridae）：四斑鳞鲆（*Lepidorhombus boscii*）、日本鲭（*Scomber japonicas*）、鲭鱼（*Scomber scombrus*）、金枪鱼（*Thunnus thynnus*）、扁舵鲣（*Auxis thazard*）、巴鲣（*Euthynnus affinis*）、东方狐鲣（*Sarda orientalis*）、康氏马鲛（Scomberomorus commerson）。

鲉科（Scorpaenidae）：赤鲉（*Scorpaena scrofa*）。

平鲉科（Sebastidae）：黑腹无鳔鲉（*Helicolenus dactylopterus*）。

鳎科（Soleidae）：圆尾双色鳎（*Dicologlossa cuneata*）、地中海鳎（*Solea senegalensis*）。

鲷科（Sparidae）：黑椎鲷（*Spondyliosoma cantharus*）。

褶胸鱼科（Sternoptychidae）：缪氏暗光鱼（*Maurolicus muelleri*）。

棘鲷科（Trachichthyidae）：大西洋胸棘鲷（*Hoplostethus atlanticus*）、红棘胸鲷（*Hoplostethus mediterraneus*）。

龙科（Trachinidae）：龙螣（*Echiichthys vipera*）。

带鱼科（Trichiuridae）：大西洋叉尾带鱼（*Lepidopus caudatus*）、黑等鳍叉尾带鱼（*Aphanopus carbo*）、白带鱼（*Trichiurus lepturus*）。

鲂鮄科（Triglidae）：真鲂鮄（*Eutrigla gurnardus*）。

剑旗鱼科（Xiphiidae）：剑旗鱼（*Xiphias gladius*）。

根据我国沿海鱼类的调查，异尖线虫幼虫感染的鱼种较多，东海、黄海有25种鱼受感染、北部湾地区有15种海鱼被感染。但具体是否有能感染人的种类，有待细分。

（三）生活史

简单异尖线虫的生活史（图 1－1）研究较清楚，伪新地线虫和对盲囊线虫的生活史基本类似，只是对盲囊线虫的终末宿主为海鸟。下面以简单异尖线虫的生活史为代表介绍。海豚、鼠海豚、鲸鱼等海洋鲸目动物是简单异尖线虫的主要终末宿主。雄性成虫和雌性成虫将头部钻入终末宿主胃壁而寄生，在其胃内进行交配产卵，虫卵随终末宿主粪便排入海水，当温度适宜时，卵细胞在海水中进行卵裂，经单细胞期、囊胚期形成第一期幼虫（L1）。蜕皮 1 次，变成第二期幼虫（L2），被第一中间宿主小型浮游甲壳类吞食，虫体在其肠内蜕去残存的被膜后进入血体腔，完成第二次蜕皮，形成三期非感染性幼虫（L3）。待第二中间宿主海鱼或某些软体动物（如乌贼）食入带虫的第一中间宿主即甲壳类生物时，这些非感染性幼虫即在宿主体腔脏器表面或鱼肉中转化为感染性幼虫（包囊），若被终末宿主吞食，即在其胃黏膜上逐渐发育成第 4 期幼虫（L4）和成虫，然后雌、雄性成虫进行交配产卵，使种群繁衍生息。

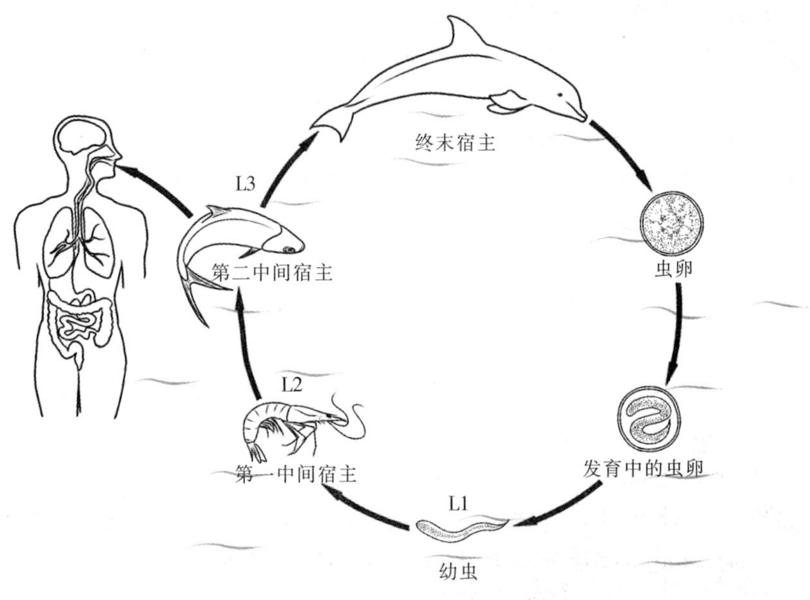

图 1－1　简单异尖线虫生活史（黄维义绘制）

异尖线虫的感染性 L3 在海鱼体内寄生时可迁移到海鱼肠系膜、肝脏、肌肉等部位，迁移程度与海鱼种类、虫体寄生时间、海洋环境等因素密切有关；一般情况下，绝大多数幼虫寄生在鱼体体腔，少数幼虫寄生海鱼肌肉中，如鲑科（Salmonidae）的一些鱼。大西洋鲱鱼（*Clupea Harengus*）、沙丁鱼（*Sardina* spp.）活着时幼虫寄生在鱼体体腔，捕捞后在冷藏或低温加工时，幼虫会移行至鱼肌肉中。当人食入带有活 L3 的生海鱼片、新鲜熏烤海鱼等海产品时，虫体会在人体内移行，人会成为异尖线虫的偶然宿主；绝大多数情况下，幼虫在人体内不能继续发育。但也有少数报道，称迷惑伪新地线虫能在人体内发育到 5 期幼虫及成虫阶段。

（四）感染途径及危害

人感染异尖线虫主要是由于食用了未加工或未煮熟的海产品中有异尖线虫 L3 期幼虫。日本学者报道在 99% 的异尖线虫病患者中分离到的病原体为狭义简单异尖线虫，而由迷惑伪新地线虫引起的病例较少（Suzuki *et al.*，2010）。在美洲异尖线虫病由迷惑伪新地线虫引起的比例略高，意大利报道的病原多为派氏异尖线虫（Mattiucci *et al.*，2013）。需要再次强调的是异尖线虫成虫不感染人。

人异尖线虫病的主要病变部位在胃和肠，食道异尖线虫病较为罕见。最常见的是胃异尖线虫病，据日本学者统计的 12 241 例病人，胃异尖线虫病占 95%。其他国家的报道则相反，肠异尖线虫病占 75.3%，胃异尖线虫病占 10.6%。异尖线虫病可分为急性型和慢性型。急性型通常在吃了受感染的鱼生 4～6h 后发病，慢性型多发生在食鱼生后 1～5 天。消化道外异尖线虫病也称异位异尖线虫病，幼虫可移行至肝、胰、大网膜、肠系膜、卵巢、腹壁、腹股沟或口腔黏膜等，引起腹膜炎、嗜酸性肉芽肿和皮下包块等（Oshima，1972；Ishikura *et al.*，1993；Sakanari，1997）。

异尖线虫病可以引起过敏及变态反应。当前，已鉴定出至少 11 种异尖线虫过敏原可引起全身过敏反应，表现有哮喘、荨麻疹、皮肤干燥、瘙痒、口腔炎或唇炎等症状。特别是有过敏体质的病人再次接触过敏原时，可增加 IgE 介导的过敏反应，使病人由风疹转为过敏性休克，对病人构成严重威胁（Audicana *et al.*，1995；Fernández，1996；Montoro *et al.*，1997）。近年发现人若吃了含有已死亡的简单异尖线虫的鱼肉也可引起过敏反应。甚至用含有简单异尖线虫过敏原的鱼肉饲料喂鸡后，人若食用此鸡肉依然会发生过敏反应（Armentiae *et al.*，2006；Nieuwenhuizen *et al.*，2006；Fæstea *et al.*，2015）。

自 Van Thiel 等 1960 报道，在荷兰有人生吃海鱼后引起肠梗阻，在患者肠黏膜内检出异尖线虫幼虫，在确诊首例人异尖线虫病以来，经过数十年间本病在荷兰、法国、德国、英国、西班牙、芬兰、瑞典、瑞士、挪威、丹麦、意大利、比利时、美国、加拿大、智利、巴西、秘鲁、前苏联、日本、朝鲜、韩国、新西兰、萨摩亚、塔希提等地均有人的病例报道。至1998年统计在27个国家已有33 747例病例，其中日本占2万多例，我国至今只有1例病例报道。对比30年来在我国海域及市售海鱼调查报道的多鱼种、高感染率，以及进口某些海鱼具有较高的感染率和长期对本病的宣传，说明除了幼虫寄生部位不同，饮食、烹调习惯对人能否感染异尖线虫起决定作用。例如，带鱼的平均感染率高达80%以上，有些批次甚至100%，感染强度也在339条，但幼虫集中在腹腔，未在肉内（阮延清等，2008）。按当地烹调习惯清洗后熟食，幼虫活着进入人体的机会极少。生食的进口海鱼如三文鱼、鳕鱼等异尖线虫感染率较高，因此检验重点首先是鱼肉内可能大量带虫的品种，如鳕科、鲑科，并且需严格执行检疫及−20℃冰冻24h以上的规定（梁卫平，金永平，2000；周君波，2011）。

（五）寄生虫的抵抗力

当前，对异尖科线虫抵抗力研究最多的是鱼寄生的简单异尖线虫L3的抵抗力，幼虫对各种理化因素的抵抗力均很强，胃酸能增强虫体活动性，对酒精、盐、放射线等有一定抵抗力，但对温度的抵抗性相对较弱。值得注意的是在冷藏（4～10℃）条件下，寄生在鱼腹腔的异尖线虫L3可以向肉内移行。有学者使用微波炉进行了简单异尖线虫的热灭活试验，结果加热至60℃，在鱼肉中有31%存活，65℃有11%存活，71℃有2%存活，77℃无存活；而如果简单异尖线虫放在鱼片做的三明治中，71℃已经全部死亡。不同学者的报道之间有一些差异，有学者对异尖线虫耐受高温和低温的总结分别见表1-1和表1-2。罗朝科（2003）就异尖线虫对调味品等的耐受力也做了总结，见表1-3。

表1-1　鱼内异尖线虫幼虫对高温的耐受力

温度（℃）	幼虫最大存活时间	虫属
60	1s	异尖线虫
55	10s	
50	10s	异尖线虫
45	78min	
60	1min	伪新地线虫
50	10min	
45	30min	
40	57h	

表 1-2　鱼内异尖线虫幼虫对低温的耐受力

温度（℃）	幼虫最大存活时间（h）	虫属
−5	144	异尖线虫
−17	10	
−5	96	海豹线虫（伪新地线虫）
−10	17	
−20	16.5	
−20	52	对盲囊线虫

表 1-3　异尖线虫幼虫对调味品、中药等的耐受力（罗朝科，2003）

条件	存活时间	条件	存活时间
干盐中	<10min	辣椒液	148h
饱和盐水	<24h	各种调料混合液	169h
33%盐水	>8 天	槟榔	>110h
2%醋酸+5%盐水 0℃	>25 天	仙鹤草	>110h
鲜柠檬汁 pH2，25.0℃	>7 天	蛇床子	>110h
30°白酒	2.5～48h	黄柏	>110h
60°白酒	20min 至 2h	黄连	>110h
蒜汁	7h	麻黄	>110h
生姜汁	10h	细辛	>110h
紫兰液	15h	茜草	>110h
花椒液	52h	延胡索酸	47h
韭菜汁	61h	人工胃液 pH 1.5，37.0℃	>10 天
茴香液	69h		

此外，据报道，鲱鱼人工感染简单异尖线虫后，幼虫在鱼体内脏器官中可存活 2 年之久；将简单异尖线虫 L3 单独置于压力为 140MPa 的环境下，经过 1h 可将所有虫体杀死；当压力为 200MPa 的环境时，10min 后所有的虫体被杀死。在腌制鱼片时，如按照德国传统腌制方法，虫体至少可存活 6 周，即便按照丹麦传统腌制鲱鱼片程序，简单异尖线虫 L3 也可存活 5 周之久；在浓度为 2.6%醋酸溶液中，有些幼虫存活时间可达 119 天（周君波，2011）。

（六）分布

简单异尖线虫在北纬35°到北极圈之间广泛分布，太平洋和大西洋的东部和西部，偶尔出现在西地中海水域（Mattiucci and Nascetti，2006；Mattiucci，2004，2007a）。狭义简单异尖线虫及派氏异尖线虫在西班牙和葡萄牙大西洋海岸（Abollo *et al.*，2001；Marques *et al.*，2006；Mattiucci *et al.*，1997，2004，2007a；Pontes *et al.*，2005）、阿尔沃兰海（Mattiucci *et al.*，2004，2007a）、以及日本海域有一个分布区重叠区域（Umehara *et al.*，2006）。狭义简单异尖线虫与简单异尖线虫C型也曾被报道出现于太平洋东部海域，已经证实在这片海域上存在中间宿主和终末宿主（Mattiucci，1997，1998；Paggi，1998c）。

派氏异尖线虫、典型异尖线虫在我国分布于东海、南海，其中派氏异尖线虫是东海的优势种，而南海的优势种则是典型异尖线虫。抹香鲸异尖线虫及异尖线虫未定种在我国南海首次发现（杜晓洁，2011）。

伪新地线虫已报道6个种主要出现在地球两级附近地带，如狭义迷惑伪新地线虫（*P. decipiens s. str.*），在太平洋东北、大西洋西北的欧洲和冰岛北部海域及加拿大东部，夸氏伪新地线虫（*P. krabbei*）只在大西洋东北，该海域同样存在狭义迷惑伪新地线虫，而小伪新地线虫（*P. bulbosa*）在东北大西洋的巴伦支海，北太平洋日本海域也有，同海域也有海豹伪新地线虫（*P. azarasi*）。在南部分布两个种，迷惑伪新地线虫在南极，凯氏伪新地线虫（*P. cattani*）在智利的南太平洋（Lymbery and Cheah，2007）。

（七）诊断及鉴定方法

异尖线虫L3虫体长度一般在10mm以上，在鱼的脏器表面或肉中多呈盘卷状，外面有包膜，也有虫体游离在腹腔。异尖线虫幼虫在鲱鱼和沙丁鱼等寄生时，多位于腹腔内脏器表面。鳕科的鱼肉中异尖线虫幼虫较多，研究显示，体腔和内脏器官感染虫数占鱼体总感染虫数的88.7%，而腹部肌肉感染虫数占鱼全身肌肉总感染虫数的87.2%～98.7%。鱼感染异尖线虫幼虫是在其生长过程中逐渐积累的，因此感染强度随鱼年龄、体重增加而增大（Huang，1990；李健等，2013）。检测海鱼中的寄生虫方法，依照鱼肉的损伤程度分为损伤检测法和无损检测法两种。

1. 无损检测法 海产加工企业常用无损检测法对所有产品检测，目前主要采用白光灯检法对白色鱼肉，紫外灯检法对红色鱼肉进行检查去虫（图1-2，图1-3）。但企业使用两种灯检法检出率都比较低，漏检现象都十分严重。

研究表明：中、小型白色较薄的鱼肉（厚度在 10mm 以下），仅能检出 30%的异尖属线虫，70%的伪新地属线虫。对较厚的鱼肉及大马哈鱼等深色鱼肉检出率更低。因此，我们建议在调查各种鱼体内异尖线虫幼虫分布情况的基础上，完全可以只检腹部鱼肉，通过计算估计整体感染程度。

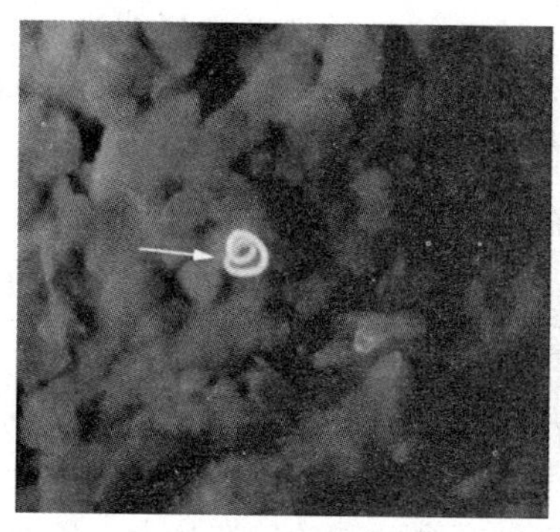

图 1-2　左为紫外灯检法所见红色鱼肉中的幼虫，右为正常灯光下同一位置视野（周君波，2011；黄维义）（见彩图）

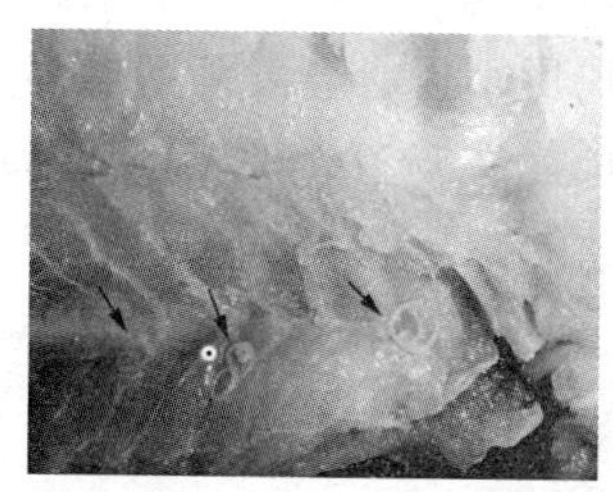
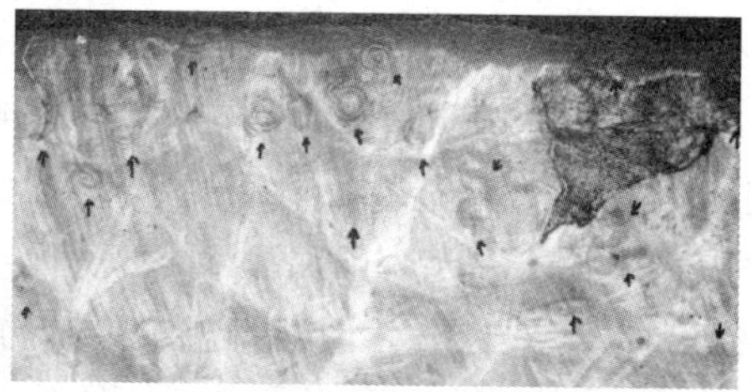

图 1-3　肉眼检查所见鱼肉内的幼虫（周君波，2011；黄维义）

2. 损伤检测法　此法能检出所有鱼体内的活虫及死虫，但因为是破坏性的，检测成本高，花费时间长，每次处理的样本量较少，只能用作研究和检疫机构样品抽检。

损伤检测法最准确的方法是将鱼肉完全酶解消化，同时包裹虫体的包囊也被消化，使虫体游离在消化液中便于检查。

用胃蛋白酶和盐酸配置成 pH 1.1，酶活力为 8U/mL 的消化液。将鱼撕成 1cm 左右小块按肉液比 1∶10 放入消化液中。在 37℃条件下振荡（转速为 150r/min）消化。经过 4～5h（有时可过夜），瓶内鱼肉完全消化后，用 10 目筛网过滤，对残渣进行检查。一般活虫在液体中剧烈扭动，很容易发现。死虫和残段需要在筛中清洗后查找。

3. 异尖线虫幼虫形态鉴定　与公共卫生相关的异尖幼虫的形态鉴定一般

可依据 L3 形态特征，鉴定至属（Genus）。

活虫初步区分：鱼内脏和肉中分离出的虫体在包囊内卷曲成团，也有脱离包囊在体腔内游离，如放入 37℃左右的温水，或在消化液中分离出的乳白色、10～20mm 长，扭动着的活虫，绝大部分是异尖属线虫 L3，极少部分可能是对盲肠属线虫 L3。橘红色、较大的（25～50mm）是伪新地属线虫 L3。宫脂属线虫与上面 3 个属的幼虫最大区别是不耐高温，在 30℃以上温水中很快死亡，而其他致病虫体在此温度下则更加活跃；且宫脂属线虫基本不会在鱼肉中寄生，多数在腹腔内或脏器内外。在鱼腹腔内发现比较活跃的、10～25mm 的虫体，极可能是宫脂属线虫 4、5 期幼虫及成虫；宫脂属线虫 L3 比上面 3 个属的 L3 长度小得多。对死虫需要在显微镜下鉴别。

虫体内部结构观察：可以根据表 1－4 的鉴别要点进行区分。注意转动虫体，以便全面观测。首先要认识 L3 头端都有形态各异的钻齿，而唇是包在外膜内未分开。虫体透明后需在显微镜下仔细观察两端的构造特点，以及前半段消化道形状。

消化道形状：异尖属和伪新地属的胃呈长形，异尖线虫 L3 活虫肉眼可见距头端 2～3mm 处有一个 1mm 的白点，即为长形小胃，显微镜下观察呈深色不透明（图 1－4），无胃盲囊和肠盲囊。伪新地属有肠盲囊，并且伪新地属在显微镜下可见神经环附近有不对称的颈乳突（图 1－5，图 1－6）。对盲囊属和宫脂属的胃呈小球形状，均有 1 对胃、肠盲囊，胃盲囊和肠盲囊的大小、比例因不同种而异，较难区分，但对盲囊属虫体的排泄孔在腹侧唇下缘，宫脂属虫体的排泄孔位于神经环下方（图 1－5，图 1－6）。

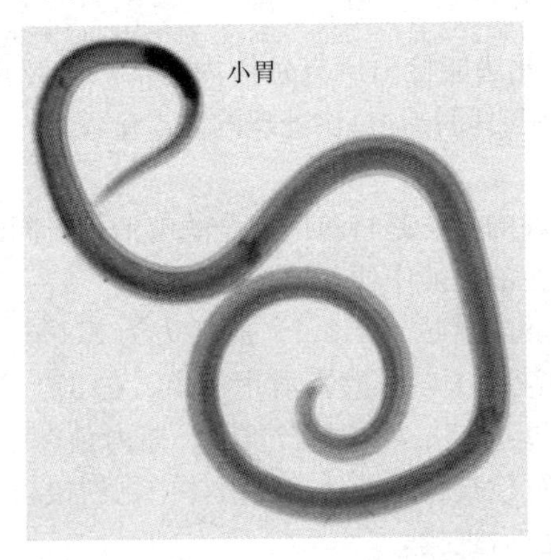

图 1－4　异尖线虫活虫（45×）（李树清，2015）

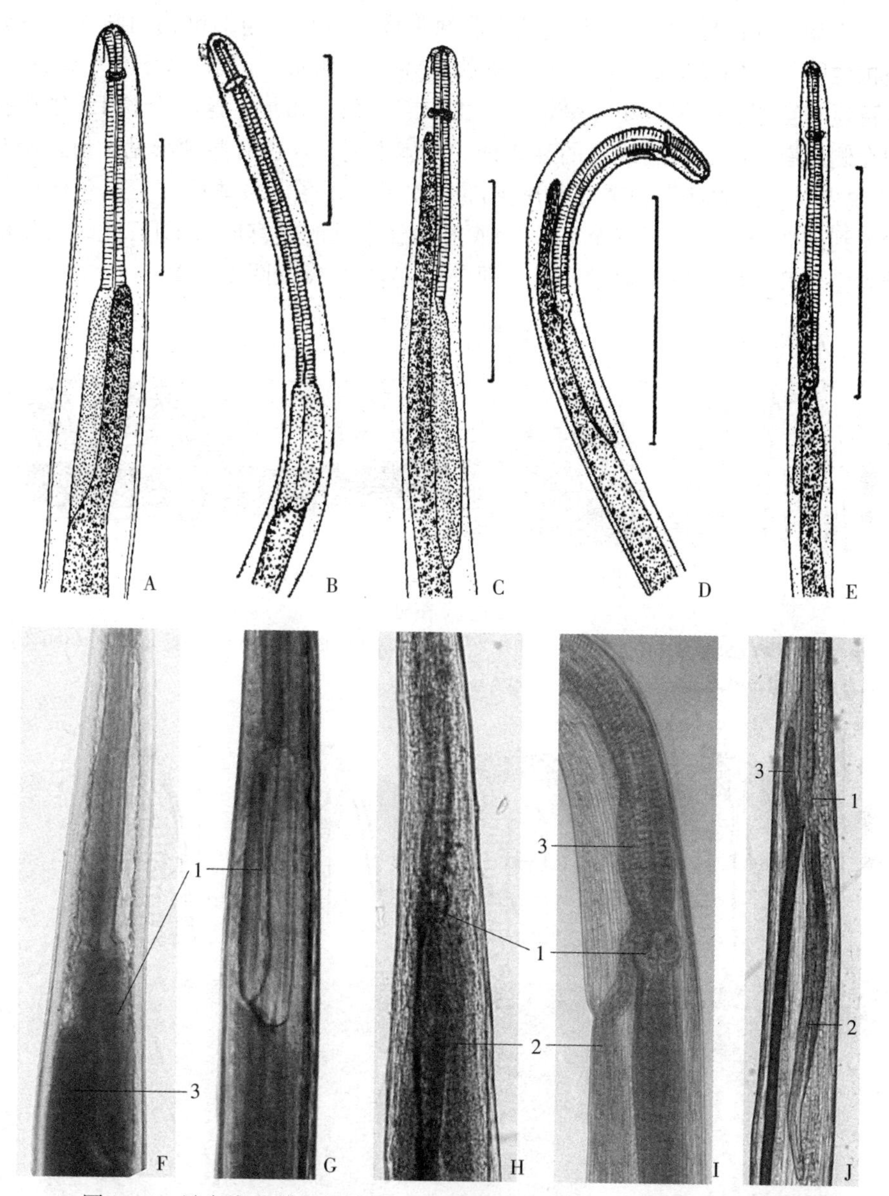

图 1-5　异尖线虫科 4 个属的 L3 虫体前半段（示胃、肠盲囊、胃盲囊）

（黄维义，李树清）

上排为模式图，标尺为 0.1mm；下排为光学显微镜照片，F～I 放大倍数 100×，J 放大倍数为 50×　A、F. 伪新地属线虫　B、G. 异尖属线虫　C、H. 对盲囊属线虫　D、E、I、J. 宫脂属线虫　1. 胃　2. 胃盲囊　3. 肠盲囊头端特征：异尖属 L3 头端钻齿侧面观成偏直角三角形倒钩向腹侧，唇乳突稍微明显；伪新地属 L3 钻齿为等腰或锐角三角形，唇乳突较异尖不明显；对盲囊和宫脂属钻齿较小，呈锐角三角形或钝角三角形，这 3 个属 L3 排泄孔均在侧腹唇下缘。宫脂线虫的某些种的钻齿不明显，也有些种未见钻齿，所有 L3 蜕皮时头部的钻齿和尾部的尾突随外皮脱落，露出虫体唇部，但鱼体内极少见到前 3 个属幼虫蜕皮至 L4。鱼腹腔内经常见的是宫脂属 L4。此时可见前端唇已分开，唇乳突相对较明显（图 1－7，图 1－8，图 1－9）。

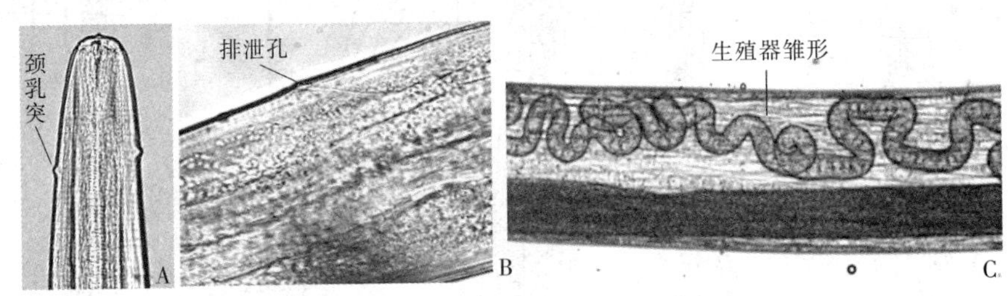

图 1－6　异尖科线虫虫体局部特征

（黄维义，李树清）

A. 伪新地属线虫不对称的颈乳突（100×）　B. 宫脂属线虫排泄孔位于神经环下方（400×）　C. 宫脂属线虫 L4 中段，已具生殖器官（100×）

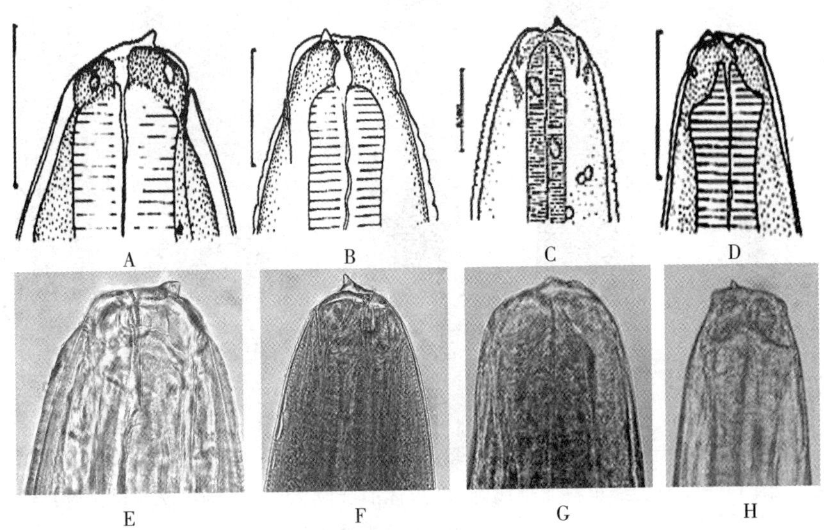

图 1－7　异尖科线虫 4 个属的 L3 头端比较

（黄维义，李树清）

上排为模式图，标尺为 0.1mm；下排为光学显微镜照片，放大倍数为 400×　A、E. 异尖属线虫　B、F. 伪新地属线虫　C、G. 对盲囊属线虫　D、H. 宫脂属线虫

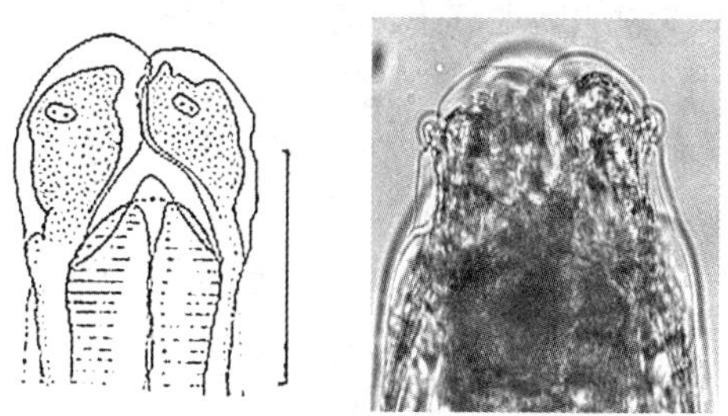

图 1－8　宫脂属线虫 L4 头端

（黄维义）

左为模式图，标尺为 0.1mm；右为光学显微镜照片，放大倍数为 400×

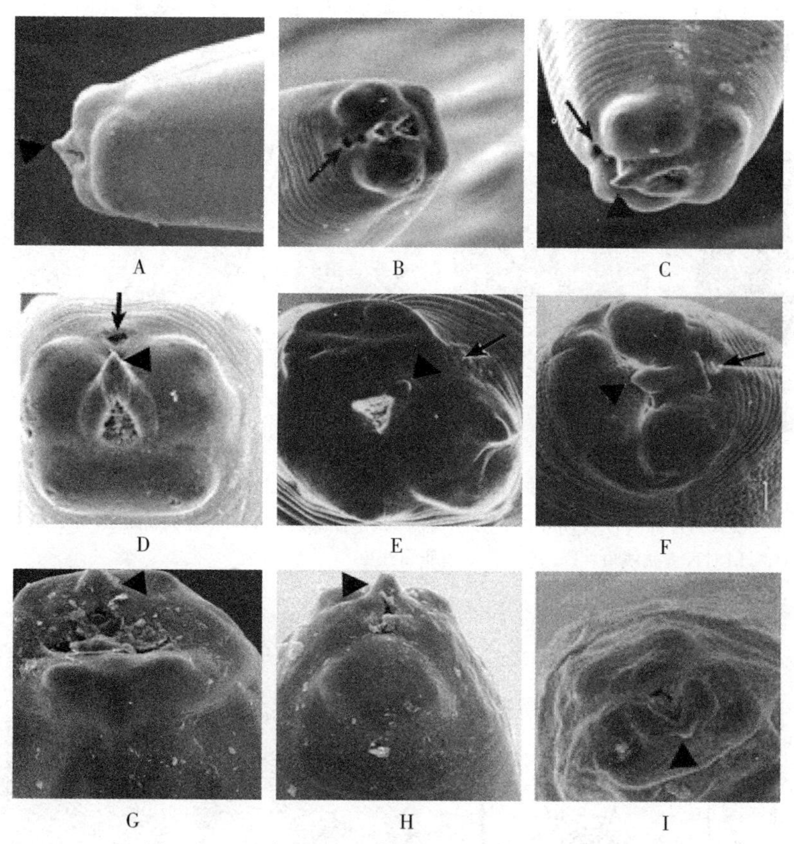

图 1－9　异尖科线虫 4 个属的 L3 头端扫描电镜图

（张路平）

A～D. 异尖属线虫　E. 伪新地属线虫　F. 对盲囊属线虫　G. 宫脂属线虫Ⅰ型　H. 宫脂属线虫Ⅲ型　I. 宫脂属线虫Ⅳ型，钻齿不明显　↑指示排泄孔　▲指示钻齿尾部特征：异尖属和伪新地属 L3 尾端均有尾突，但异尖属尾端较伪新地属圆。对盲囊属 L3 尾端没有尾突，呈锥形。宫脂属有的种尾端有一小尾突；有的尾端呈锥形，没有尾突；有的种在显微镜下可见尾端包有小棘雏形，蜕皮后小棘完全显露（图 1－10，图 1－11，图 1－12）。

宫脂属线虫 L4、L5 及成虫外形与异尖属尤其对盲囊属线虫 L3 相近，最明显的区别在尾突形态和 L4 已具备生殖器官雏形。

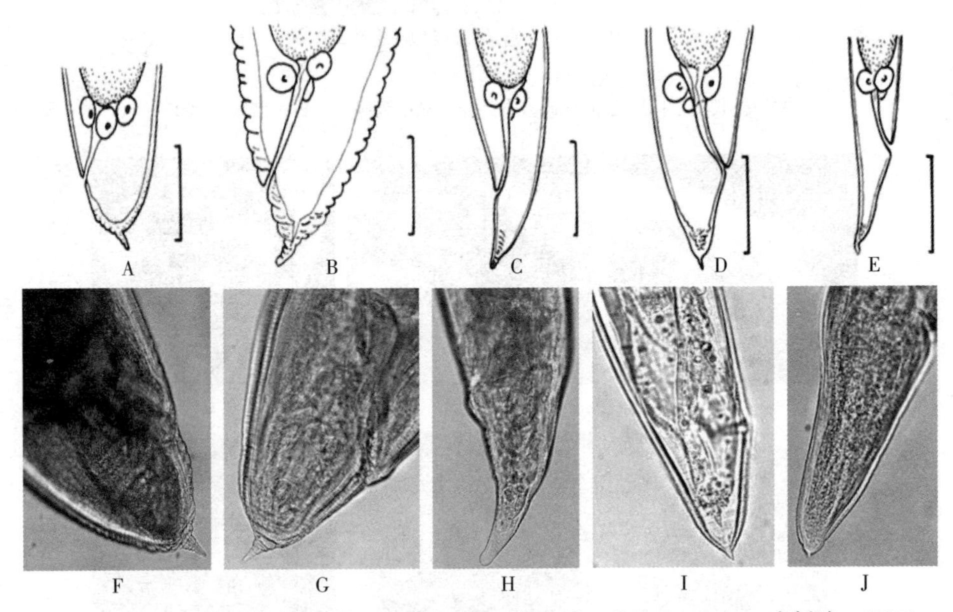

图 1－10　异尖线虫科 5 个属的 L3 尾端比较（张路平；黄维义，2014；李树清，2015）

上排为模式图，标尺为 0.1mm；下排为 400× 光学显微镜；A、F. 异尖属线虫　B、G. 伪新地属线虫　C、H. 对盲囊属线虫　D、E、I、J. 宫脂属线虫

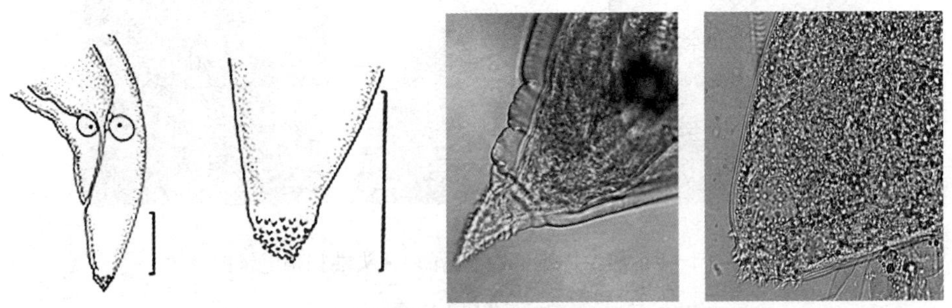

图 1－11　宫脂属线虫 L4 尾端（张路平；黄维义）

左 2 幅为模式图，标尺为 0.1mm；右为 400× 光学显微镜

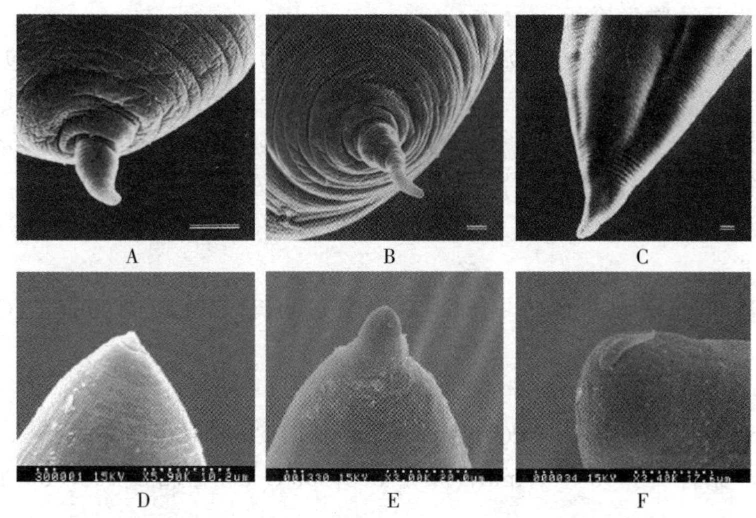

图 1-12　异尖科线虫 4 个属的 L3 尾端扫描电镜图（张路平）

A. 异尖属线虫　B. 伪新地属线虫　C. 对盲囊属线虫　D. 宫脂属线虫Ⅰ型　E. 宫脂属线虫Ⅲ型　F. 宫脂属线虫Ⅳ型

表 1-4　异尖科 4 个属的 L3 鉴别要点

特征	异尖线虫	伪新地线虫	对盲囊线虫	宫脂线虫
活虫颜色	黄白	橘红至深红	黄白	黄白
长度（mm）	14～30	25～50	14	1.5～25
宽度（mm）	0.2～0.5	0.8～1.2	0.5	0.05～0.3
排泄孔位置	前端唇下	同前	同前	神经环附近
钻齿	偏直角三角形 倒钩向腹侧	等腰或锐角三角形	圆钝性凸起	圆钝性凸起
颈乳突	无	有	有	无
肠盲囊	无	有	有	有
胃盲囊	无	无	有	有
小胃形状	长	圆	圆	圆
尾突*	有	有	无	有
生殖器雏形**	无	无	无	有

*：鞘内虫体尾端有小棘或小瘤状突起；

**：对盲囊线虫属与宫脂线虫属幼虫区别要点在排泄孔位置及有无生殖器雏形。宫脂线虫在37℃生理盐水中很快死亡，而其他致病虫体在此温度下则更加活跃。

4. 分子生物学诊断

(1) 基于异尖属线虫 rDNA ITS 区序列设计引物（扩增的 ITS 区包括 ITS-1、5.8S 基因，ITS-2 和 28S 基因），运用 PCR-RFLP 方法对 7 种异尖线虫进行鉴定。如图 1-13，表 1-5 所示，PCR 扩增产物经 *HhaI*、*HinfI* 和 *TaqI* 酶消化后，各虫种可以得到不同片段大小的条带（D' Amelio *et al.*，2000）。

上游引物 primer A：5'-GTCGAATTCGTAGGTGAACCT GCGGAAGG ATCA-3'；

下游引物 primer B：5'-GCCGGATCCGAATCCTGGTTAGTTTCTTTT CCT-3'。

目的片段长度：约 1 000bp。

PCR 反应体系：按照 PCR 试剂盒（Perkin-Elmer）说明完成。

反应条件为：95℃ 10min；95℃ 30s，55℃ 30s，72℃ 75s，30 个循环；72℃ 7min。

HhaI、*HinfI* 和 *TaqI* 酶切反应按照试剂盒说明进行。

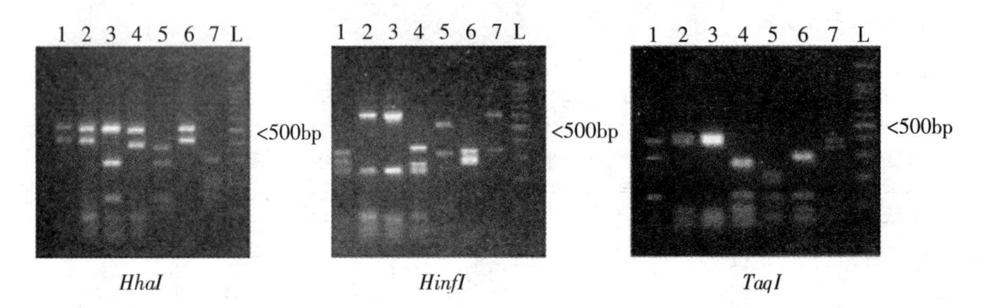

图 1-13　7 种异尖线虫 rDNA（ITS-1，5.8S 基因，ITS-2 和 28S 基因）扩增产物的酶切电泳图（D' Amelio *et al.*，2000）

1～7. 派氏异尖线虫、狭义简单异尖线虫、简单异尖线虫 C 型、抹香鲸异尖线虫、苏氏异尖线虫（*A. schupakovi*）、剑吻鲸异尖线虫、典型异尖线虫　L. 100 bp ladder

表 1-5　7 种异尖线虫 rDNA（ITS-1，5.8S 基因，ITS-2 和 28S 基因）扩增产物经 PCR-RFLP 中 *HhaI*、*HinfI* 和 *TaqI* 消化切割成的预期片段大小

内切酶	虫种	预期片段大小（bp）
HhaI	派氏异尖线虫	550 430
	狭义简单异尖线虫	550 430
	简单异尖线虫 C 型	550 300 130

（续）

内切酶	虫种	预期片段大小（bp）
	典型异尖线虫	320 240 180 160
HinfI	派氏异尖线虫	370 300 250
	狭义简单异尖线虫	620 250 80
	简单异尖线虫C型	620 250 80
	抹香鲸异尖线虫	380 290 270
	苏氏异尖线虫	520 340 120
	剑吻鲸异尖线虫	370 320 290
	典型异尖线虫	620 350
TaqI	派氏异尖线虫	400 320 150
	狭义简单异尖线虫	430 400 100
	简单异尖线虫C型	430 400 100
	抹香鲸异尖线虫	300 280 140
	苏氏异尖线虫	220 190 130 100
	剑吻鲸异尖线虫	330 330 140
	典型异尖线虫	400 350

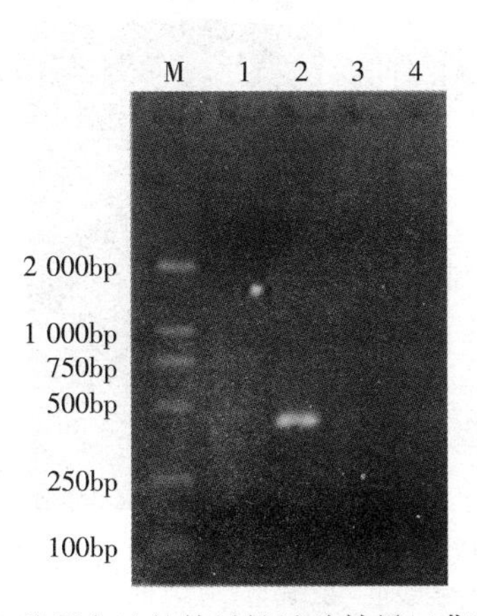

图1-14　PCR检测方法的特异性试验结果（曹庭盛，2009）

M. DL2000 DNA Marker　1. 阴性对照　2. 简单异尖线虫DNA　3. 宫脂线虫DNA　4. 迷惑伪新地线虫DNA

（2）简单异尖线虫核糖体DNA的内转录区（ITS-1、5.8S、ITS-2）序列设计特异性引物，建立的简单异尖线虫 PCR 检测方法，如图 1-14 所示，扩增样本的核酸电泳出现 430bp 条带时判定简单异尖线虫。该方法的最低检出量为 0.4pg（曹庭盛，2009）。

（3）迷惑伪新地线虫 DNA

上游引物 ASXF：5'-TGATGAGCAGTAGCTTAAGGCA-3'

下游引物 ASXR：5'-GTATAGTAGATTCGGTGTTGAC-3'

目的片段长度：430bp。

PCR 反应总体积为 20μL：上下游引物各 0.4μL；10×PCR buffer 为 2μL；2.5mol/L dNTP 为 1.6μL；*Taq* 聚合酶 0.1μL；模板 DNA 为 1μL；ddH_2O 为 14.5μL。

反应条件为：94℃ 5min；94℃ 30s，50.5℃ 30s，74℃ 1min，30 个循环；74℃ 10min。

（4）基于简单异尖线虫 ITS 保守区域的基因序列设计特异性引物进行 LAMP 扩增，如图 1-15 所示，扩增产物的凝胶电泳出现条带，扩增产物加 SYBR-GREEN1 染料后颜色变为明显黄色，则判定为阳性样本，该方法对简单异尖线虫 ITS 阳性重组质粒的最低检出浓度为 10 拷贝/μL（郑洋妹，2010）。

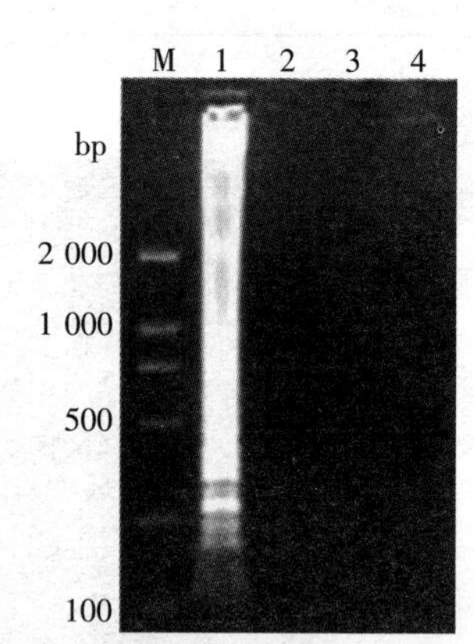

图 1-15　LAMP 特异性试验结果（郑洋妹，2010）

M. DNA 标志物　1. 简单异尖线虫　2. 典型异尖线虫　3. 对盲囊线虫　4. 针蛔线虫

外引物 F3：5'-TCTGGACTGTGAAGCATTC-3'

B3：5'-CCGTTGCCGTTTCATCAAC-3'

内引物 FIP：5'-TCACTAAGCAAGGAACCGCTCGTTTTTGCTGTTGTGTTGTTGGTG-3'

BIP：5'-GGTGAGGTGCTTTTGGTGGTCATTTTGCTGGTTGTTGCCCCTATG-3'

LAMP 反应总体积为 25μL：1×ThermoPol buffer；1mmol/L dNTPs；6 mmol/L $MgCl_2$；1mmol/L Betaine；内引物 FIP、BIP 各 1.6μmol/L；外引物 F3、B3 各 0.2μmol/L；Bst DNA polymerase 为 8 U；适量模板 DNA；ddH_2O 补足至 25μL。

反应条件为：62℃ 60min；80℃ 5min。

(5) 基于异尖线虫 mtDNA COX2 特异性引物进行扩增测序、系统发育分析，并结合幼虫的形态特征，以鉴定虫种样本为派氏异尖线虫（Mattiucci，2011）。

上游引物 primer 211F：5'-TTTTCTAGTTATATAGATTGRTTYAT-3'

下游引物 primer 210R：5'-CACCAACTCTTA AAATTATC-3'

目的片段长度：629bp。

PCR 反应总体积为 50μL：上下游引物各 30pmol；1×PCR buffer；$MgCl_2$ 2.5mmol/L；DMSO 0.08 mmol/L；dNTPs 0.4mmol/L；*Taq* 聚合酶 5 U；模板 DNA 为 10ng；ddH_2O 补足至 50μL。

反应条件为：94℃ 3min；94℃ 30s，46℃ 1min，72℃ 1.5min，34 个循环；72℃ 10min。

参 考 文 献

曹庭盛，李孝军，蔡渭明，等．2009. 简单异尖线虫 PCR 检测方法的建立 [J]．中国预防兽医学报，31 (4)：279-282.

杜晓洁，薛艳丽，张路平．2011. 东海和南海鱼类寄生异尖属线虫幼虫的分子鉴定 [C]．中国畜牧兽医学会家畜寄生虫学分会第六次代表大会暨第十一次学术研讨会论文集．

李健，郭佳妮，周君波，等．2013. 黄海海域鲐鱼感染异尖线虫三期幼虫初步调查 [J]．中国食品卫生杂志，1：56-61.

梁卫平，金永平．2000. 入境海鱼中截获简单异尖线虫 [J]．中国兽医杂志，26 (5)：55-55.

罗朝科．2004. 海鱼与异尖线虫病 [J]．畜牧与兽医，35 (12)：40-43.

阮延清，张鸿满，谭裕光，等．2008. 广西海鱼感染异尖线虫的初步调查 [J]．应用预防医学，14 (3)：147-148.

吴观陵，赵慰先．2005. 人体寄生虫学 [M]．北京：人民卫生出版社．

郑洋妹，陈信忠，龚艳清，等．2010. 简单异尖线虫环介导等温扩增（LAMP）鉴定方法的建立和应用［J］．国际医学寄生虫病杂志，(3)：141-144.

周君波．2011. 海洋鱼类中异尖线虫的感染情况调查和灯检技术研究［D］．广西南宁：广西大学动物科学技术学院．

Abdel-Ghaffar F, Abdel-Gaber R, Bashtar A R, *et al*. 2015. *Hysterothylacium aduncum* (Nematoda, Anisakidae) with a new host record from the common sole *Solea solea* (Soleidae) and its role as a biological indicator of pollution [J]. Parasitol Res, 114 (2): 513-522.

Abollo E, Gestal C, Pascual S. 2001. *Anisakis* infestation in marine fish and cephalopods from Galician waters: an updated perspective [J]. Parasitol Res, 87 (6): 492-499.

Armentia A, Martin-Gil F J, Pascual C, *et al*. 2006. *Anisakis simplex* allergy after eating chicken meat [J]. Parasitol Res, 16 (4): 258-263.

Audicana M T, Ansotegui I J, de Corres L F, et al. 2002. *Anisakiss implex*: dangerous—dead and alive? [J]. Trends Parasitol, 18 (1): 20-25.

Audicana M T, de Corres L F, MunD̃oz D, et al. 1995. Recurrent anaphylaxis caused by *Anisakis simplex* parasitizing fish [J]. J Allergy Clin Immunol, 96 (4): 558-560.

Bouree P, Paugam A, Petithory J C. 1995. Anisakidosis: report of 25 cases and review of the literature [J]. Comp Immunol Microbiol Infect Dis, 18 (2): 75-84.

D'Amelio S, Mathiopoulos K D, Santos C P, *et al*. 2000. Genetic markers in ribosomal DNA for the identification of members of the genus *Anisakis* (Nematoda: Ascaridoidea) defined by polymerase-chain-reaction-based restriction fragment length polymorphism [J]. Int J Parasitol, 30 (2): 223-226.

Deardorff T L, Overstreet R M. 1980. Review of Hysterothylacium and Iheringascaris (both previously= Thynnascaris) (Nematoda: Anisakidae) from the northern Gulf of Mexico [J]. Proceedings of the Biological Society of Washington, 93 (4): 1035-1079.

Fernández C L, Audicana M, Del Pozo M D, *et al*. 1996. *Anisakis simplex* induces not only anisakiasis: report on 28 cases of allergy caused by this nematode [J]. J Investig Allergol Clin Immunol, 6 (5): 315-319.

Fæste C K, Levsen A, Lin A H, *et al*. 2015. Fish feed as source of potentially allergenic peptides from the fish parasite *Anisakis simplex* (*sl*) [J]. Anim Feed Sci Tech, 202: 52-61.

Gonzalez L. 1998. Experimental infection of mice with *Hysterothylacium aduncum* (Nematoda: Anisakidae) larvae from marine-farmed trout in Chile [J]. Arch med vet, 30 (1): 9-11.

Huang W. 1989. Anisakides et Anisakidoses humaines: enquete sur les Anisakides des poissons commerciaux du marche parisien. Ann. Parasitol. Comp. 63 (3): 197-208 (France)

Huang W. 1990. Méthodes de recherché de larves d Anisakides dans les poissons marins. Possibilités daplication *à* linspection des poisons commercialisés en region parisienne

[J] . Rec Méd Vét, 166: 895-900.

Ishikura H, Aikawa M, Itakura H, *et al*. 1998. Host Response to International Parasitic Zoonoses [M] //Tokyo: Springer-Verlag

Ishikura H, Kikuchi K, Nagasawa K, *et al*. 1993. Anisakidae and anisakidosis [J] . Prog Clin Parasitol, 3: 43-102.

Ishikura H, Takahashi S, Yagi K, *et al*. 1998. Epidemiology: global aspects of anisakidosis [J]. Parasitol Int, 47: 26.

Lymbery A J, Cheah F Y. 2007. Anisakid nematodes and anisakiasis [M] //Food-Borne Parasitic Zoonoses. Springer US, 185-207.

Marques J F, Cabral H N, Busi M, *et al*. 2006. Molecular identification of *Anisakis* species from Pleuronectiformes off the Portuguese coast [J] . J Helminthol. 80, 47-51.

Mattiucci S, Abaunza P, Damiano S, *et al*. 2007a. Distribution of *Anisakis* larvae identified by genetic markers and their use for stock characterization of demersal and pelagic fish from European waters: An update [J] . J Helminthol, 81, 117-127.

Mattiucci S, Abaunza P, Ramadori L, *et al*. 2004. Genetic identification of *Anisakis* larvae in European hake from Atlantic and Mediterranean waters for stock recognition [J] . J Fish Biol, 65, 495-510.

Mattiucci S, Fazii P, De Rosa A, *et al*. 2013. Anisakiasis and gastroallergic reactions associated with *Anisakis pegreffii* infection, Italy [J] . Emerg Infect Dis, 19 (3): 496-499.

Mattiucci S, Nascetti G, Bullini L, *et al*. 1986. Genetic stucture of *Anisakis physeteris* and its differentiation from the *Anisakis simplex complex* (Ascaridida: Anisakidae). Parasitology, 93, 383-387.

Mattiucci S, Nascetti G, Clanchi R, *et al*. 1997. Genetic and ecological data on the *Anisakis simplex complex* with evidence for a new species (Nematoda, Ascaridoidea, Anisakidae) [J] . J Parasitol, 83, 401-416.

Mattiucci S, Nascetti G, Dailey M, *et al*. 2005. Evidence for a new species of *Anisakis* Dujardin, 1845: Morphological description and genetic relationships between congeners (Nematoda: Anisakidae) [J]. Syst Parasitol, 61, 157-171.

Mattiucci S, Nascetti G. 2006. Molecular systematics, phylogeny and ecology of anisakid nematodes of the genus *Anisakis* Dujardin, 1845: An update [J] . Parasite, 99-113.

Mattiucci S, Nascetti G. 2007. Genetic diversity and infection levels of anisakid nematodes parasitic in fish and marine mammals from Boreal and Austral hemispheres [J] . Vet Parasitol, 148, 43-57.

Mattiucci S, Nascetti G. 2008. Advances and trends in the molecular systematics of anisakid nematodes, with implications for their evolutionary ecology and host-parasite co-evolutionary processes [J] . Adv Parasitol, 66, 47-148.

Mattiucci S, Paggi L, Nascetti G, *et al*. 1998. Allozyme and morphological identification of *Anisakis*, *Contracaecum* and *Pseudoterranova* from Japanese waters (Nematoda: Ascaridoidea) [J]. Syst Parasitol, 40, 81-92.

Mattiucci S, Paggi L, Nascetti G, *et al*. 2001. Genetic divergence and reproductive isolation between *Anisakis brevispiculata* and *Anisakis physeteris* (Nematoda: Anisakidae) [J]. Int J Parasitol, 31, 9-14.

Mattiucci S, Paggi L, Nascetti G, *et al*. 2002a. Genetic markers in the study of *Anisakis typica* (Diesing, 1860): Larval identification and genetic relationships with other species of *Anisakis* Dujardin, 1845 (Nematoda: Anisakidae) [J]. *Syst Parasitol*, 51, 159-170.

Mattiucci S, Paoletti M, Borrini F, *et al*. 2011. First molecular identification of the zoonotic parasite *Anisakis pegreffii* (Nematoda: Anisakidae) in a paraffin-embedded granuloma taken from a case of human intestinal anisakiasis in Italy [J]. BMC Infect Dis, 11 (1): 82.

Mattiucci S, Turchetto M, Bragantini F, *et al*. 2002b. On the occurrence of the sibling species of *Contracaecum rudolphii* complex (Nematoda: Anisakidae) in cormorants (*Phalacrocorax carbo sinensis*) from Venice and Caorle lagoons: Genetic markers and ecological studies [J]. Parassitologia, 44, 105.

Montoro A, Perteguer MJ, Chivato T, *et al*. 1997. Recidivous acute urticaria caused by *Anisakis simplex* [J]. Allergy, 52 (10): 985-991.

Nadler S A, D' Amelio S, Dailey M D, *et al*. 2005. Molecular phylogenetics and diagnosis of *Anisakis*, *Pseudoterranova*, and *Contracaecum* from Northern Pacific marine mammals [J]. J Parasitol, 91, 1413-1429.

Nascetti G, Paggi L, Orecchia P, *et al*. 1986. Electrophoretic studies on the *Anisakis simplex complex* (Ascaridida: Anisakidae) from the Mediterranean and North-East Atlantic. Int J Parasitol, 16 (6), 633-640.

Nieuwenhuizen N E, Lopata A L. 2013. *Anisakis* - a food-borne parasite that triggers allergic host defences [J]. Int J Parasitol, 43 (12): 1047-1057.

Nieuwenhuizen N, Lopata A L, Jeebhay M F, *et al*. 2006. Exposure to the fish parasite *Anisakis* causes allergic airway hyperreactivity and dermatitis [J]. J Allergy Clin Immunol, 117: 1098-1105.

Oshima T. 1972. *Anisakis* and anisakiasis in Japan and adjacent areas [M] // Progress of Medical Parasitology in Japan. Tokyo: Meguro Parasitological Museum, 4: 301-393.

Paggi L, Mattiucci S, D' Amelio S, *et al*. 1998a. Nematodi del genere *Anisakis* in pesci, cefalopodi e cetacei del Mar Mediterraneo e dell' Oceano Atlantico e Pacifico [J]. Biol Mar Medit, 5, 1585-1592.

Paggi L, Mattiucci S, Ishikura H, *et al*. 1998c. Molecular genetics in anisakid nematodes from the Pacific Boreal region [M] //Host response to International Parasitic Zoonoses. Springer Japan: 83-107.

Paggi L, Nascetti G, Webb S C, *et al*. 1998b. A new species of *Anisakis dujardin*, 1845 (Nematoda, Anisakidae) from beaked whales (Ziphiidae): allozyme and morphological evidence [J] . Syst Parasitol, 40 (3): 161-174.

Sakanari J A. 1997. Anisakiasis [M] //Connor D H, Chandler F W, Schwartz D A, *et al*, editors. *Pathology of infectious diseases Connecticut*: Appleton&Lange, Connecticut, 1315-1320.

Sallusto F, Lanzavecchia A. 2009. Heterogeneity of CD4+memory T cells: functional modules for tailored immunity [J] . Eur J Immunol, 39 (8): 2076-2082.

Suzuki J, Murata R, Hosaka M, *et al*. 2010. Risk factors for human *Anisakis* infection and association between the geographic origins of *Scomber japonicus* and anisakid nematodes [J] . Int J Food Microbiol, 137 (1), 88-93.

Umehara A, Kawakami Y, Matsui T, *et al*. 2006. Molecular identification of *Anisakis simplex* sensu stricto and *Anisakis pegreffii* (Nematoda: Anisakidae) from fish and cetacean in Japanese waters [J]. Parasitol Int, 55, 267-271.

二、颚口线虫

颚口线虫是一种食源性人兽共患寄生虫，呈世界性分布，主要流行于亚洲和拉丁美洲。泰国、缅甸、印度尼西亚、菲律宾、日本、印度、马来西亚、中国、墨西哥等国家均有关于颚口线虫感染人的病例报道，其中以泰国、日本、墨西哥等国家报道病例较多，这与饮食习惯密切相关，幼虫移行症带来的危害不容小觑。在我国对颚口线虫病缺乏相应的重视，使得公共卫生安全受到威胁。随着跨国旅行日益频繁，一些非流行区国家不断出现输入性病例，以致颚口线虫病被认为是一种新发传染病。

（一）病原分类

颚口线虫隶属于线虫门（Nematoda），色矛纲（Chromadorea），旋尾目（Spirurida），颚口亚目（Gnathostomatina），颚口总科（Gnathostomatoidea），颚口科（Gnathostomatidae）。颚口科包括颚口线虫亚科（Gnathostomatinae Railliet，1895）等 3 个亚科，该亚科下有 3 个属：*Tanqua* Blanchard，1904；*Echinocephalus* Molin，1858；颚口线虫属（*Gnathostoma* Owen，1836）。

关于颚口线虫属的分类，目前已确认的有 15 个有效种，分别为：棘颚口线虫（*G. spinigerum* Owen，1836）、刚刺颚口线虫（*G. hispidum* Fedtchenko，1872）、膨胀颚口线虫（*G. turgidum* Stossich，1902）、美洲颚口线虫（*G. americanum* Trarassos，1925）、杜氏颚口线虫（陶氏颚口线虫 *G. doloresi* Tubangui，1925）、负鼠颚口线虫（*G. didelphis* Chandler，1932）、日本颚口线虫（*G. nipponicum* Yamaguti，1941）、浣熊颚口线虫（*G. Procyonis* Chandler，1942）、巴西颚口线虫（*G. brasiliense* Ruiz，1952）、宫崎颚口线虫（*G. miyazakii* Aderson，1964）、马来颚口线虫（*G. malaysiae* Miyazaki & Dunn，1965）、越南颚口线虫（*G. vietnamicum* Le-Van-Hoa，1965）、双核颚口线虫（*G. binucleatum* Almeyda-Artigas，1991）和 lamothei 颚口线虫（*G. lamothei* Bertoni-Ruiz，2005）、社会颚口线虫（*G. socialis* Leidy，1858）（Daengsvang，1980；Nawa，2004；Bertoni-Ruiz，2011）。Miyazake（1991）认为负鼠颚口线虫、巴西颚口线虫是膨胀颚口线虫的同种异名，但这个问题还没有最后定论（Ando，2006）。

15 个种中的棘颚口线虫、刚刺颚口线虫、杜氏颚口线虫、日本颚口线虫、马来颚口线虫和双核颚口线虫等 6 种有人体感染病例报道（Ligon，2005；Elizabeth，2005），前 5 种是亚洲地区的致病种，其中棘颚口是亚洲最普遍的致病种。吴观陵报道，我国有 3 个种，即棘颚口线虫、刚刺颚口线虫、杜氏颚口线虫。后来还证实我国存在日本颚口线虫（李雯雯，2014）。

（二）宿主

颚口线虫的第一中间宿主为剑水蚤；第二中间宿主为鱼类、两栖类；转续宿主有爬行类、鸟类、禽类等，如蛇、龟、游隼、秋沙鸭、苍鹰、鸡、鸭；终末宿主为哺乳类动物。

至今，世界各地报道的自然感染棘颚口线虫的第二中间宿主和转续宿主共计 104 种，包括鱼类、两栖类、爬行类、鸟类和哺乳类等。

棘颚口线虫第二中间宿主主要有：雷鱼（*Channa argus*）、乌鳢（*Ophicephalus argus*）、沙鳢（*Odontoburis obscurus*）、土附鱼（*Mogurnda obscura*）、黄鳝（*Monopterus albus*）、泥鳅（*Misgaurnus anguillicaudatus*）、鳜鱼（*Siniperca chuatis*）、鲶鱼（*Parasilurus asotus*）、鲤鱼（*Cyprinus carpio*）、麦穗鱼（*Pseudorasbora parva*）、鳗鲡（*Anguilla japonica*）、红鳍鲌（*Culter erythropterus*）、翘嘴红鲌（*Erythroculter ilishaeformis*）、黄颡鱼（*Pseudobagrus fulvidraco*）、叉尾斗鱼（*Macropodus opercularis*）、南方马口鱼（*Opsariichthys uncirostris bidens*）、花鲭（*Hemibarbus maculatus*）、马拉丽体鱼（*Parachromis managuensis*）、联斑丽鱼（*Vieja synspila*）、呆塘鳢（*Gobiomorus dormitory*）、彩虹鸭嘴（*Pimelodidae*）、瓜地马拉雷氏鲶（*Rhamdia guatemalensis*）、尖嘴鲽鱼（*Belonesox belizanus*）、小鳞利齿脂鲤（*Hoplias microlepis*）、银鲈（*Mojarra tilapia*）等。转续宿主主要有泽蛙（*Fejervarya*（*Rana*）*limnocharis*）、黑斑蛙（*Rana nigromaculata*）、红点锦蛇（*Elaphe rufodorsata*）、家鸡（*Gallus domestiaus*）。

棘颚口线虫终末宿主为家养或野生的哺乳动物，已报道的终末宿主有猪、野猪、猫、野猫、孟加拉猫、欧林猫、灵猫、笔猫、斑灵猫、麝猫、犬、虎、豹、水獭、马来熊、负鼠、浣熊、美洲狮、短吻鳄、水貂、貉、伶鼬、黄鼬、猞猁等，其中猫和犬为常见的宿主。

杜氏颚口线虫第二中间宿主和转续宿主是蝾螈、蛙和蛇，如虎纹蛙、双团棘胸蛙、黑斑蛙、泽蛙、华西大蟾蜍、黑眉锦蛇、乌梢蛇等。终末宿主是家猪、野猪。

刚刺颚口线虫第二中间宿主主要有：花鲭、黄鲧、黄鳝*、鲤鱼、南方马口鱼、花鲭、鲫、鲶鱼、泥鳅、黄颡鱼、乌鳢、鳜、沙鳢、鲢、舌虾虎鱼、红鳍鲌、翘嘴鲌等。转续宿主主要有：中国水蛇、水泡蛇、银环蛇*、渔游蛇、金线蛙、泽蛙、黑斑蛙、虎纹蛙、红点锦蛇*、家鸡、褐家鼠等。终末宿主为家猪或野猪（*表示感染率最高的宿主）。

颚口线虫对不同的中间宿主或转宿宿主感染率有差异，同一中间宿主不同生存条件（饲养或野生）的感染率也有差异。如双核颚口中间宿主富氏海鲶（*Cathorops fuerthii*）的感染率为4.8%，大棘石鲈（*Pomadasys macracanthus*）的感染率为1.83%，库里鲻（*Mugil curema*）的感染率为2.16%，侧叶脂塘鳢（*Dormitator latifrons*）的感染率为4%，河口龟（*Kinosternon integrum*）的感染率为79.1%，巴西龟（*Trachemys scripta*）的感染率为52.5%。日本颚口线虫在红色蛇（*Agkistrodon ussuriensis*）体内的感染率为50%（3/6），虎游蛇（*Rhabdophis tigrinus tigrinus*）体内的感染率为42.9%（3/7），蛙中的感染率为8.7%（2/82）（Ho-Choon，2011）。

我国境内江苏洪泽湖地区报道鱼类13种、蛙类2种、蛇类和鸟类各1种是棘颚口线虫的第二中间宿主和转续宿主。1991年检查有14种经济鱼感染，每条鱼含幼虫数为1～174条。感染率最高的为沙鳢，达69.4%，其次鳜鱼为62.5%，黄鳝为50%，因而认为鱼类、蛙和啮齿类动物是我国颚口线虫的感染源（林秀敏，陈清泉，1986，1990，1991）。

泰国饲养和野生鳝鱼肝中的棘颚口线虫晚期L3的感染率分别为10.2%和20.4%，一般来说，养殖鳝鱼感染率低于野生鳝鱼，感染强度也是野生鳝鱼（6.3±1.2）高于养殖鳝鱼（2.3±0.3）（Saksirisampant，2012）。

同时，宿主的感染率还受季节影响。泰国的调查显示，雨季和冬季感染率高，夏初感染率突然下降。养殖黄鳝9月份感染率最高，为13.7%，3～4月无感染，而野生鳝鱼最高感染率出现在11月，为30.7%，然后开始下降至3月感染率最低，为6.3%（Saksirisampant，2012）。越南的调查显示8～10月雨季感染率最高（Sieu，2009）。墨西哥负鼠寄生的膨胀颚口线虫，幼虫的移行和成熟出现惊人的季节变化：2～3月，很多晚3期幼虫寄生在负鼠肝脏，胃中无幼虫寄生；从4月开始，成虫开始出现在胃中，直至7月份，数量迅速增加，几乎所有的成虫都在胃中，到11月负鼠中颚口线虫全部消失（Nawa，2004）。

（三）生活史

颚口线虫在发育过程中需要两个中间宿主和一个终末宿主。颚口属线虫的生活史基本一致（图 1－16），只有部分虫种的第二中间宿主或终末宿主存在区别。颚口线虫的第一中间宿主为剑水蚤，第二中间宿主主要为淡水鱼类（如乌鳢、黄鳝、泥鳅等），终末宿主主要是犬、猫或野生哺乳动物等。成虫寄生于终末宿主胃壁肿块中产卵，肿块破溃后虫卵落入胃肠腔道并随粪便排出，虫卵随宿主粪便落入水中，在一定的温度（27～29℃）下经过 7 天发育为第一期幼虫（L1），再经过 2 天，卵中幼虫第一次蜕皮孵出带鞘的 L2，L2 被第一中间宿主剑水蚤吞食后 12h 出现头泡和头球雏形，4 天后形成头球脱鞘，然后穿过第一中间宿主胃壁进入体腔，在体腔中立即变形为长度与宽度比例与早期 L3 相同的、停止发育的幼虫。早期 L3 剑水蚤中持续生长，直到第 12 天。早期 L3 幼虫的大小与每个剑水蚤感染幼虫的密度呈负相关。含有此期幼虫的剑水蚤被第二中间宿主淡水鱼、蛙吞食，幼虫穿过第二中间宿主胃壁和肠壁，大部分移行至肌肉结囊，约经 1 个月发育为晚期 L3。含有晚期 L3 的鱼、蛙等被蛇类、鸟类或其他非终末宿主的哺乳动物（转续宿主）吞食后，幼虫在其体内无形态上的进一步变化，且又形成结囊幼虫。猪、猫、犬、虎、豹等终末宿主吞食了含 L3 幼虫的第二中间宿主或转续宿主，幼虫脱囊，然后穿过胃、肠壁，进入肝脏或移行于肌肉和结缔组织之间，逐渐长大，在肝脏再一次蜕皮成

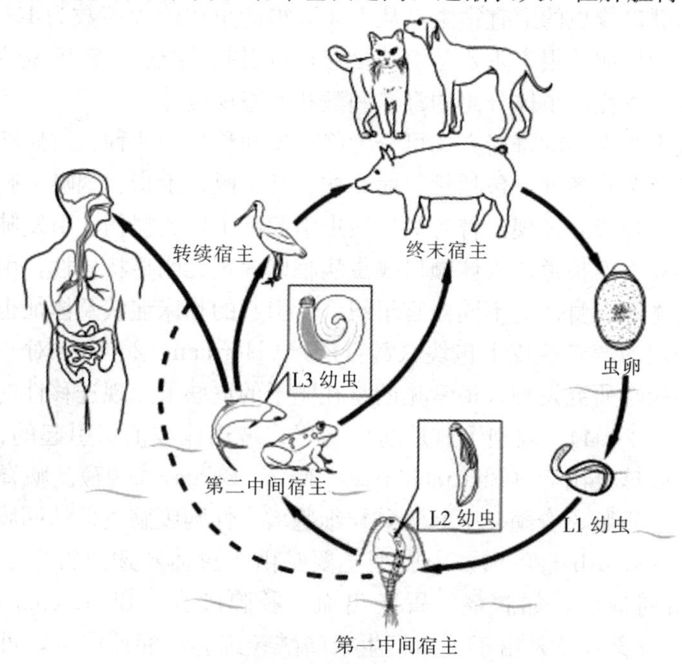

图 1－16　颚口线虫生活史（黄维义绘制）

为第四期幼虫，随后移入胃壁发育为成虫，并在胃壁上形成瘤块。

人不是颚口线虫的正常宿主，幼虫在人体内不能发育成熟，仍停留在 L3 或性未成熟的成虫早期阶段。幼虫在人体内可存活数年，长者可达 10 年以上。

颚口线虫的生活史中通常有两个中间宿主，但也有例外。刚刺颚口线虫和杜氏颚口线虫可仅经过一个中间宿主。含刚刺颚口线虫或杜氏颚口线虫 L3 的剑水蚤被终末宿主摄入后，幼虫也可以在终末宿主中成熟，但需要更长的时间（林秀敏，1991）。

（四）感染途径和危害

人常通过生食或半生食含 L3 的第二中间宿主（如鱼、蛙）或转续宿主（如蛇、鸟）而受感染，但由于颚口线虫的头球小钩有极强的钻穿能力，能通过皮肤钻入皮下组织，故也可从皮肤接触感染（Daengsvang，1970）。此外，还有母体感染后通过胎盘感染胎儿的报道（Daengsvang，1969）。

另外，Daengsvang 等（1971）和陈清泉等（1990）证明用含有早期 L3 的剑水蚤喂食长臂猴、食蟹猴和猕猴均获成功。因此，提出人和猿类均可通过饮水摄食含有颚口线虫幼虫的剑水蚤感染颚口线虫。

人并非颚口线虫的适宜宿主，从人体取得的虫体绝大多数为 L3 或未性成熟的成虫。所造成的损害主要是由幼虫移行所引起的组织器官机械性损伤，以及虫体周围的炎症、虫体分泌的毒素刺激和变态反应等。

颚口线虫在人体的寄居方式可分为静止型和移行型两种，致病部位极为广泛，几乎遍及全身各处，包括额、面、枕、耳、眼、手指、咽喉、胸、腹、阴茎和子宫颈等处皆有发现。曾有颚口线虫引起脑干广泛损伤、引发肺炎或败血症而致人类死亡的报道。人体颚口线虫病临床表现无明显特异性，由于颚口线虫可移行及寄居在身体的不同器官组织，所引起的临床症状及体征也各异。皮肤型者多表现为游走性皮下包块（匐行疹）（Herman，2009）。对 946 例颚口线虫病的回顾性研究发现，最常见的是在躯干的皮肤上发现迁移性的脂膜炎结节（Magana，2004）。眼型主要是幼虫寄居在玻璃体或前房引起的视神经炎、视力衰退、眼球突出等（Bhattacharjee，2007；Barua，2007）。脑脊髓型主要是颚口线虫侵犯脑、脊髓，引起嗜酸粒细胞增多性脑膜脑炎、蛛网膜下腔出血等（Sawanyawisuth，2009）。内脏型主要是由于虫体穿透或寄生于腹腔脏器引起的一系列症状，如腹痛、胃肠出血、肝脾肿大（Bhattacharjee，2007；Li，2009）。肺部症状是由于虫体寄生或嗜酸粒细胞浸润而产生，可表现为胸痛、嗜酸粒细胞性肺炎、胸腔积液等（付秀华，1999；Intapan，2008；Bovornkitti，1959；Nitidandhaprabhas，1975）。

自1889年，Levinson在一位泰国女病人胸部肿块中发现了颚口线虫，报道了第一例人的颚口线虫病以来，至今已有很多国家有该病的病例报道。在国际上有关人颚口线虫病的报道越来越多，病例较多的有泰国、日本、墨西哥、越南、中国和印度。早在1961—1963年，泰国每年大约就有900例颚口线虫临床病例。日本从1911—2002年报道3 225例，其中3 000多例为棘颚口线虫病，119例为刚刺颚口线虫病，26例为日本颚口线虫病，45例为杜氏颚口线虫病，1例为马来颚口线虫病。墨西哥1985年前无颚口线虫感染人的病例报道，1986—1995年报道3 118例，1996—2005年报道6 548例，颚口线虫病已成为墨西哥严重的公共卫生问题。越南1985年前仅1例感染，1986—1995年有4例感染，但1996—2005年猛增至600例。中国有59例病例报道，其中棘颚口线虫病56例，刚刺颚口线虫病2例，杜氏颚口线虫病1例。印度有14例人体感染病例（Cesar，2007；Murrell，2007；Pillai，2012）。

不同种感染的颚口线虫病呈现不同的病理症状，并且病程也有不同。棘颚口线虫、双核颚口线虫病症相似，一般感染部位为肢体末端、脸、头，感染部位多呈红疹，病程可达1～4年以上。刚刺颚口线虫、日本颚口线虫、杜氏颚口线虫病症相似，感染部位为身体较中间部位，如腹部及背部，感染部位的皮肤多有移行的痕迹，病程少于2～3月（Yukifumi，2004）。

（五）寄生虫的抵抗力

对颚口线虫的存活条件研究不多，不同的报道结果也有差异，这可能与颚口线虫的种类、虫体的大小及是否在食品中有关。

李雯雯等（2010）将感染棘颚口线虫的黄鳝分别保存在4℃、－20℃，结果感染黄鳝在4℃放置4天，仍然可检出活颚口线虫；感染黄鳝在－20℃放置1、2、3、4天均未检出活的颚口线虫。

Setasuban（1979）研究了颚口线虫感染性幼虫在不同温度和湿度条件下的存活时间：放在－9℃冰箱、10℃冷库、27℃的室温及60～65℃的温度下可分别存活20h、4天、10h和37min；在室温干燥环境条件下10min即可死亡了。然而在食物中的幼虫和包囊无论是在室温还是冰箱中均可以存活8天。在沸水中，处于鱼肉中不同深度的包囊可以存活的时间也不一样，鱼肉中0.25cm深度时仅可存活10s，在2.8cm深度时可以存活5min。颚口线虫对温度和湿度的抵抗力见表1－6。

表 1-6　颚口线虫对温度和湿度的抵抗力

处理对象	处理条件	存活时间
颚口线虫三期幼虫（裸露）	−9℃冰箱	20h
	10℃冷库	4 天
	27℃	10h
	60～65℃	37min
	室温干燥环境下	10min
颚口线虫幼虫或包囊（包裹在食物中）	室温	8 天
	冰箱冷藏	8 天
颚口线虫包囊（鱼肉中）	包囊位于鱼肉中 0.25cm，100℃	10s
	包囊位于鱼肉肉 2.8 cm，100℃	5min

此外，采用蒸的方法也可得到类似的结果。在炭烤鱼中深度 0.5、1 和 2cm 幼虫包囊可以存活 4、5 和 7min。在烤鸡时，肉中 2cm 深的幼虫包囊可以存活 9min。分离出的幼虫包囊在−2～−4℃冰箱中，48h 后完全失去感染力。如果幼虫包囊混在鼠肉中放置在同样的温度下 48h 后仍有 20%的感染率。因此，肉中含有颚口线虫幼虫要想使其失去抵抗力至少在−2～−4℃放置 48h 以上（Rojekittikhun，2002）。

卤汁腌泡通常效果不佳，醋腌大约 6 h，酱油 12h，酸橙汁室温下泡制至少 5 天方可杀死颚口线虫。有包囊的棘颚口线虫幼虫可以分别在醋（4%乙酸）、柠檬汁、鱼露（23%氯化钠）、盐水（30%氯化钠）、糖浆（20%糖）中生存 8 天、5 天、18h、20h、6 天，在 28%和 35%乙醇中分别生存 8 天和 9 天。幼虫在混有碎肉沙拉的食品中可存活超过 8 天，幼虫在发酵的鱼、无盐鱼干和含盐鱼干中分别可存活 25 天、2 天和 1 天。颚口线虫对各种调料的抵抗力见表 1-7。

表 1-7　颚口线虫对各种调料的抵抗力

处理方式	存活时间	处理方式	存活时间
醋（4%乙酸）	8 天	35%乙醇	9 天
柠檬汁	5 天	在混有碎肉沙拉的食品中	>8 天
鱼露（23%氯化钠）	18h	在发酵的鱼中	25 天
盐水（30%氯化钠）	20h	无盐鱼干	2 天
糖浆（20%糖）	6 天	含盐鱼干	1 天
28%乙醇	8 天		

表 1-8　各国报道的颚口线虫虫种

	棘颚口	刚刺颚口	杜氏颚口	越南颚口	马来颚口	日本颚口	膨胀颚口	美洲颚口	负鼠颚口	浣熊颚口	巴西颚口	宫崎颚口	双核颚口	社会颚口	lamothei颚口	备注
泰国	√	√	√	√	√											5个种
日本	√	√	√		√	√										5个种
美国							√	√	√	√	√		√	√	√	8个种
韩国	√	√				√										3个种
墨西哥							√			√			√		√	4个种
加拿大												√				1个种
阿根廷							√									1个种
秘鲁	√															1个种
孟加拉	√															1个种
柬埔寨		√														1个种
印度	√															1个种
印度尼西亚	√															1个种
老挝	√															1个种
马来西亚	√															1个种
缅甸	√		√		√											3个种
菲律宾	√															1个种
越南	√	√	√	√												4个种
澳大利亚	√															1个种
巴勒斯坦	√															1个种
津巴布韦	√															1个种
中国	√	√	√			√										4个种

注：√表示有报道的虫。

（六）分布

颚口线虫主要分布在日本、泰国、巴基斯坦、尼泊尔、印度、越南、孟加拉、缅甸、柬埔寨、老挝、菲律宾、印度尼西亚、斯里兰卡、马来西亚、新加坡、以色列、巴勒斯坦、前苏联、中国等。近几年，该病在美州中部、南部也逐渐流行起来，特别在墨西哥、危地马拉、厄瓜多尔、秘鲁、赞比亚、博茨瓦纳、阿根廷、澳大利亚、西班牙也有报道（Murrellkd，2007；Hcrman，2009）。其中，高度流行的地区有墨西哥、日本、泰国和越南。我国颚口线虫主要分布于16个省（自治区、直辖市），以上海、福建、广东等较为多见。各国报道的虫种见表1-8。

（七）诊断及鉴定方法

颚口线虫成虫发育较为稳定，各种形态特征明显，容易依据形态鉴定到种。颚口线虫的危害主要由L3在人体中移行引起的，L3存在于第二中间宿主鱼等水产品中。检测水产品中颚口线虫的方法主要采用消化法（李树清，2013）。L3发育不稳定，头球小钩数量、体表的横纹和小棘数量等形态学特征有一定的变化范围，各虫种之间会出现交叉，特别是虫体长度在早期L3和晚期L3变化较大，不同的中间宿主或转续宿主内寄生时又有差异性，且目前对幼虫的形态学研究和报道不多，没有足够可靠的数据作为参考，仅凭形态很难对颚口线虫属下各个种的L3进行准确的鉴定，需要结合分子生物学鉴定方法综合判定。

1. 颚口线虫的形态鉴定

（1）颚口线虫属L3的形态鉴定　颚口线虫的形态特征主要有：有头球，头球上有3～4环小钩，每环钩数约40个。体表具有横纹和小棘，体前部棘数明显而密，体后部棘渐小而疏。有1对颈乳突、1个排泄孔、有4个颈囊。食道呈棒状，分肌质部和腺质部，肠管粗大。颚口线虫属L3形态特征见图1-17～25。

鱼等水产品中的颚口线虫主要为晚期L3，也有可能为早期。早期与晚期的区别（刚刺）主要为：早期L3头球上的小钩是尖弯钩状；颈乳突和体后部乳突呈纤毛状，尾感器缺，肠的长度为食道长的3倍。晚期L3头球上小钩基部呈斜锥形，远端呈钩状；颈乳突和体后部乳突呈半球形隆起，具有1对尾感器；肠的长度为食道长的1.5倍。

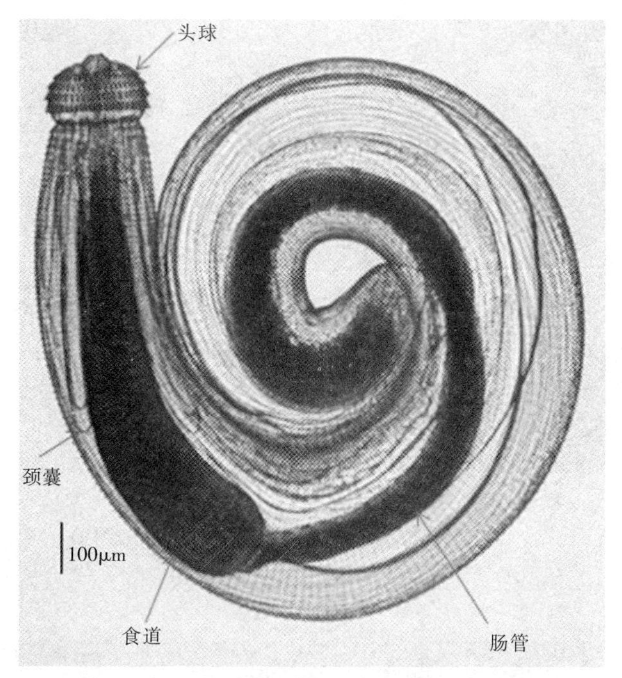

图 1-17　颚口线虫 L3（李雯雯，李树清，2012）

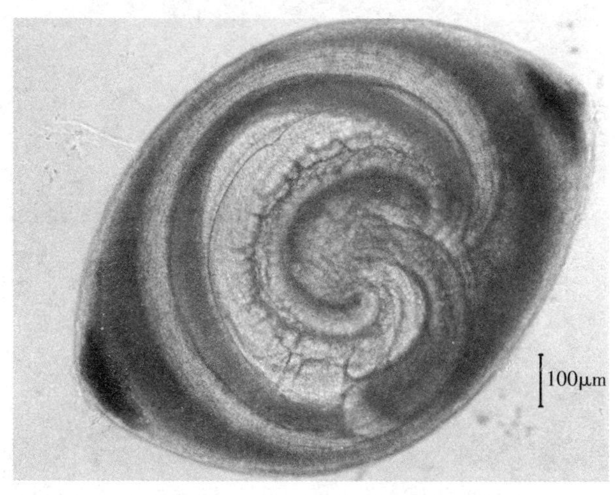

图 1-18　包囊中的颚口线虫 L3（李树清，2014）

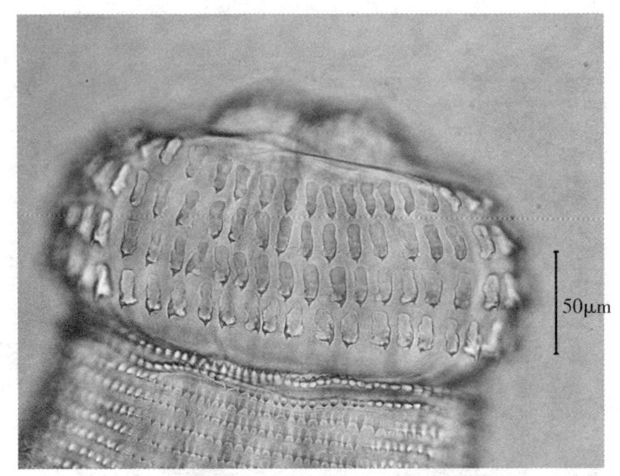

图 1-19　颚口线虫 L3 头部（示头球和 4 环小钩）
及体表横纹（李雯雯，李树清，2012）

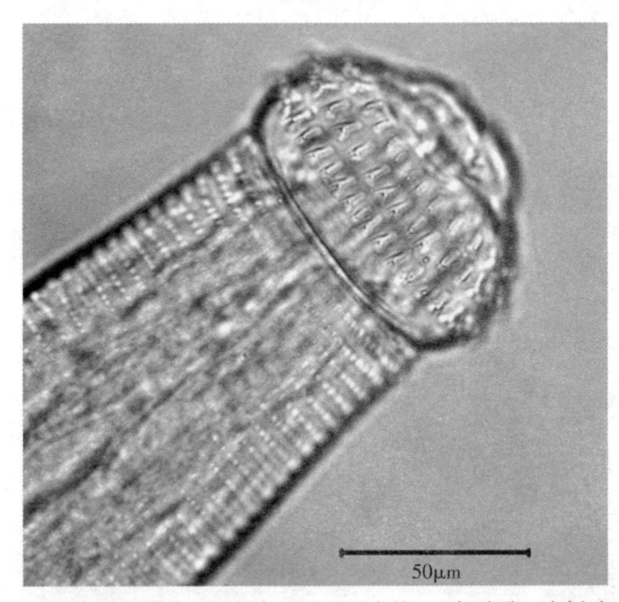

图 1-20　日本颚口线虫 L3 头球（示 3 环小钩）（李雯雯，李树清，2012）

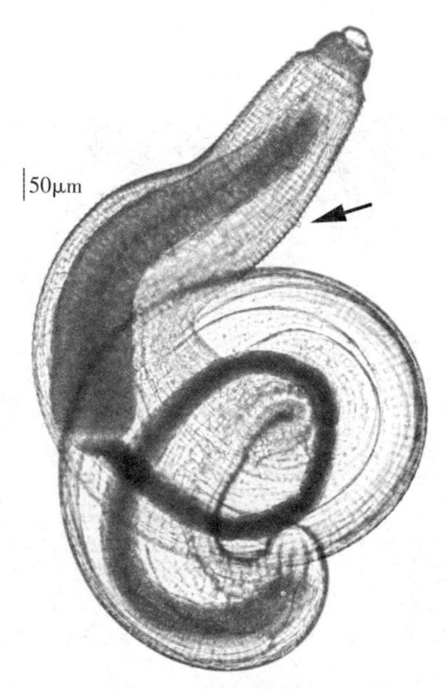

图 1－21　颚口线虫 L3（示颈乳突）（李雯雯，李树清，2012）

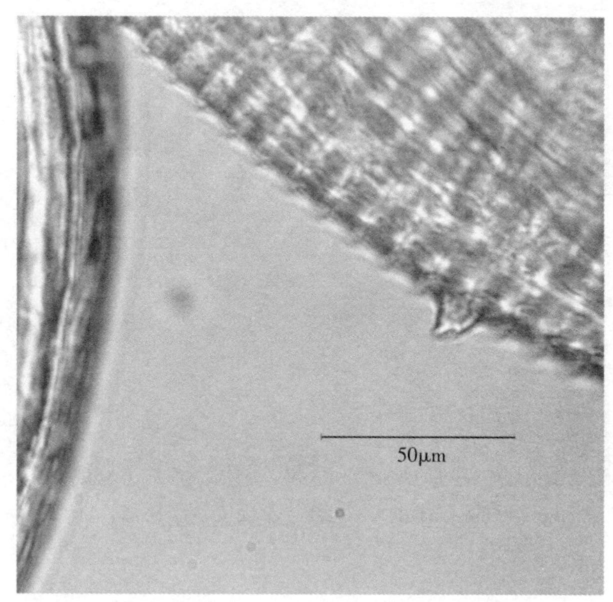

图 1－22　颚口线虫 L3（示颈乳突）（李树清，2014）

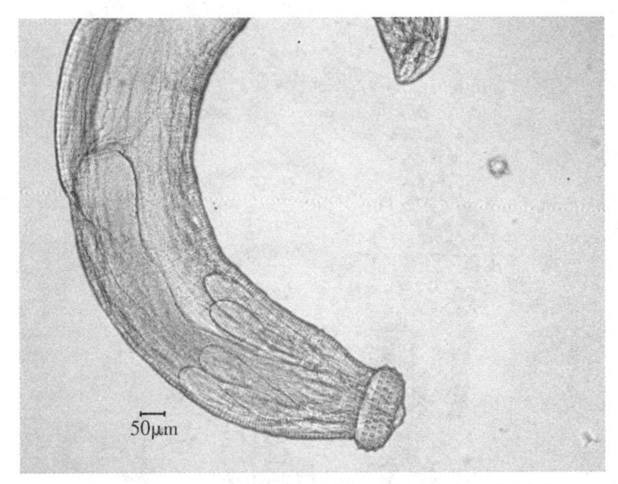

图 1-23　颚口线虫 L3（示 4 条颈囊）（李雯雯，李树清，2011）

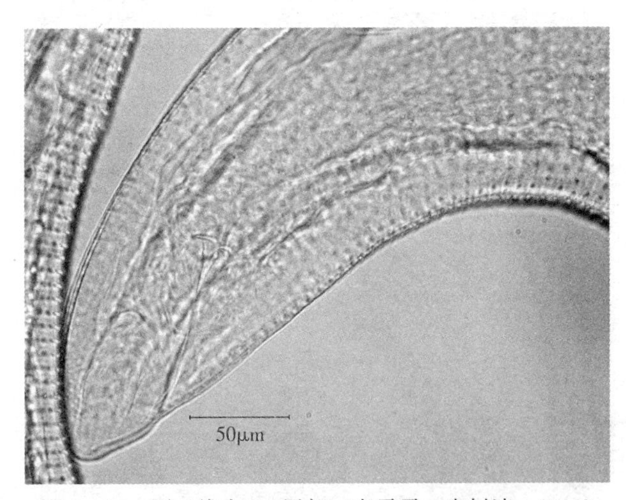

图 1-24　颚口线虫 L3 尾部（李雯雯，李树清，2011）

图 1-25　颚口线虫 L3 尾部示（示尾感器）（李雯雯，2012）

表 1-9、表 1-10 中列出了 6 种致病颚口线虫 L3 的形态特征。颚口线虫的头球，一般都有 4～5 环小钩，但 Han 报道日本颚口线虫晚三期幼虫头球上仅有 3 环小钩，每环的小钩数量分别为 36、38 和 48（Han，2003）。Ho-Choon在 2011 报道了 1 种蛙和 2 种蛇中的日本颚口线虫晚三期幼虫，头球上也有 3 环小钩，每环的小钩数量分别为 29、33 和 36，见图 1-26，可根据此特征作为日本颚口线虫种的判定依据之一。

图 1-26　日本颚口线虫 L3 头部（示 3 环小钩及颈乳突，引自 Woo，2011）

表 1-9　常见颚口线虫早期 L3 的形态比较（Mosqueda - Cabrera，2010）

形态		杜氏颚口线虫 *G. doloresi*	刚刺颚口线虫 *G. hispidum*	日本颚口线虫 *G. nipponicum*	棘颚口线虫 *G. spinigerum*	双核颚口线虫 *G. binucleatum*	浣熊颚口线虫 *G. procyonis*	膨胀颚口线虫 *G. turgidum*
虫体大小（μm）		315×—	530×49	520×51	505×44	531×48	401×48	412×41
颈乳突距头端距离（μm）		15～19	9～13	8～12	11～16	12～16	—	10～13
排泄孔距头端距离（μm）		25～28	19～20	—	22～28	25～29	—	19～24
体棘环列数		176～211	175～217	213～232	225～256	242～285	—	180～204
头球每行小钩数	Ⅰ	34～42（37.6）	31～40（37.0）	—（34.8）	40～47（43.2）	37～41（38.3）	—（31.7）	27～34（30.8）
	Ⅱ	35～43（37.9）	33～41（36.0）	—（36.1）	37～49（44.8）	39～44（41.7）	—（36.2）	30～39（34.1）
	Ⅲ	33～39（36.5）	34～40（38.0）	—（39.7）	42～52（46.7）	41～47（44.1）	—（39.5）	30～43（37.0）
	Ⅳ	33～41（37.0）	40～45（43.0）	无	48～58（52.3）	44～53（47.9）	—（44.6）	37～46（41.6）
	Ⅳ-Ⅰ	（—0.6）	（6.0）	无	（9.1）	（9.6）	（12.9）	（10.8）
文献出处		Miyazaki（1954）	Koga *et al*.（1987）	Ando *et al*.（1989）	Miyazaki（1954）	Almeyda-Artigas *et al*.（1995）	Ash（1962）	Mosqueda-Cabrera（2010）

表 1-10　常见颚口线虫晚期 L3 的形态比较

虫种	虫体长度（mm）	颈乳突距头端（μm）	排泄孔距头端（μm）	体棘环列数	头球小钩基板形状	头球每行小钩数				肠上皮细胞	
						Ⅰ	Ⅱ	Ⅲ	Ⅳ	形状	核数
杜氏颚口线虫 *G. doloresi*	2.4～3.5	15～19	23～27	176～211	不规则梅花形	34～42 (38)	35～43 (40)	34～39 (36)	33～41 (37)	立方形	1～2
刚刺颚口线虫 *G. hispidum*	2.5～3.3	9～14	19～24	202～216	不规则哑铃形	32～38 (36)	37～41 (40)	39～44 (42)	42～48 (45)	立方形	1
棘颚口线虫 *G. spinigerum*	1.1～5.5	11～16	24～27	225～256	长方形	40～47 (43)	37～49 (45)	42～52 (47)	48～58 (52)	圆柱形	3～7
日本颚口线虫 *G. nipponicum*	0.6～2.17	8～12	—	213～232	长方形	29～38 (36)	33～38 (38)	36～46 (43)	—	圆柱形	1～2
膨胀颚口线虫 *G. turgidum*	1.1～11.0	9～14	19～25	172～210	不规则	28～34 (31.3)	29～39 (34.0)	33～40 (37.0)	38～45 (41.8)	圆柱形	2～12
双核颚口线虫 *G. binucleatum*	2～4.3	10～17	27～35	222～303	长方形	36～44 (40.2)	35～47 (43.5)	39～51 (46.9)	44～54 (49.9)	圆柱形	1.5～1.7
马来颚口线虫 *G. malaysiae*	4～5.2	—	—	—	—	44	45	49	55	—	—

（2）颚口线虫成虫形态鉴定　不同虫种的颚口线虫成虫形态区别更为明显一些，传统鉴定方法则是将 L3 经人工感染动物后培育成成虫进行形态鉴定，这是较准确的虫种鉴定方法。

颚口线虫成虫体长通常为 2～3 cm，铁锈色，雌虫比雄虫大，不同虫种与不同宿主中寄生的虫体大小略有差异。口大，具有 2 片肉质的唇，每片唇上各有 2 个乳突，内侧角皮增厚，有纵向的栉齿或切板。唇后头球呈半球形，环形围绕有数行向后的小钩，如棘颚口线虫头球有 8～11 环小钩，刚刺颚口线虫头球有 9～12 环小钩，杜氏颚口线虫头球有 8～10 环小钩（林秀敏，1994，1986；李树荣，1996；陈清泉，1990）。头球包含有 4 个气室，每一气室与相应延长的颈囊相连，这些颈囊自由悬系于体腔中，消化系统简单，仅由食道和肠管组成。其体表披有环状体棘，不同部位体棘的形状及雄虫肛门周围无棘区的形状是区别虫种的重要依据。例如，棘颚口线虫头球后的十几环体棘的形状短而宽，棘后缘有 3～5 个小齿，往后逐渐增长，食道后方体棘细长，有 2～3 个小齿，体中部棘逐渐变成短细的锥形单棘，体末端的棘则小且尖，雄虫肛门周围有一 Y 形无棘区（林秀敏，1986）；刚刺颚口线虫前端体棘短小，有 4～6 个小齿，往后增大，齿也增至 7～10 个，再往后齿数减少为 2～3 个，末端棘变为细针状，雄虫肛门周围的无棘区为“蘑菇”形（李树荣，1996；陈清泉，1990）；杜氏颚口线虫头球后的棘末端有 3～7 齿，往后减少为 3 齿，中齿长度为侧齿的 4.4～5.1 倍，体后部的棘呈针状，且越往后越细，雄虫肛门周围有一椭圆形无棘区（林秀敏，1986）。雄虫末端膨大成假交合伞，有 1 对不等长的交合刺，雌虫阴门在体中部稍后方。棘颚口线虫、刚刺颚口线虫和杜氏颚口线虫成虫的区别见图 1－27。

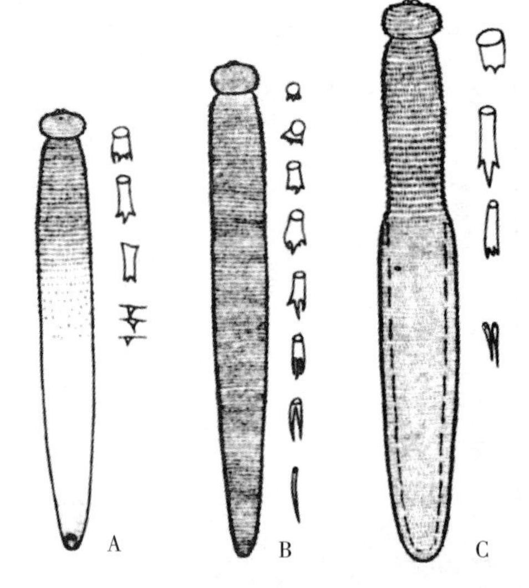

图 1－27　颚口线虫成虫（吴观凌，2005）
A. 棘颚口线虫　B. 刚刺颚口线虫　C. 杜氏颚口线虫

2. 分子生物学鉴定

（1）基于棘颚口线虫（AB181155）、杜氏颚口线虫（AB181156）、日本颚口线虫（AB181157）ITS2 基因序列设计 3 种颚口线虫的特异引物，建立多重

PCR 鉴定 3 种颚口线虫方法（李树清等，2014），如图 1－28 所示，扩增样本的核酸电泳出现 282bp 条带时判定为棘颚口线虫，出现 183bp 条带时判定为杜氏颚口线虫，出现 358bp 条带时判定日本颚口线虫。该方法对棘颚口线虫、杜氏颚口线虫、日本颚口线虫的 DNA 最低检出量分别为 0.2、0.01、0.01ng/μL。

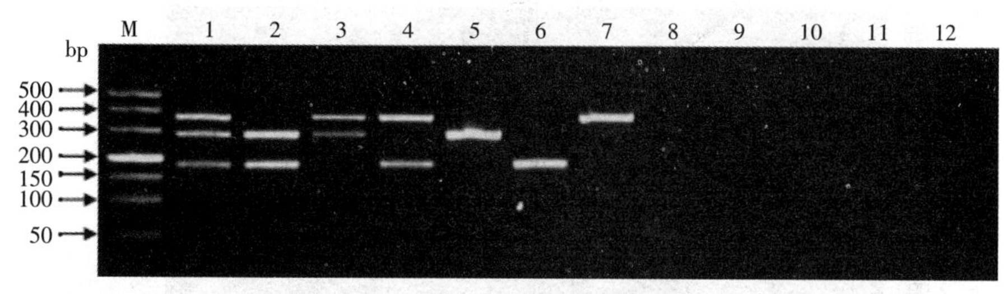

图 1－28　3 对引物多重 PCR 特异性

M：DNA 分子量标准（DL500）；1. 棘颚口线虫、杜氏颚口线虫、日本颚口线虫混合模板　2. 棘颚口线虫、杜氏颚口线虫混合模板　3. 棘颚口线虫、日本颚口线虫混合模板　4. 杜氏颚口线虫、日本颚口混合板　5. 棘颚口线虫模板　6. 杜氏颚口线虫模板　7. 日本颚口线虫模板　8～11. 宫脂线虫、异尖线虫、棘口吸虫和欧猥裂头蚴 DNA 模板　12. 空白对照

棘颚口线虫：

上游引物 GS2－F：5'－GAGATGTCTAGCATCATCTCT－3'；

下游引物 GS4－R：5'－ACTGTATCGGCGAAGCTG－3'。

目的片段长度：282bp。位于棘颚口线虫 ITS2 基因 171～452bp。

杜氏颚口线虫：

上游引物 GD2－F：5'－AGATTTTGTTGCTGTTCGTT－3'；

下游引物 GD3－R：5'－TATATACGGCCGCAGCTC－3'。

目的片段长度：183bp。位于杜氏颚口线虫 ITS2 基因 63～245bp。

日本颚口线虫：

上游引物 GN1－F：5'－TCTACGACGACGAGAGGACT－3'；

下游引物 GN5－R：5'－TGGAGTTGT CGATGTGTG－3'。

目的片段长度：358bp。位于日本颚口线虫 ITS2 基因 58～415bp。

反应总体积为 25μL：10×PCR buffer 为 2.5μL；杜氏颚口线虫与日本颚口线虫上下游引物各 0.3μL（10μmol/L）；棘颚口线虫上下游引物各 0.4μL（10μmol/L）；2.5mmol/L dNTP 为 1μL；25mmol/L Mg^{2+} 为 2.5μL；5U/μL *Taq* 聚合酶为 0.1μL；模板 DNA 各 1μL；ddH2O 补足至 25μL。

反应条件为：95℃ 3min；95℃ 30s，55℃ 30s，72℃ 30s，30 个循环；72℃ 5min。

(2) 基于颚口线虫属的ITS2与COX1基因设计颚口线虫属通用引物分别扩增ITS2与COX1基因（图1-29），对两段基因序列进行测序分析，并结合幼虫的形态特征，以鉴定虫种（李树清，2011；李雯雯，2012）。

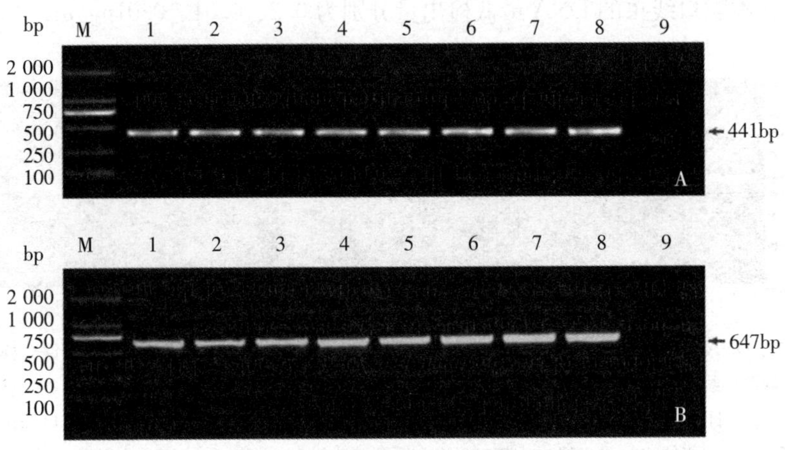

图1-29　颚口线虫COX1、ITS2基因扩增

A. COX1基因片段扩增产物　B. ITS2基因片段扩增产物　M. DNA标志物（DL2000）　1～3. 菲律宾源黄鳝中检获的颚口线虫扩增片段　4～8. 印度尼西亚源黄鳝中检获的颚口线虫扩增片段　9. 空白对照。

ITS2：

上游引物PE-5.8S：5'-TGTGTCGATGAAGAACGCAG-3'；

下游引物PE-28S：5'-TTCTATGCTTAAATTCAGGGG-3'。

目的片段长度：647bp。

COX1：

上游引物PE-cox1F：5'-TTTTTTGGGCATCCTGAGGTTTA-3'；

下游引物PE-cox1R：5'-TAAAGAAAGAACATAATGAAAATGAGC-3'。

目的片段长度：441p。

反应总体积为25μL：10×PCR buffer为2.5μL；上下游引物各0.5μL（10μmol/L）；25mmol/L Mg^{2+}为2.5μL；2.5mmol/L dNTP为2.5μL；5 U/μL *Taq*聚合酶为0.2μL；模板DNA为2.5μL；ddH_2O为13.8μL。

反应条件为：95℃ 3min；94℃ 30s，56℃ 30s，72℃ 30s，35个循环；72℃ 7min。

参 考 文 献

陈清泉，林秀敏．1990. 刚刺颚口线虫病流行区的发现及其生物学研究［J］．厦门大学学报（自然科学版），29（2）：215-127.

陈清泉，卢建华．1990. 刚刺颚口线虫病流行病学生物学和药物治疗研究［J］．动物学报，36（4）：385-392.

杜娈英，陈晓宁，宋钰卿，等．2005. 人体感染刚刺颚口线虫1例［J］．中国人兽共患病杂志，21（10）：859.

付秀华，周晓茵，李霞．1999. 肺内棘颚口线虫1例报告［J］．中国寄生虫病防治杂志，2：69.

李树清，李雯雯，陈志飞，等．2011. 入境黄鳝颚口线虫检疫及虫种鉴定［J］．中国寄生虫学与寄生虫病杂志，29（5）：358-362.

Akahane H，Setasuban P，Nuamtanong S，*et al*. 1995. A new type of advanced third-stage larvae of the genus *Gnathostoma* in freshwater eels，Fluta alba，from Nakhon Nayok，central Thailand［J］. Southeast Asian J Trop Med Public Health，26（4）：743-747.

Almeyda-Artigas R，Mosqueda-Cabrera M，Sanchez-Nu EZ E，*et al*. 1995. Development of *Gnathostoma binucleatum* Almeyda-Artigas，1991（Nematoda：Gnathostomidae）in its first intermediate experimental host［J］. Res Rev Parasitol，55（3）：189-194.

Ando K，Tanaka H，Chinzei Y. 1989. Influence of temperature on development of eggs and larvae of *Gnathostoma nipponicum* Yamaguti，1941［J］. Kiseichugaku Zasshi，38（1）：31-37.

Ando K，Tsunemori M，Akahane H，*et al*. 2006. Comparative study on DNA sequences of ribosomal DNA and cytochrome c oxidase subunit 1 of mitochondrial DNA among five species of gnathostomes［J］. J Helminthol，80（1）：7-13.

Ash L R. 1962. Development of *Gnathostoma procyonis* Chandler，1942，in the first and second intermediate hosts［J］. J Parasitol，48（2）：298-305.

Barua P，Hazarika NK，Barua N，*et al*. 2007. Gnathostomiasis of the anterior chamber［J］. Indian J Med Microbiol，25（3）：276-278.

Bertoni-Ruiz F，Lamothe Y，Argumedo M R，*et al*. 2011. Systematics of the genus *Gnathostoma*（Nematoda：Gnathostomatidae）in the Americas［J］. Revista Mexicana de Biodiversidad，82（2）：453-464.

Bhattacharjee H，Das D，Medhi J. 2007. Intravitreal gnathostomiasis and review of literature［J］. Retina，27（1）：67-73.

Bovornkitti S，Tandhanand S. 1959. A case of spontaneous pneumothorax complicating gnathostomiasis［J］. Dis Chest，35（3）：328-331.

Daengsvang S, Sermswatsri B, Yongyi P. 1969. Spontaneous cure of the natural and induced *Gnathostoma spinigerum* infection in cats [J]. Ann Trop Med Parasitol, 63 (4): 489-491.

Daengsvang S, Sermswatsri B, Youngyi P, *et al*. 1970. Penetration of the skin by *Gnathostoma spinigerum* larvae [J]. Ann Trop Med Parasitol, 64 (3): 399-402.

Daengsvang S. 1971. Infectivity of *Gnathostoma spinigerum* larvae in primates [J]. J Parasitol, 476-478.

Hadidjaja P, Margono S S, Moeloek F A. 1979. *Gnathostoma spinigerum* from the cervix of a woman in Jakarta [J]. Am J Trop Med Hyg, 28 (1): 161-162.

Han E T, Lee J H, Choi S Y, *et al*. 2003. Surface ultrastructure of the advanced third-stage larvae of *Gnathostoma nipponicum* [J]. J Parasitol, 89 (6): 1245-1248.

Herman J S, Chiodini P L. 2009. Gnathostomiasis, another emerging imported disease [J]. Clin Microbiol Rev, 22 (3): 484-492.

Herman J S, Wall E C, van-Tulleken C, *et al*. 2009. Gnathostomiasis acquired by British tourists in Botswana [J]. Emerg Infect Dis, 15 (4): 594-597.

Woo H C, Oh H S, Cho S H, et al. 2011. Discovery of larval *Gnathostoma nipponicum* in frogs and snakes from Jeju-do (Province), Republic of Korea [J]. Korean J Parasitol, 49 (4): 445-448.

Intapan P M, Morakote N, Chansung K, *et al*. 2008. Hypereosinophilia and abdominopulmonary gnathostomiasis [J]. Southeast Asian J Trop Med Public Health, 39 (5): 804-807.

Koga M, Ishii Y, Huang W, *et al*. 1987. Early third-stage larvae of *Gnathostoma hispidum* in cyclops [J]. Parasitol Res, 74 (1): 69-72.

Li D M, Chen X R, Zhou J S, *et al*. 2009. Short report: case of gnathostomiasis in Beijing, China [J]. Am J Trop Med Hyg, 80 (2): 185-187.

Ligon B L. 2005. Gnathostomiasis: a review of a previously localized zoonosis now crossing numerous geographical boundaries [J]. Semin Pediatr Infect Dis, 16 (2): 137-143.

Magana M, Messina M, Bustamante F, *et al*. 2004. Gnathostomiasis: clinicopathologic study [J]. Am J Dermatopathol, 26 (2): 91-95.

Miyazaki I. 1954. Studies on *Gnathostoma* occurring in Japan (Nematoda: Gnathostomatidae) II Life history of *Gnathostoma* and morphological comparison of its larval forms [J]. Kyushu Mem. Med. Sci., 5: 123-139.

Miyazaki, I. 1991. An illustrated book of helminthic zoonoses [M]. *Tokyo*: International Medical Foundation of Japan: 369-409.

Mosqueda C M A, Sanchez M E, Carranza C L, *et al*. 2009. Finding advanced third-stage larvae of *Gnathostoma turgidum* Stossich, 1902 in Mexico from natural and experimental host and contributions to the life cycle description [J]. Parasitol Res, 104 (5): 1219-1225.

Mosqueda-Cabrera M A, Ocampo-Jaimes A. 2009. Abnormalities on cephalic hooklets of advanced third-stage larvae from *Gnathostoma* Owen, 1836 (Nematoda: Gnathostomidae) collected from Mexican rivulus *Millerichthys robustus* Costa, 1995 (Ciprinodontiformes: Rivulidae) in Tlacotalpan, Veracruz, Mexico [J]. Parasitol Res, 105 (6): 1637-1642.

Mosqueda-Cabrera MA, Almeyda-Artigas RJ, Sánchez-Miranda E, *et al*. 2010. Description and development of the early third-stage larva of *Gnathostoma turgidum* Stossich, 1902 (Nematoda: Gnathostomatidae) and contributions to its life cycle [J]. Parasitol Res, 106 (6): 1321-1326.

Murrell K D, Fried B. 2007. Food-borne parasitic zoonoses: fish and plant-borne parasites [M]. Springer Verlag: 235-261.

Nawa Y, Nakamura-Uchiyama F. 2004. An overview of gnathostomiasis in the world [J]. Southeast Asian J Trop Med Public Health, 35 (Suppl 1): 87-91.

Nitidandhaprabhas P, Hanchansin S, Vongsloesvidhya Y. 1975. A case of expectoration of *Gnathostoma spinigerum* in Thailand [J]. Am J Trop Med Hyg, 24 (3): 547-548.

Nitidandhaprabhas P, Harnsomburana K, Surasvadi C. 1978. A case of occipital gnathostomiasis in Thailand [J]. Am J Trop Med Hyg, 27 (1): 206-207.

Nitidandhaprabhas P, Sirimachan S, Charnvises K. 1978. A case of penile gnathostomiasis in Thailand [J]. Am J Trop Med Hyg, 27 (6): 1282-1283.

Nomura Y, Nagakura K, Kagei N, *et al*. 2000. Gnathostomiasis possibly caused by *Gnathostoma malaysiae* [J]. Tokai J Exp Clin Med, 25 (1): 1-6.

Pillai GS, Kumar A, Radhakrishnan N, *et al*. 2012. Intraocular gnathostomiasis: report of a case and review of literature [J]. Am J Trop Med Hyg, 86 (4): 620-623.

Rojekittikhun W, Buchachart K. 2002. The infectivity of frozen *Gnathostoma spinigerum* encysted larvae in mice [J]. J Trop Med Parasitol, 25 (2): 79-82.

Saksirisampant W, Choomchuay N, Kraivichian K, *et al*. 2012. Larva migration and eosinophilia in mice experimentally infected with *Gnathostoma spinigerum* [J]. Iran J Parasitol, 7 (3): 73-81.

Sawanyawisuth K, Chlebicki MP, Pratt E, *et al*. 2009. Sequential imaging studies of cerebral gnathostomiasis with subdural hemorrhage as its complication [J]. Trans R Soc Trop Med Hyg, 103 (1): 102-104.

Sieu T P, Dung T T, Nga N T, *et al*. 2009. Prevalence of *Gnathostoma spinigerum* infection in wild and cultured swamp eels in Vietnam [J]. J Parasitol, 95 (1): 246-248.

Sohn W, Lee S. 1998. The first discovery of larval *Gnathostoma hispidum* (Nematoda: Gnathostomidae) from a snake host, Agkistrodon brevicaudus [J]. Korean J Parasitol, 36 (2): 81-89.

三、菲律宾毛细线虫

菲律宾毛细线虫属于鱼源性寄生虫，主要是由于吃了带幼虫的生鱼而感染。本病于1964年在菲律宾吕宋岛北部（Northern Luzon）的病例中发现并首次报道，1967年菲律宾吕宋岛曾发生暴发流行，造成数百人死亡。埃及、印度尼西亚、老挝、泰国、伊朗、日本、韩国及我国均有病例报道。

（一）病原分类

毛细线虫（*Capillaria* spp.）属于线虫门（Nematoda），嘴刺纲（Enoplea），嘴刺亚纲（Enoplia），嘴刺目（Enoplida Chitwood，1933），毛细科（Capillariidae Neveu-Lemaire，1936），毛细线虫属（*Capillaria* Zeder，1800）。在现有的资料中，部分资料认为毛细属的拉丁名应为：*Aonchotheca*。动物体内寄生的毛细线虫有很多，大约200种，其中能感染人的仅有3种：肺毛细线虫（*C. aerophila*）、肝毛细线虫（*C. hepatica*）和菲律宾毛细线虫（*C. philippinensis*）。肺毛细线虫的成虫主要感染猫、犬，又称猫肺虫；肝毛细线虫是鼠类和多种哺乳动物的寄生虫，偶尔感染人，成虫寄生于肝；菲律宾毛细线虫即肠毛细线虫，成虫寄生于人的小肠，中间宿主是鱼（McCarthy and Moore，2000）。

（二）宿主

菲律宾毛细线虫成虫寄生于人、猴、鼠、池鹭、牛背鹭、夜鹭、苦恶鸟等肠道内，鱼类是本虫的中间宿主。吃鱼的鸟类是本虫的终末宿主或转续宿主。也有人认为本病是鸟类的寄生虫病，人属偶然感染（Lalosević，2008）。

中间宿主淡水鱼有：鲤鱼（*Cyprinus carpio*）、银无须鲃（*Puntius gonionotus*、鲤科）、波鱼（*Rasbora boraperensis*）、黑塘鳢（*Eleotris melanosoma*、黑吐噜、甘仔鱼）、康氏双边鱼（*Ambassis commersoni*）、天竺鲷（*Apagon* sp.）、印度金龙鳉（*Aplocheilus panchax*）、短塘鳢（*Hypseleotris bipartita*）、食蚊鱼（*Gambusia holbrookii*）、大扣扣鱼（*Trichopsis vittatus*）（Bhaibulaya，1979）。

（三）生活史

雌虫产出的虫卵具有典型厚壳卵及薄壳卵两种形态，呈椭圆形，两端有塞状物，卵表面覆有黏膜样物质，卵在胚胎发育之前即从宿主排出，但偶尔也有带胚胎的卵排出。卵在水中经5～10天发育成含蚴卵，被淡水鱼吞食后，经3周在鱼的肠管内发育成为感染性幼虫。用感染性幼虫实验饲喂猴、沙鼠和食鱼的鸟类，均发育成成虫。在第13～14天雌虫产出虫卵或幼虫，幼虫经22～24天发育成第二代成虫。第二代雌虫产卵，仅少数产幼虫。自感染后至粪便中出现虫卵的时间：猴平均46天，沙鼠24～35天。成虫寄生于宿主小肠，尤以空肠居多。自体感染是本虫的感染方式之一，Cross（1972）给沙鼠仅喂入2条幼虫，但解剖时获得852～5 353条幼虫，宿主因自体感染常导致重症症状。

鱼类是本虫的中间宿主，多种鱼可受感染，无特异性。Cross（1972）发现给人吞食含蚴卵，并不能使人感染。将虫卵喂给塘鳢、双边鱼和天竺鲷等淡水鱼，虫卵可在其肠中孵化，经3周发育至感染性幼虫，用以感染猴类获得成虫（吴观凌，2005）。

（四）感染途径和危害

人因喜食生的或者半生的淡水鱼而造成感染。一旦村庄中有该病发生，就易在人群中传播，特别是当雨季粪便污染土壤更容易引起。对在东南亚和西太平洋地区患流行性顽固性腹泻或吸收不良，或有吃生鱼或半熟鱼史的病人，应当考虑到有患肠毛细线虫病的可能。

菲律宾毛细线虫是一种致病性肠道寄生线虫。在肠道，特别是在空肠中可发育成不同阶段的虫体，包括成虫、幼虫和卵。成虫可反复出入肠黏膜和肠腔，致肠壁损伤，引起严重的肠道功能紊乱、吸收不良，水分和电解质大量丧失，血浆蛋白由肠道排出，因而引起剧烈的、顽固性腹泻，以及腹痛、腹胀、消瘦、食欲不振、呕吐等临床表现。本病起病温和，以隐约的腹痛和肠鸣为特征，在2～6周发展为腹泻，起初为间歇性，以后为持续性，1天5～10次或更多的排便。而后由于顽固性腹泻可引起间歇或者持续的体重降低，肌肉萎缩，皮下脂肪显著减少，虚弱，双足水肿。若病人得不到治疗，会造成严重的肌肉萎缩，萎靡不振，身体浮肿。许多病人因反复发作而在发病后2周到2个月死于电解质丧失导致的心力极度衰竭。临床表现远心音、血压过低、奔马律、交替脉等心肌病症状。也可由于继发感染造成败血症而死亡。病人症状可复发，有的患病后3年还有症状表现。如菲律宾吕宋西北部一个700人的小村庄，在1965—1968年的时间内，居民的感染率为32%。未治疗者的死亡率：男性为35%，女性为19%（吴观陵，2008；Soukhathammavong，2008；Lalosević，2008；Fuehrer，2011）。

（五）寄生虫的抵抗力

尚无资料。

（六）分布

本病为地方性寄生虫病，在菲律宾和泰国病例较多。1964 年最早报道于菲律宾吕宋岛的西北部，1 例男性病人腹泻 3 周，久治不愈，导致极度衰弱而死亡，尸检时从小肠和大肠中检出许多线虫，定名为菲律宾毛细线虫。1969 年在吕宋岛西北部的伊洛科斯共 1 400 人发病，至 1976 年 12 月每年有 5～65 例患者感染。1967—1990 年总病例数大约 1 884 例，死亡 110 人。在菲律宾本病流行于滨海的几个省。

泰国最早报道于 1973 年，流行在湄南河等 5 条河流的某些地区。此后，在泰国零星散发。1981 年第一次流行于泰国东北部的 Srisaket 省，有 20 例患者，其中 9 例死亡。另外，在日本、韩国、中国（包括台湾）、印度尼西亚、伊朗、埃及都有零星报道，我国台湾省共报道 12 例，大陆迄今未见病例报道（Amin *et al*．，2015）。

（七）诊断及鉴定方法

1. 形态学特点 菲律宾毛细线虫：虫体细小，成虫雄虫长 2.3～3.2mm，雌虫长 2.5～4.3mm。虫卵 36～45×21μm。成虫的口端有一个小矛。雌虫阴

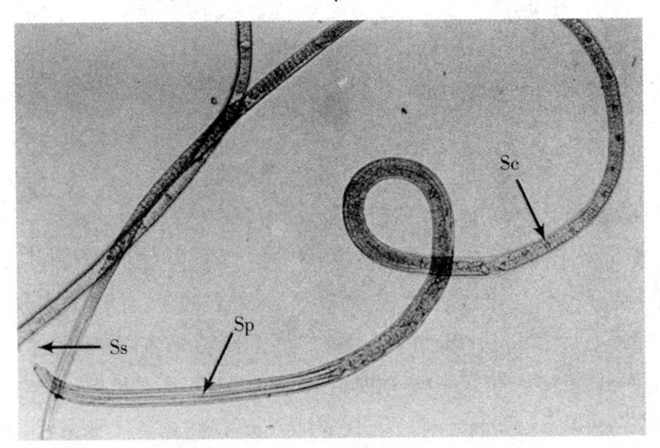

图 1 - 30 菲律宾毛细线虫雄虫成虫（×32）（Cross，1992）

Sp. spicule，交合刺 Ss. sheath，交合刺鞘 Sc. stichocyte，杆细胞

门略微突出，开口于食道紧后方。肛门在亚末端。雌虫交合刺长 200～300μm，长可达 440μm 左右，鞘无棘；此两个形态特征是鉴别本虫的依据。雌虫尾端的腹部隆起形成两对乳突，或称尾翼（图 1－30，图 1－31，图 1－32）。虫卵两端各有一个扁平的透明塞状物，与鞭虫卵相似，较鞭虫卵小，两端塞状物不突出，卵壳表面不光滑（图 1－33）。幼虫由虫卵中孵出后进入鱼的上皮细胞，18～21 日龄的幼虫长度可由最开始的 130～150μm 长至 250～300μm，此时大部分的幼虫存在于鱼的腹部肌肉中（图 1－34）（Cross，1992；吴观陵，2008）。

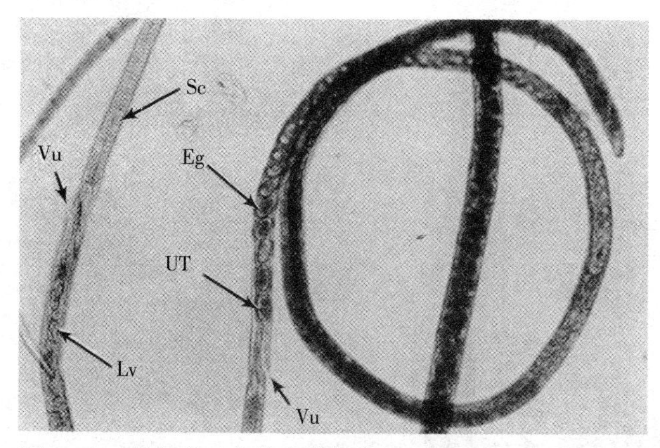

图 1－31　菲律宾毛细线虫雌虫成虫（×32）（Cross，1992）

Sc. stichocyte，杆细胞　Vu. vulva，阴户　Ut. uterus，子宫　Eg. egg，虫卵　Lv. larvae，幼虫

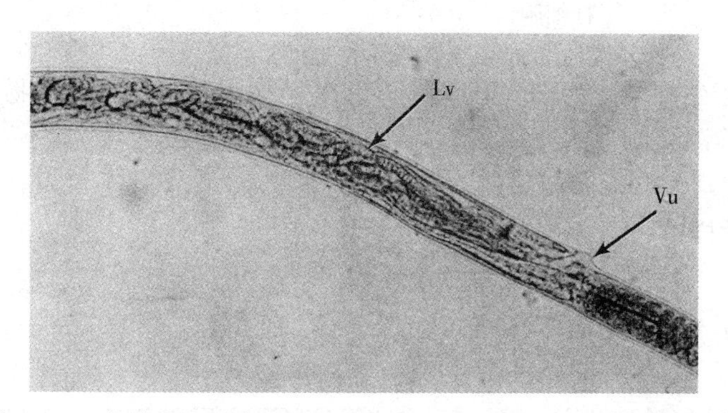

图 1－32　菲律宾毛细线虫雌虫成虫，示突出的外阴及子宫内的幼虫（×160）（Cross，1992）

Lv. larvae，幼虫　Vu. vulva，阴户

图 1－33　菲律宾毛细线虫虫卵双细胞期，示虫卵两端扁平的透明塞状物及粗糙的卵壳表面（×160）（Cross，1992）

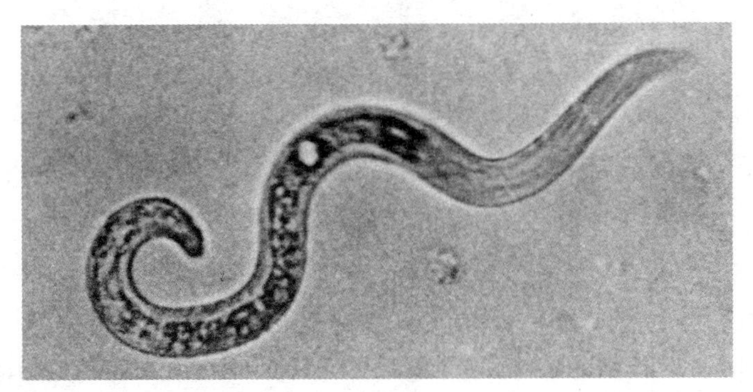

图 1－34　自鱼肠内取出的菲律宾毛细线虫，示前端初步形成的杆细胞（×100）（Cross，1992）

2. 分子生物学诊断　基于 SSU rDNA 区序列设计特异性引物，运用巢式 PCR 方法检测粪便中的菲律宾毛细线虫虫卵、幼虫或成虫。第一次扩增产物核酸电泳出现 235bp 条带，第二次扩增产物核酸电泳出现 183bp 条带时，则判定为阳性样本（El－Dib，2015）。

外引物：

上游引物 CAP18Sforw－1：5'－CGACGATGCTTTGAAATGACTT-GCTC－3'；

下游引物 CAP18SRev－1：5'－GCTCGGTCGTTCCGGTAAC－3'。

目的片段长度：235bp。

内引物：

上游引物 CAP18Sforw－2：5'－CAACTGTCGATGGTAGGTTACG－3'；

下游引物 CAP18SRev－2：5'－GTCTCATCGAGATACGTTC－3'。

目的片段长度：183bp。

第一次扩增：

反应总体积为 50μL：75mmol/L Tris－HCl（pH 9），2mmol/L $MgCl_2$，50mmol/L KCl，20mmol/L $(NH_4)_2SO_4$，dNTPs 各 200μmol/L，0.2μmol/L；上游引物（CAP18SForw－1），0.1μmol/L；下游引物（CAP18SRev－1），1.25U DNA Taq polymerase（1U/μL）（Biotools，西班牙）；5μL 模板 DNA 样本。

反应条件为：94℃ 7min；94℃ 15s，58℃ 15s，72℃ 30s，40 个循环；72℃ 10min。

第二次扩增：

反应总体积为 25μL：75mmol/L Tris－HCl（pH 9），2mmol/L $MgCl_2$，50mmol/L KCl，20mmol/L $(NH_4)_2SO_4$，dNTPs 各 200μmol/L，0.2μmol/L；上游引物（CAP18SForw－2），0.1μmol/L；下游引物（CAP18SRev－2），0.75U DNA Taq polymerase（1U/μL）（Biotools，西班牙）；2μL 第一次扩增产物。

反应条件为：94℃ 7min；94℃ 15s，62℃ 15s，72℃ 20s，35 个循环；72℃ 10min。

参 考 文 献

吴观凌．2005. 人体寄生虫学［M］．北京：人民卫生出版社，621-624.

Bhaibulaya M，Indrangarm S，Ananthapruti M. 1979. Freshwater fishes of thailand as experimental intermediate hosts for *Capillaria philippinensis*［J］. Int J Parasitol，9（2）：105-108.

Cross J H. 1992. Intestinal capillariasis.［J］. Clin Microbiol Rev，5（2）：120-129.

El-Dib N A，El-Badry A A，Ta-Tang T H，*et al*. Molecular detection of *Capillaria philippinensis*：An emerging zoonosis in Egypt［J］. Exp Parasitol，2015，154：127-133.

Fuehrer H P，Igel P，Auer H. 2011. Capillaria hepatica in man--an overview of hepatic capillariosis and spurious infections［J］. Parasitol Res，109（4）：969-79.

Lalosević D，Lalosević V，Klem I，*et al*. 2008. Pulmonary capillariasis miming bronchial carcinoma.［J］. Am J Trop Med Hyg，78：14-6.

Mccarthya J，Mooreb T A. 2000. Emerging Helminth Zoonoses［J］. Int J Parasitol，30：

1351-1359.

Oukhathammavong P，Sayasone S A，Akkhavong A，*et al*. 2008. Three cases of intestinal capillariasis in Lao People's Democratic Republic. [J] . Am J Trop Med Hyg，79 (5)：735-738.

Amin F M A，El-Dib N A，Mohamed E S，*et al*. 2015. Clinical and laboratory investigations of cases infected with *Capillaria philippinensis* in Beni-Suef Governorate [J]，Egypt Comparative Clinical Pathology，24 (4)：871-878.

四、管圆线虫

广州管圆线虫（*Angiostrongylus cantonensis* Chen，1935）是陈心陶先生1935年首次在褐家鼠心肺组织中发现，是一种人兽共患寄生虫病的虫种。成虫寄生于鼠肺动脉内，中间宿主是淡水螺、陆生螺类和蛞蝓，转续宿主有蛙类、淡水鱼、虾、蟹等。人多因生食或半生食含有感染性幼虫的中间宿主或转续宿主而感染，生食被幼虫污染的蔬菜、瓜果等食物或饮用污染的水也可感染。人是广州管圆线虫的非适宜宿主，感染性幼虫侵入人体后，在体内移行，多侵犯中枢神经系统，引起嗜酸粒细胞增多性脑膜炎或脑膜脑炎。广州管圆线虫的流行区域主要在热带和亚热带地区，在太平洋、印度洋的一些岛屿国家、东南亚及中国、日本等地均有暴发或散发流行。WHO公布的21世纪新出现的全球威胁性传染病中就包括广州管圆线虫病。我国原卫生部2003年将广州管圆线虫病列为“新发传染病”。

（一）病原分类

管圆线虫隶属于杆形目（Rhabditida），杆形亚目（Rhabditina），圆线总科（Strongyloidea），后圆科（Metastrongylidae），管圆亚科（Angiostrongylinae），管圆线虫属（*Angiostrongylus* Kamensky，1905）。该属包括广州管圆线虫，又称鼠肺蠕虫（*A. cantonensis*，rat lungworm）、美国鼠肺蠕虫（*A. costaricensis*，American rat lungworm）、杜氏管圆线虫（*A. dujardini* Drozdz & Doby，1970）、马来西亚管圆线虫（*A. malaysiensis* Bhaibulaya & Cross，1971）、脉居管圆线虫（*A. vasorum* Baillet，1866 & Kamensky，1905）。只有前两种有感染人的病例报道。

（二）宿主

中间宿主和转续宿主有50多种，终末宿主大多为啮齿类动物。

中间宿主为软体动物，主要有蜗牛类的褐云玛瑙螺（福寿螺、东风螺、非洲大蜗牛）、皱疤坚螺、同型巴蜗牛、短梨巴蜗牛、中国圆田螺等。牡蛎和海洋蛤是中间宿主。蛞蝓类的足襞蛞蝓、双线嗜黏液蛞蝓等蛞蝓类。转续宿主有蛙、蟾蜍、淡水虾和蟹、淡水鱼、海蛇、猪、牛和鸡等。海中的长臂虾科和对虾科的虾是重要的转续宿主。

福建发现广州管圆线虫幼虫的中间宿主有 14 种。感染率最高的是褐云玛瑙螺，为 36.12％（108/299），其次是沼水蛙和高突足襞蛞蝓，分别为 34.72％（25/72）与 25.83％（273/1057）。秋季和距离居民点 5m 内的环境，螺类感染率最高。14 种感染宿主中，一待定种环棱螺、光滑颈蛞蝓、罗氏巨楯蛞蝓、黄蛞蝓、双线大蛞蝓和沼水蛙，为广州管圆线虫首次报道的新宿主（李莉莎等，2006）。

近 20 年来，由于福寿螺作为外来入侵物种在南方地区大面积繁殖，已成为广州管圆线虫主要的中间宿主。广州管圆线虫在螺体内的分布不均，在福寿螺主要分布于腮（61.3％）、肾（16.3 5％）、消化道（12.62％）、肌肉（9.93％）和肝（0.7％）（邢文鸾，易维平，1998）；褐云玛瑙螺则以肺部最多（71.16％），其次是肾脏（15.23 ％），再次为消化道、肌肉组织和肝脏（梁浩昆等，1982）。

终末宿主为各种野鼠，如褐家鼠、黄胸鼠和板齿鼠。不同鼠种感染广州管圆线虫情况不同。在广东近期的调查中，褐家鼠、黄胸鼠和板齿鼠的平均感染率分别为 19.8％（52/263）、2.5％（3/118）和 10.0％（1/10）（邓卓晖，2010）。广东粤西地区黄胸鼠的感染率为 15.62％、褐家鼠的感染率为 9.61％、板齿鼠的感染率为 7.23％、施氏屋顶鼠的感染率为 3.85％（张赟，2009）。实验用大鼠也是广州管圆线虫适宜的终末宿主，小鼠不能经口感染，可以经腹腔注射感染，但幼虫不能在其体内发育为成虫。

（三）生活史

成虫寄生于鼠肺动脉内，亦可见于右心，雌虫产卵于血流中。虫卵随血流到肺毛细血管，在肺动脉末梢血管内形成栓塞并发育，成熟后孵出第一期幼虫（L1），幼虫穿过毛细血管进入肺泡，在呼吸道沿气管上行到达咽喉部，再吞入消化道，最后随粪便排出体外。排除体外的 L1，在潮湿的环境可存活 3 周。L1 被软体动物吞食或主动钻入其体内后，幼虫可进入中间宿主的血液、内脏、肌肉等处，以肺内最多，肾次之，其次为消化道、肌肉和肝，约经 1 周蜕变为 L2，2 周后再经 1 次蜕皮，成为 L3（感染期）。当鼠类吞食含感染性幼虫的软体动物或饮用受污染的水后，幼虫在鼠胃内脱鞘，进入肠壁小血管，经肝或淋巴、胸导管被带至右心，再经肺部血管至左心，由此达身体各部器官。但多数幼虫均沿颈总动脉到达脑部，穿破血管在脑组织表面穿行。

通常认为，虫体不在人体内发育成熟，故人不是管圆线虫的自然宿主。在感染幼虫后，虫体在人体的移行、发育大致与在鼠类中相同。调查资料显示，在人体幼虫一般不在肺血管完成其发育，但如果幼虫进入肺部也可完成发育。图1－35为管圆线虫的生活史。

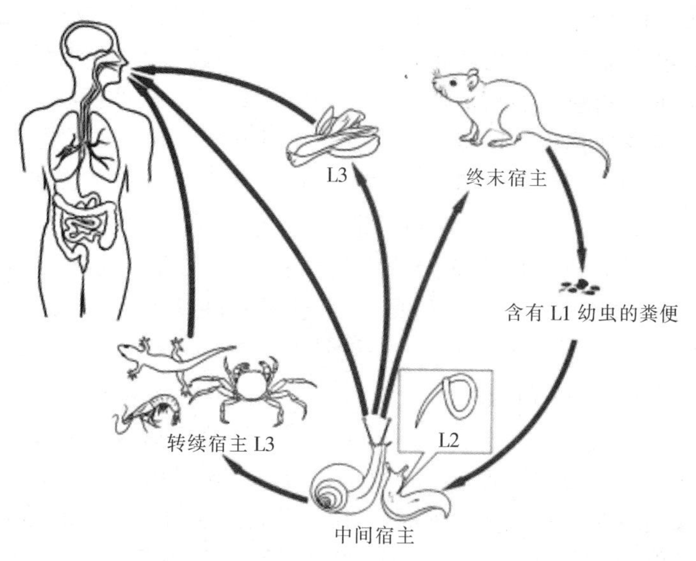

图1－35　管圆线虫生活史（黄维义绘制）

（四）感染途径及危害

人感染广州管圆线虫的途径主要是生食或食入未熟的中间宿主和转续宿主，如蜗牛、蛙或蛞蝓等，生食被幼虫污染的蔬菜、瓜果，喝含幼虫的生水，或不小心食入含有感染性软体动物黏液的食物。实验证实，感染性幼虫可经皮肤侵入大鼠，故不能排除通过皮肤感染的可能性。

1996年前，在我国大陆仅发现3例患者感染广州管圆线虫病，但1997年始病例快速增加。1997年，温州一次暴发和一些散发病例，累积病例多达65人；2002年福州的3次暴发累积病例30人；2003—2004年云南发现25例。至2005年发病最多的地区为温州、福州、广州和昆明，广东11例、福建39例、浙江73例、云南34例，占总病例的94.6％。感染增加的主要原因是近年吃螺肉的人增多。不法商人用与大蜗牛相似，非常廉价的福寿螺冒充蜗牛贩入大小城市餐馆，做成生螺肉，或爆炒。这些地区福寿螺中管圆线虫幼虫的自然感染率高达65.5％甚至69.4％，故病例激增。而2006年北京爆发160个广州管圆线虫病病例，是因为食入来自广西桂林的福寿螺所致（吕山等，2006；

林金祥等，2005；王婧等，2008）。

人感染广州管圆线虫后，由于幼虫在人体移行路线偏好神经系统，一旦侵犯中枢神经系统，则引起嗜酸粒细胞增多性脑膜脑炎或脑膜炎。目前广州管圆线虫已被列为内脏幼虫移行症的重要病原。幼虫可侵犯眼，成虫损害肺和心。当发现脑脊液中嗜酸粒细胞显著升高时可怀疑本病。常见病变部位可能在心脏、肺和大脑、脑膜、小脑、脑干、脊髓等脑组织。常见症状有剧烈头痛、颈项强直、躯体肌肉疼痛、低中度发热、感觉异常、触摸痛、畏光、视力模糊、嗜睡、皮肤过敏等。据北京的 141 个病例分析症状表现以发热（56.79%）、头痛（93.83%）、颈部僵直感（100%）、皮肤异常感觉（77.78%）为主，外周血和脑脊液中嗜酸粒细胞出现不同程度升高，平均 35.53%±19.13%（王婧等，2008）。潜伏期最短 1 天，最长 31 天，多在 6～15 天。大多数病人预后良好，一般持续 4～6 周可自愈。该病的死亡率较低，本文统计的 84 例病人中只有 3 例死亡（3/84，3.6%），且都发生在小儿，常因感染度重和误诊所致。由于广州管圆线虫在人体主要寄生于中枢神经系统，从脑脊液中检查虫体不仅取材较难，而且由于虫体微小，且常黏附于髓膜或缠绕在神经根上，使得检出率很低。梁浩昆统计的国内外 3 000 多例病人中仅 56 例（1.9%）找到虫体（梁浩昆，1988）。南方医科大学统计的 84 例病人中，也只有 8 例（9.5%）找到虫体，64 例是依据免疫学检查确诊的（陈晓光，李华，2007）。

（五）寄生虫抵抗力

冷冻和加热可以杀死幼虫。

广州管圆线虫感染性幼虫对高温的抵抗力：45℃以下温度，20min 内对广州管圆线虫感染性幼虫没有杀灭作用；50～75℃，1～20min，对大多数广州管圆线虫感染性幼虫具有杀灭作用，温度越高，时间越长，杀灭作用越强；80℃以上温度，1～20 min，对广州管圆线虫感染性幼虫具有完全杀灭作用（田旭岩等，2010）。

广州管圆线虫感染性幼虫对消毒剂的抵抗力：次氯酸钠消毒液 1∶80 稀释后用于浸泡餐具、蔬菜或喷洒地面，1.5 h 可使幼虫完全停止活动；可用于预防广州管圆线虫病。用于饮用水消毒的有效氯终浓度为 0.35‰的消毒片不能杀死幼虫。10% 酱油处理 10 min 即可使幼虫活动明显减弱，30 min 虫体完全死亡，虫体蜷曲，出现空泡，而且酱油加热后杀虫效果有所增加。但 50% 醋和 25% 乙醇对广州管圆线虫 L3 活动抑制不明显，食盐对幼虫的杀灭作用也不明显。酱油加热后杀虫效果并不丧失，表明具有杀虫作用的是一种非蛋白质的化学物质（郑南才等，2007）。

（六）分布

广州管圆线虫分布于热带、亚热带地区。主要流行于东南亚、太平洋岛屿。已报道的国家和地区有：泰国、越南、马来西亚、日本、夏威夷、新赫布里底群岛、中国、印度、印度尼西亚、柬埔寨、菲律宾、澳大利亚、波利尼西亚、新喀里多尼亚岛、马达加斯加岛、埃及、斐济、古巴、象牙海岸、萨摩亚群岛、加勒比海、波多黎各等，其中前 7 个国家已经有确诊病例报道（Aghazadeh，2015；Morton，2013）。

我国主要在台湾、广东、浙江、海南、云南、广西、辽宁、上海、福建、黑龙江有病例报道或有本虫分布，迄今为止，全世界已有 3 000 多病例报道。

美国鼠肺蠕虫分布于美洲，主要流行于美国南部到阿根廷北部地区。哥斯达黎加、美国、阿根廷、巴西等有人体病例报道，其中哥斯达黎加每年有多达 500 人感染病例报道（Thiengo，2013；Morera，1998）。

（七）诊断及鉴定方法

1. 形态鉴定

（1）广州管圆线虫幼虫的形态鉴定　幼虫体内折光颗粒的分布、明显的头部特征、鞘膜的变化及典型的行为特征是区分各期幼虫和其他线虫的重要指标（王菲等，2013）。

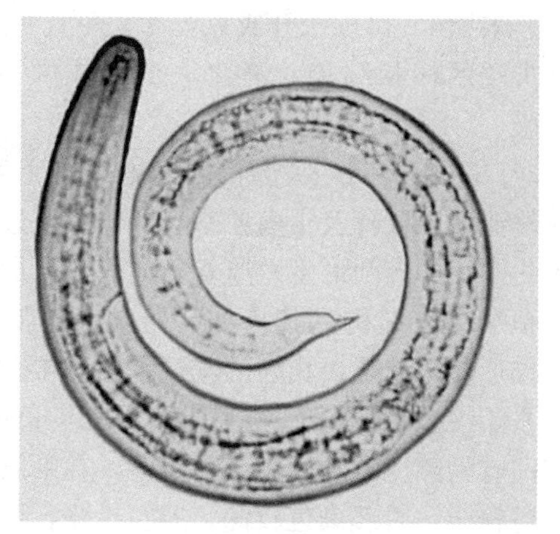

图 1－36　广州管圆线虫 L1（示尾部刀切样凹陷）（王菲，2013）

L1 虫体细长、活泼，可见咽管、生殖原基；与其他线虫幼虫鉴别的重要标志是 L1 尾部突然变尖，近末端背侧有一刀样的凹陷（图 1－36）。镜检感染后第 5 天螺体中的 L1，在食管和肠管交界处开始出现折光颗粒，显微镜下明显可见前段白、后段黑的特征；其在螺肺部可聚集成圆形结节，大小约（0.13±0.12）mm×（0.07±0.12）mm，其内幼虫大多呈O状，可根据结节的大小估出幼虫所处的发育阶段。刘和香等(2008，2009）根据圆形结节这一特点，创立了福寿螺肺检法，观察肺囊壁组织幼虫结节，确定是否感染。光学显微镜观察，发现福寿螺感染L1幼虫61天后，体内形成大小不等的圆形、椭圆形和不规则形状的幼虫结节，结节内有数量不等、部位不同的幼虫断面，肺囊内的幼虫结节多数可见1～2个幼虫断面（图1-37A)。足肌幼虫结节相对较少，多见于足肌边缘，足肌中间及深部少，多数结节可见2～4个幼虫断面（图1-37B）（张超威等，2008)。

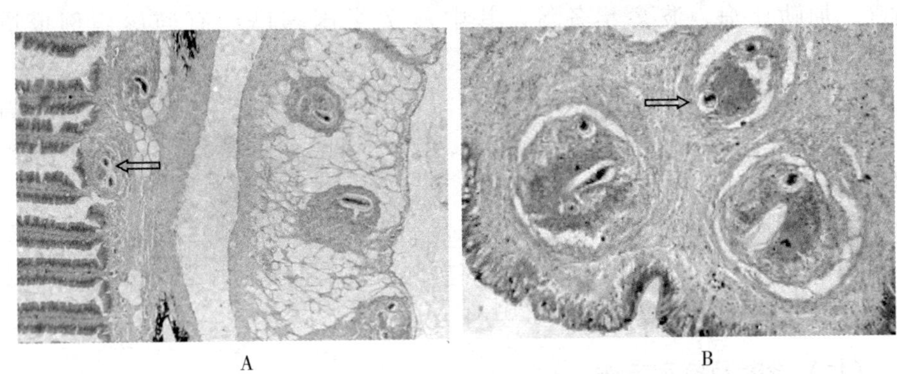

图1-37　福寿螺肺囊和足肌中广州管圆线虫的幼虫结节（张超威等，2008）
A. 肺囊（×100）　B. 足肌边缘（×200）

L2较L1略粗长，体表具有外鞘，体内有许多折光颗粒，以肠道内最为明显。末期L2口球张开成豆瓣状，只有一层鞘膜，并可见发育良好的伴有旋钮样尖端的棒状结构。消化法从螺体内提取的L2部分有一层鞘膜，有的无鞘膜。

L3（感染期）头部稍圆，尾部骤变尖细，食道比虫体长度1/2稍短，可见排泄孔、肛孔及生殖原基。虫体无色透明，神经环位于体前端，肠管中部旁边为圆形或椭圆形生殖原基，体表具两层鞘膜（图1-38，图1-39)；外层鞘膜顶端T形结构是其特征，而内层鞘膜无此结构，其内折光颗粒明显减少；斜锥形尾端及黑白相间的花纹是最重要的鉴定特征之一（王菲等，2013)。苏木素-伊红染色观察到鞘膜内为伊红染色的细胞核稀疏的皮层组织，鞘膜和皮层间有间隙。咽管始于头部口孔，在咽肠连接处与肠管连接，靠近头部的咽管染色较浅，后部染色较深。肠管扩张，肠管壁细胞核深染。生殖原基位于虫体背部和侧面的肠管与皮层间。尾部尖，聚集实质细胞，肛管清晰，有的虫体尾部末端有一段短小纤细圆柱体（图1-38)。有些幼虫体内发现了L4才有的亚腹腺和双管子宫，亚腹腺位于咽肠连接处咽管与体腔之间；双管子宫长约30μm，位于虫体尾部虫（图1-38）。部分L3头部和背部皮层外无鞘膜，皮层裸露，但腹部仍有残存的鞘膜痕迹（张超威等，2008）。

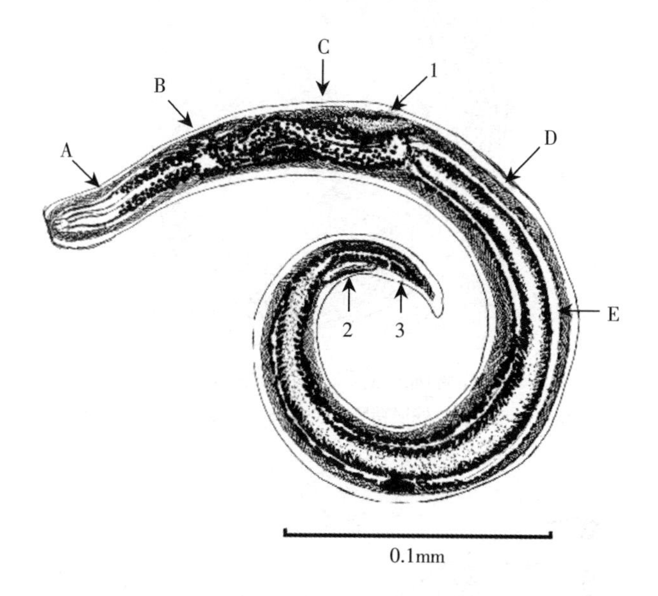

图1-38　广州管圆线虫L3模式图（张超威等，2008）

A. 咽管　B. 神经环　C. 鞘膜　D. 皮层　E. 肠管　1. 亚腹腺　2. 早期双管子宫　3. 肛管

L4常见于宿主脑脊液，体长约为三期幼虫的2倍，阴道位于虫体近末端肛孔处。肠管内折光颗粒明显，雌虫前端见双管型子宫，雄虫后端膨大见交合刺。

L5一般于宿主脑部发现。其性腺发育迅速，雌虫卵巢明显膨大，部分输卵管内有卵细胞，雄虫见交合伞和交合刺。但形状小，交合伞质膜薄而透明，背肋、腹肋及侧肋清晰。虫体长约1.8cm，粗而饱满，显微镜下透明度变低，头端钝圆，泄殖腔已形成，生殖器官尚幼稚。

（2）美国鼠肺蠕虫幼虫的形态鉴定　L1呈丝状并覆盖有横向条纹角质层（图1-41A）；长0.22～0.26mm，宽0.01～0.02 mm，食道长0.11～0.12 mm，神经环和排泄孔距体前端分别为0.03～0.05 mm和0.06～0.09 mm（图1-40A）。体前端可见6个围绕于口的头乳头（图1-41B）；虫体两侧具有侧翼膜，自头侧末端向后延伸至尾部前，排泄孔位于体腹侧（图1-41C）；肛门位于近尾端的腹侧表面（图1-41D）；体后端细狭尖锐并向腹侧弯曲（图1-41E）。

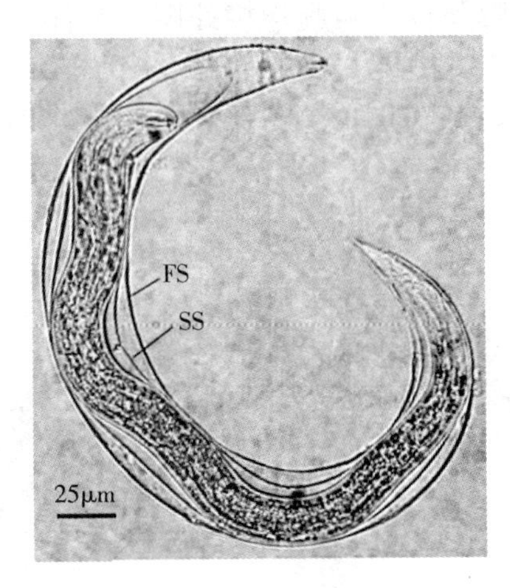

图 1-39 广州管圆线虫 L3（示双层鞘膜）（Lv，2009）
FS. first sheath，外层鞘膜 SS. second sheath，内层鞘膜

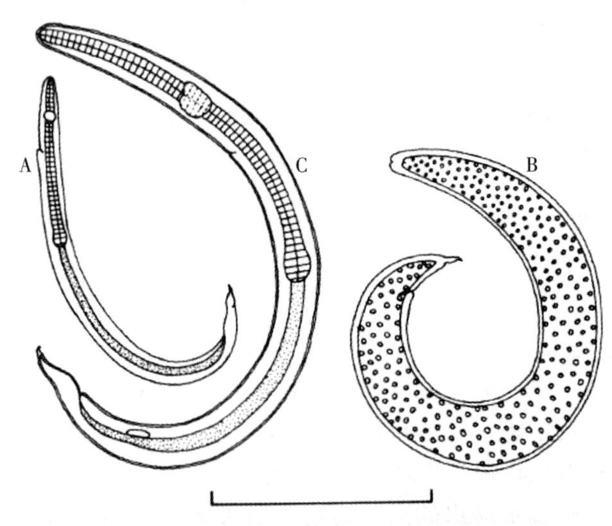

图 1-40 美国鼠肺蠕虫幼虫示意图（Thiengo，1997）
A. L1，侧面观 B. L2，侧面观 C. L3，侧面观；标尺为 1mm

L2 长 0.28～0.31mm，宽 0.02 mm，食道长 0.11～0.12 mm，神经环距体前端 0.04～0.06 mm，肛门距尾部末端 0.01～0.02mm；体表具有外鞘，体内有许多折光颗粒（图 1-40B）。

L3 长 0.40～0.50mm，宽 0.02～0.03mm，食道长 0.17 mm，神经环和排泄孔距体前端分别为 0.04～0.06 mm 和 0.08～0.11 mm；肛门距尾部末端 0.03～0.04mm，体表具有两层外鞘（图 1-40C）；与 L1 相比，L3 尾部呈圆锥形，虫体两侧侧翼膜变厚变短（图 1-42A、1-42B、1-42C），口周围的 6 个头乳头的距离变大（图 1-42D）。

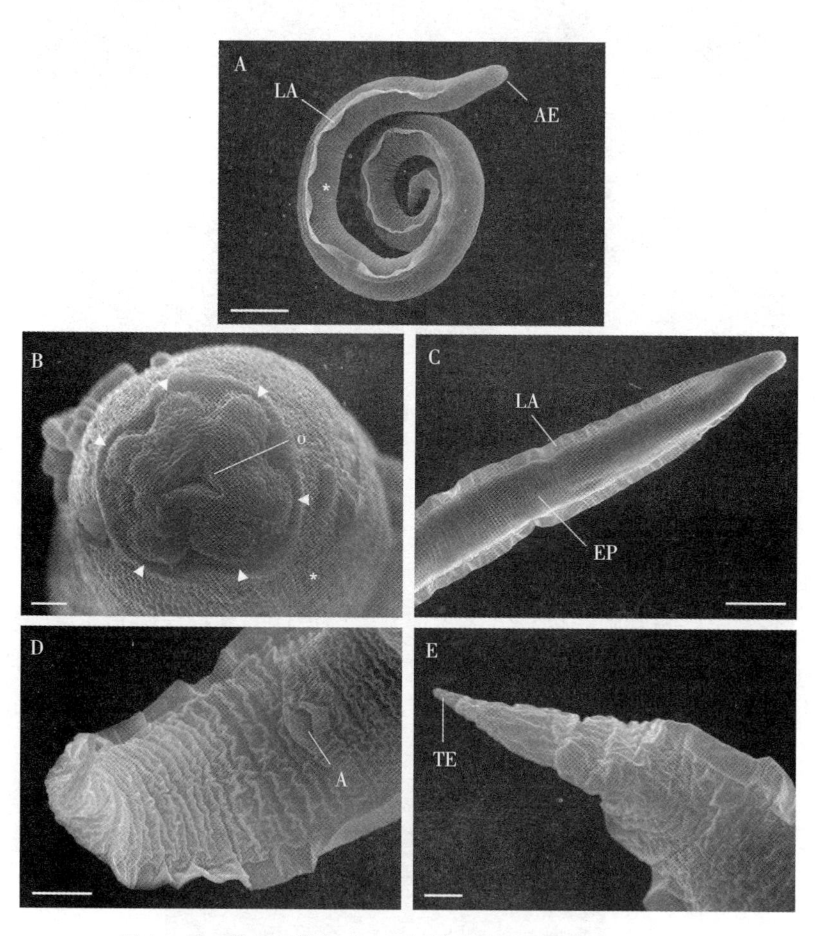

图 1-41　美国鼠肺蠕虫 L1 扫描电镜图（Rebello，2013）

A. 标尺为 10μm　B. 标尺为 1μm　C. 标尺为 10μm　D. 标尺为 2μm　E. 标尺为 1μm
AE. anterior extremity，体前端　LA. lateral alae，侧翼膜　O. oral，口　EP. excretory pore，排泄孔　A. anus，肛门　TE. tail extremity，尾尖端　*：体条纹　△：头乳突

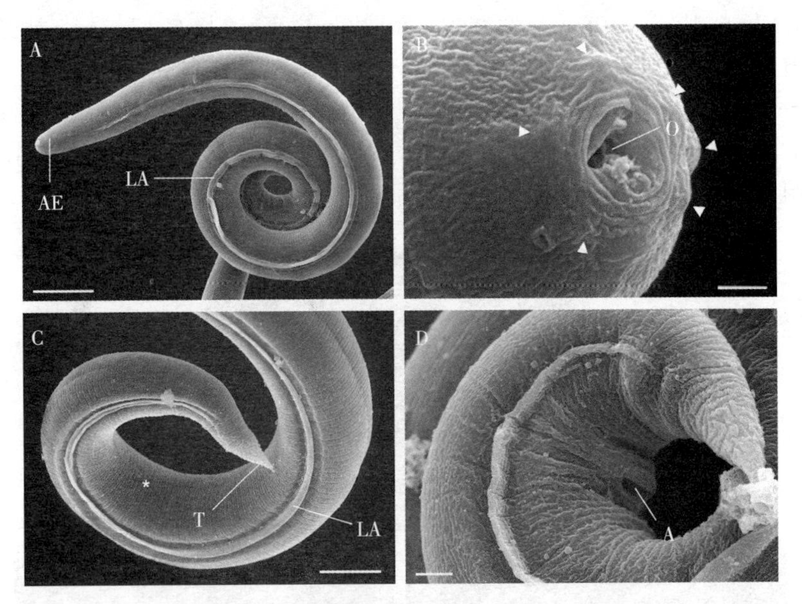

图 1－42 美国鼠肺蠕虫 L3 扫描电镜图（Rebello，2013）

A. 标尺为 20μm B. 标尺为 1μm C. 标尺为 10μm D. 标尺为 2μm AE. anterior extremity，体前端 LA. lateral alae，侧翼膜 O. oral，口 A. anus，肛门 TE. tail extremity，尾尖端 *：体条纹 △：头乳突

2. 分子生物学诊断

（1）基于广州管圆线虫 rRNA 大亚基基因设计的种特异性 PCR 鉴定方法，如图 1－43 所示，扩增样本的核酸电泳仅出现大小为 421bp 的条带，则判定为阳性样本，该方法的准确率为 100 %，最低检出模板 DNA 浓度为 1ng/μL（魏纪玲等，2008）。

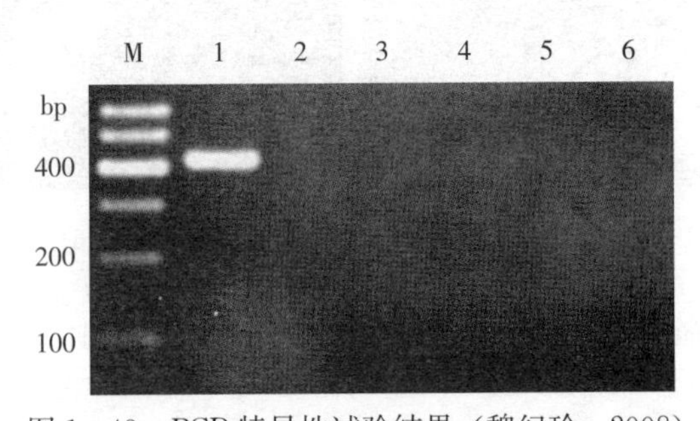

图 1－43 PCR 特异性试验结果（魏纪玲，2008）

M. DNA Marker I 1. 带虫福寿螺 2. 阴性福寿螺 3. 毛圆线虫 4. 异尖线虫 5. 棘头虫 6. 空白对照

上游引物 AC（P1）：5'－TGATGCTTGTGCGGTTTTCG－3'；

下游引物 AC（P2）：5'－TTCCCTTGGCTGTGGTTTCG－3'。

目的片段长度：421bp。

反应总体积为 20μL：2×Taq PCR MasterMix 为 10μL；上下游引物各 0.4μL；模板 DNA 为 2μL；ddH_2O 为 17.6μL。

反应条件为：96℃ 5min；94℃ 50s，56℃ 45s，72℃ 50s，30 个循环；72℃ 10min。

（2）基于广州管圆线虫 rDNA 的 ITS-1 基因序列（GU587760.1）设计的环介导等温 DNA 扩增（LAMP）种特异性鉴定方法，如图 1－44 所示，扩增产物的凝胶电泳出现条带，扩增产物加 SYBR-GREEN1 染料后颜色变为黄绿色，则判定为阳性样本，该方法的最低检出浓度为 0.01 ng/μL（Liu，2011）。

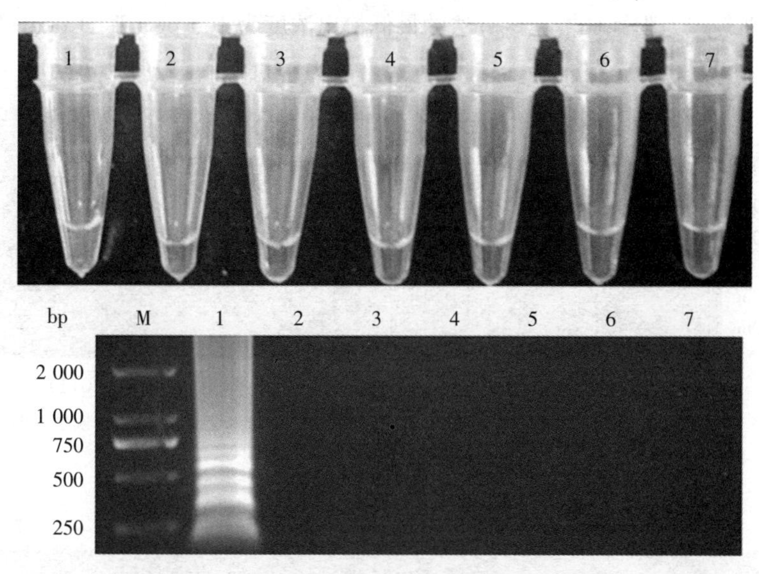

图 1－44　LAMP 特异性试验结果（Liu，2011）

1. 广州管圆线虫　2. 简单异尖线虫　3. 鞭虫　4. 犬弓蛔虫　5. 旋毛虫　6. 蛔虫　7. 空白对照

外引物 F3：5'－CCACCACAAAACACAAACA－3'

B3：5'－GTGTTGAGCTCTAACGGT－3'

内引物 FIP（F1c－F2）：5'－CTCATCATCAACCACCCACCC CTAGCATCATCTACGTCGTC－3'

BIP（B1c－B2）：5'－AGAAACCACCAACACATATA CACGTATAC-

CACCAACTTTAGCGA－3'

环引物loop－F：5'－GGGTGGTGATGTAGTAGCTA－3'

loop－B：5'－TCACCTAGTGTATGATGGT－3'

反应总体积为 25μL：10×Bst-DNA polymerase buffer 为 3μL；每种 dNTP 各 0.5 mmol/L；甜菜碱为 0.8mol/L；$MgSO_4$ 为 2mmol/L；内引物 FIP、BIP 各 1.6μmol/L；环引物 loop－F、loop－B 各 0.8μ－；外引物 F3、B3 各 0.4μ－；Bst DNA polymerase 为 8 U；模板 DNA 为 1μL；ddH_2O 补足至 25μL。

反应条件为：65℃ 45min；80℃10min 使酶热变性失活终止反应。

（3）基于广州管圆线虫 18s rRNA 基因序列（AY295804.1）设计的环介导等温 DNA 扩增（LAMP）种特异性鉴定方法，如图 1－45、图 1－46 所示，扩增产物的凝胶电泳出现条带，扩增产物加 SYBR－GREEN1 染料后颜色变为黄绿色，则判定为阳性样本，该方法的最低检出浓度为 100 pg/μL（Chen，2011）。

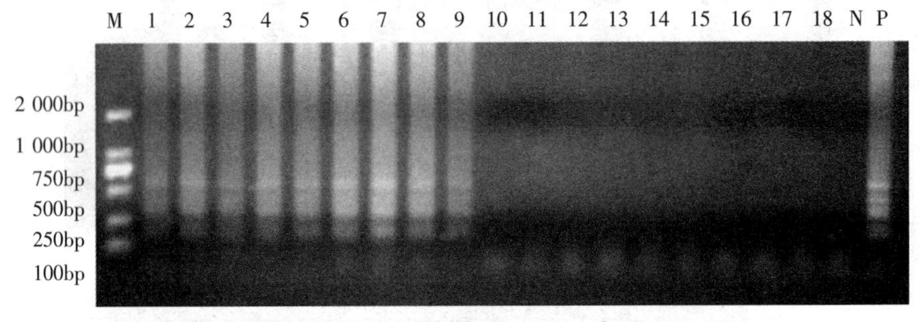

图 1－45 广州管圆线虫感染螺样本的 LAMP 检测（Chen，2011）

M. DL2000 DNA Marker 1～9. 人工感染螺 9～18. 未受感染螺 N. 阴性对照 P. 阳性对照

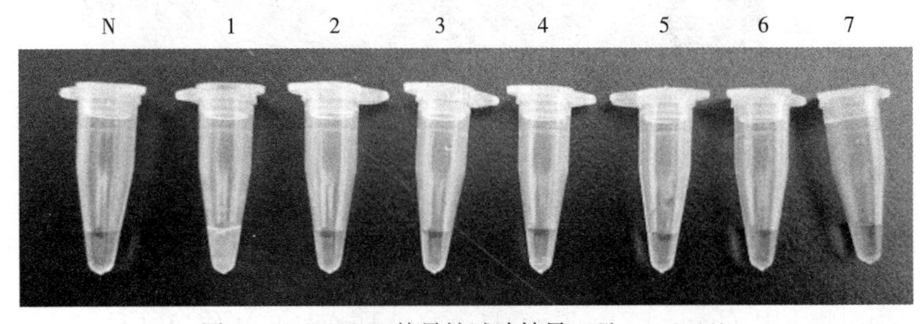

图 1－46 LAMP 特异性试验结果（Chen，2011）

N. 阴性对照 1. 广州管圆线虫 2. 弓形虫 3. 恶性疟原虫 4. 日本血吸虫 5. 华支睾吸虫 6. 卫氏并殖吸虫 7. 异尖线虫

外引物F3：5'－TTGTCGAGGAGCTTCCCG－3'

B3：5'－CACCAACTAAGAACGGCCAT－3'

内引物FIP（F1c－F2）：5'－CCTGGTGGTGCCATTCCGTCTCTTTCG GTTCCTGGGGTAG－3'

BIP（B1c－B2）：5'－GCCCGGACACCGTAAGGATTGCACCAC CAACCACCAAAT－3'

反应总体积为 25μL：10 × Bst － DNA polymerase reaction buffer 为 2.5μL；内引物 FIP、BIP 各 1.6μmol/L；外引物 F3、B3 各 0.2μmol/L；8U/μL Bst DNA polymerase 为 1μL；每种 dNTP 各 0.5mmol/L；甜菜碱为 5μL；7mmol/L $MgSO_4$ 为 2μL；模板 DNA 为 1μL；ddH_2O 补足至 25μL。

反应条件为：65℃ 60min；95℃ 2min 使酶热变性失活终止反应。

（4）基于广州管圆线虫 ITS－1 基因序列（GU587745.1 和 GU587746.1）建立的 TaqMan 探针实时荧光 PCR 方法，该方法只对广州管圆线虫进行特异性扩增，最低检出量为 0.01 条幼虫（Chan，2015；Qvarnstrom，2010）。

上游引物 AcanITS1F1：5'－TTCATGGATGGCGAACTGATAG－3'；

下游引物 AcanITS1R1：5'－GCGCCCATTGAAACATTATACTT－3'；

TaqMan 探针 AcanITS1P1：5'－6－carboxyfluorescein－ATCGCATATC TACTATACGCATGTGACACCTG－BHQ－3'；

反应总体积为 20μL：SensiFast Probe No－ROX mix（Bioline，美国）为 10μL；上下游引物各 0.2μmol/L；探针 0.05μmol/L；模板 DNA 为 2μL；用灭菌超纯水补至 20μL；以未感染螺所提取的 DNA 为阴性对照模板，灭菌超纯水为空白对照。

反应条件：95℃15s，60 45 s；共 40 个循环。

（5）基于管圆线虫属的 COX1 基因片段和 ITS2 基因片段设计引物，运用 PCR－RFLP 方法鉴别广州管圆线虫、美国鼠肺蠕虫和脉居管圆线虫。如图 1－47、图 1－48 所示，扩增产物经 *Rsa*I 酶、*Cla*I 酶消化后，经银染色聚丙烯酰胺凝胶电泳分离，可以得到不同片段大小的条带（Caldeira，2003）。

COX1（Folmer O et al.，1994）：

上游引物 LCO：5'－GGTCAACAAATCATAAAGATATTGG－3'；

下游引物 HCO：5'－TAAACTTCAGGGTGACCAAAAAATCA－3'；

目的片段长度：700bp。

ITS2（Gasser，1993）：

上游引物 NC1：5'-ACGTCTGGTTCAGGGTTGTT-3'；

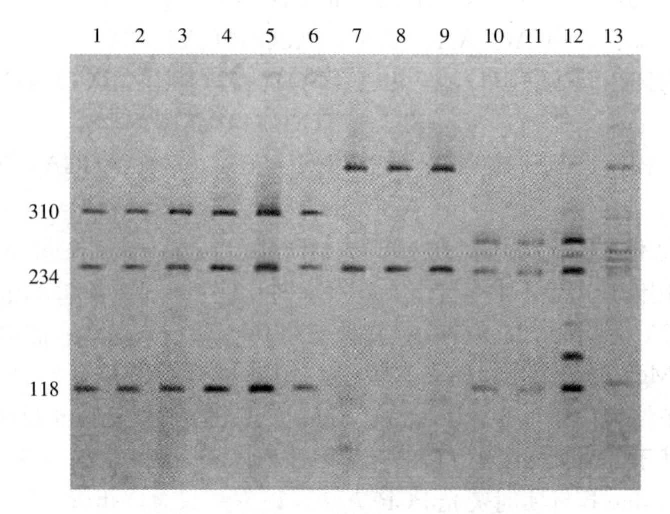

图 1-47　3 种管圆线虫 COX1 扩增产物的 *Rsa*I 酶切电泳图（Caldeira，2003）

1～3. 美国鼠肺蠕虫 L1　4. 美国鼠肺蠕虫 L3　5、6. 美国鼠肺蠕虫成虫　7～9. 广州管圆线虫成虫　10、11. 脉居管圆线虫成虫　12. 脉居管圆线虫 L1　13. 相似猫圆线虫（*Aelurostrongylus abstrusus*）L1；分子大小标记显示在图的左侧

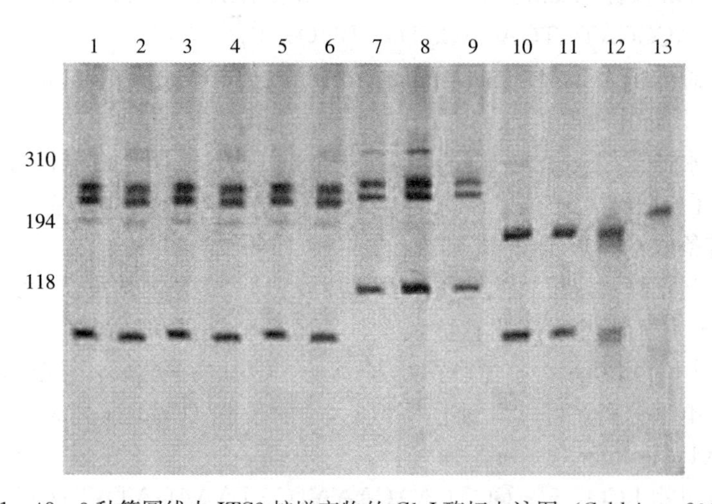

图 1-48　3 种管圆线虫 ITS2 扩增产物的 *Cla*I 酶切电泳图（Caldeira，2003）

1～3. 美国鼠肺蠕虫 L1　4. 美国鼠肺蠕虫 L3　5、6. 美国鼠肺蠕虫成虫　7～9. 广州管圆线虫成虫　10、11. 脉居管圆线虫成虫　12. 脉居管圆线虫 L1　13. 相似猫圆线虫 L1；分子大小标记显示在图的左侧

下游引物 NC2：5'-TTAGTTTCTTTTCCTCCGCT-3'。

目的片段长度：600bp（美国鼠肺蠕虫和脉居管圆线虫）、650bp（广州管圆线虫）。

反应总体积为 10μL：10mmol/L Tris-HCl，pH 8.5；dNTP 各 200μmol/L；1.5mmol/L $MgCl_2$；0.8U Taq DNA polymerase（Cenbiot，RS，巴西）50mmol/L KCl；上下游引物各 0.3 pmol/μL；ddH_2O 补至 10μL；各反应管添加一滴矿物油。

COX1 扩增反应条件为：95℃ 5min；95℃ 45s，50℃ 1min，72℃ 2min，40 个循环；72℃ 8min。

ITS2 扩增反应条件为：94℃ 90s；94℃ 50s，58℃ 1min，72℃ 90s，39 个循环；72℃ 10min。

PCR 扩增产物用 ddH_2O 稀释后等份分装，每份为 10μL。

COX1 扩增产物酶切反应体系为：*Rsa*I 酶为 10～12 U；1μL 酶缓冲液；10μL 稀释的扩增产物；反应条件为：37℃ 3.5 h。

ITS2 扩增产物酶切反应体系为：*Cla*I 酶为 10～12 U；1μL 酶缓冲液；10μL 稀释的扩增产物；反应条件为：37℃ 3.5 h。

参 考 文 献

陈晓光，李华. 2007. 广州管圆线虫病［J］. 中华传染病杂志，25（10）：637-640.

邓卓晖，张启明，林荣章，等. 2010. 广东省广州管圆线虫病疫源地调查［J］. 中国寄生虫学与寄生虫病杂志，28（1）：12-16.

李莉莎，周晓农，林金祥，等. 2006. 福建省广州管圆线虫 6 种新宿主的发现及疫源地的感染率周年变化［J］. 中国人兽共患病学报，22（6）：533-537.

梁浩昆，徐秉锟，沈浩贤. 1982. 广州市广州管圆线虫中间宿主褐云玛瑙螺感染情况调查研究［J］. 广州医学院学报，5：001.

梁浩昆. 1988. 关于广州管圆线虫病的概述. 广州医学院学报，16（1）：95-101.

林金祥，揭鸿英，李莉莎. 2005. 广州管圆线虫病爆发给我们的启示［J］. 中国寄生虫学与寄生虫病杂志，23（5），341-343.

刘和香，张仪，吕山，等. 2008. 三种方法检测福寿螺肺囊内广州管圆线虫效果的比较研究［J］. 中国寄生虫学与寄生虫病杂志，25（1）：53-56.

刘和香，张仪，吕山，等. 2009. 广州管圆线虫生活史的实验室构建与观察［J］. 中国病原生物学杂志，4（11）：836-839.

吕山，周晓农，张仪，等. 2006. 中国大陆广州管圆线虫病流行病学分析［J］. 中国人兽共患病学报，22（10）：987-988.

田旭岩，卢勤声，周丽芬，等.2010. 不同温度对广州管圆线虫感染期幼虫的杀灭作用 [J]. 热带医学杂志，10（2）：163-166.

王菲，曹淑祯，张霄霄，等.2013. 广州管圆线虫生长发育及形态特征研究现状 [J]. 国际医学寄生虫病杂志，40（4）：225-230.

王婧，郑晓燕，阴赪宏，等.2008. 北京市某医院 2006 年 141 例广州管圆线虫病患者流行病学分析 [J]. 中华流行病学杂志，29（1）：27-29.

魏纪玲，周卫川，邵碧英，等.2008. PCR 检测螺类感染广州管圆线虫方法的建立与应用 [J]. 中国人兽共患病学报，24：1136-1140.

邢文鸾，易维平.1998. 温州福寿螺体内广州管圆线虫幼虫分布情况的研究 [J]. 温州医学院学报，28（4）：297-298.

张赟.2009. 广东粤西地区广州管圆线虫的流行病学调查 [D]. 广州：广州医学院.

张超威，周晓农，吕山，等.2008. 福寿螺体内广州管圆线虫Ⅲ期幼虫的形态学观察 [J]. 中国寄生虫学与寄生虫病杂志，26（3）：203-204.

郑南才，黄宝明，梁柏年，等.2008. 各种化学因素对广州管圆线虫第Ⅲ期幼虫活力的影响 [J]. 中国自然医学杂志，9（6）：457-460.

Aghazadeh M，Jones M K，Aland K V，*et al*. 2015. Emergence of Neural Angiostrongyliasis in Eastern Australia [J]. Vector Borne Zoonotic Dis，15（3）：184-190.

Caldeira R L，Carvalho O S，Mendon? a C L F G，*et al*. 2003. Molecular differentiation of *Angiostrongylus costaricensis*，*A. cantonensis*，and *A. vasorum* by polymerase chain reaction-restriction fragment length polymorphism [J]. Mem Inst Oswaldo Cruz，98（8）：1039-1043.

Chan D，Barratt J，Roberts T，*et al*. 2015. The Prevalence of *Angiostrongylus cantonensis*/*mackerrasae* Complex in Molluscs from the Sydney Region [J]. PloS one，10（5）：e0128128.

Chen R，Tong Q，Zhang Y，*et al*. 2011. Loop-mediated isothermal amplification：rapid detection of *Angiostrongylus cantonensis* infection in *Pomacea canaliculata* [J]. Parasit Vectors，4（1）：204.

Folmer O，Black M，Hoeh W，*et al*. 1994. DNA primers for amplification of mitochondrial cytochrome coxidase subunit I from diverse metazoan invertebrates. Mol Mar Biol Biot，3：294-299.

Gasser R B，Chilton N B，Hoste H，*et al*. 1993. Rapid sequencing of rDNA from single worms and eggs of parasitic helminths. Nucleic Acids Res，21：2525-2526.

Liu C Y，Song H Q，Zhang R L，*et al*. 2011. Specific detection of *Angiostrongylus cantonensis* in the snail *Achatina fulica* using a loop-mediated isothermal amplification（LAMP）assay [J]. Mol Cell Probes，25（4）：164-167.

Lv S, Zhang Y, Liu H X, *et al*. 2009. *Angiostrongylus cantonensis*: morphological and behavioral investigation within the freshwater snail *Pomacea canaliculata* [J]. Parasitol Res, 104 (6): 1351-1359.

Morera P, Amador J A. 1998. Prevalencia de la angiostrongilosis abdominal y la distribución estacional de la precipitación [J]. Rev Costarric Salud pública, 7 (13): 1-14.

Morton N J, Britton P, Palasanthiran P, *et al*. 2013. Severe hemorrhagic meningoencephalitis due to *Angiostrongylus cantonensis* among young children in Sydney, Australia [J]. Clin Infect Dis, 57 (8): 1158-1161.

Qvarnstrom Y, da Silva A C A, Teem J L, *et al*. 2010. Improved molecular detection of *Angiostrongylus cantonensis* in mollusks and other environmental samples with a species-specific internal transcribed spacer 1-based TaqMan assay [J]. Appl Environ Microbiol, 76 (15): 5287-5289.

Rebello K M, Menna-Barreto R F S, Chagas-Moutinho V A, *et al*. 2013. Morphological aspects of *Angiostrongylus costaricensis* by light and scanning electron microscopy [J]. Acta tropica, 127 (3): 191-198.

Thiengo S C, de Oliveira Sim? es R, Fernandez M A, *et al*. 2013. *Angiostrongylus cantonensis* and rat lungworm disease in Brazil [J]. Hawaii J Med Public Health, 72 (6 Suppl 2): 18.

Thiengo S C, Vicente J J, Pinto R M. 1997. Redescription of *Angiostrongylus* (*Parastrongylus*) *costaricensis* Morera & Céspedes (nematoda: metastrongyloidea) from brazilian strain [J]. Rev Bras Zool, 14: 839-44.

五、后睾吸虫

后睾吸虫是寄生在人及动物的胆管和胆囊的一些中小型吸虫，会引起肝胆疾病，俗称肝吸虫。因我国主要流行华支睾吸虫（*Clonorchis sinensis* Cobbold，1857），故肝吸虫在我国特指华支睾吸虫。猫后睾吸虫（*Opisthorchis felineu*（Rivolta，1884）Blanchard，1895）俗称猫肝吸虫，在欧亚地区流行。麝猫后睾吸虫［*O. viverrini*（Poirier，1886）Stiles & Hassal，1896］俗称泰国肝吸虫，在东南亚流行。东方次睾吸虫（*Metorchis orientalis* Tanabe，1919）也可感染人，但较少见，有时与华支睾吸虫一起混合感染鱼。后睾吸虫的第二中间宿主是多种淡水鱼类，人一旦食入含有活的囊蚴的鱼肉，便会患病，属于危害性较大的食源性寄生虫。麝猫后睾吸虫与华支睾吸虫已被 WHO 列为胆管癌的Ⅰ类致癌因素。

（一）病原分类

后睾吸虫隶属于扁形动物门（Platyhelminthes），吸虫纲（Trematoda），复殖吸虫亚纲（Digenea），斜睾目（Plagiorchiida La Rue，1957），后睾总科（Opisthorchioidea Looss，1899），后睾科（Opisthorchiidae Looss，1899）。该科下有 5 个属，支睾属（*Clonorchis* Looss，1907），华支睾吸虫属于支睾属；后睾属（*Opisthorchis* Blanchard，1895），猫后睾吸虫和麝猫后睾吸虫属于后睾属；对体属（*Amphimerus* Barker，1911）和次睾属（*Metorchis* Looss，1899），均是禽类的肝吸虫，对人也有致病性；微口属（*Microtrema* Kobayashi，1915），是猪的肝吸虫，偶见犬、猫，尚未见人感染的报道。

（二）宿主

后睾科吸虫的终末宿主很多，不同虫种有所侧重。

华支睾吸虫亦称中华支睾吸虫，成虫寄生于人与猫、犬、猪等动物的肝内胆管。另外，鼠类、貂、狐狸、野猫、獾、水獭也可作为保虫宿主。可实验感染豚鼠、家兔、大鼠、海狸鼠、仓鼠等多种哺乳动物。麝猫后睾吸虫、猫后睾吸虫的终末宿主也是猫、犬、人，以及大量能吃到鱼的哺乳动物。东方次睾吸虫与鸭对体吸虫的终末宿主是家禽和野鸟，也可感染犬、猫等哺乳动物。

后睾科吸虫发育过程中需要两个中间宿主的参与，其中第一中间宿主为各种淡水螺。华支睾吸虫第一中间宿主最常见的有：纹沼螺（*Parafossarulus striatulus*）、赤豆螺（*B. fuchsinus* 傅氏豆螺）、长角涵螺（*Alocinma longicornis*）。这些螺均为坑塘、沟渠中小型螺类，适应能力强（马云祥，2009）。各种螺感染华支睾吸虫程度各地报道不相同，而且感染率随季节变化。

麝猫后睾吸虫的第一中间宿主是豆螺属（*Bithynella*）的一些淡水螺，主要有厦门豆螺（*Bithynia siamensis*）、光豆螺（*B. laevis*）、赤豆螺（*B. funiculata*）。猫后睾吸虫的第一中间宿主有对粗豆螺（*B. inflata*）（同物异名：*Codiella inflata*，*B. troschelii* 和 *B. leachii*）。东方次睾吸虫的第一中间宿主是赤豆螺（*B. fuchsinus*）、光滑狭口螺（*Stenothyra glabra*）、长角涵螺（*Alocinma longicornis*）、纹沼螺（*Parafossarulus striatulus*）、豆螺（*Bithynia fuchsiana*）、大沼螺（*Parafossarulus eximius*）、梨形环棱螺（*Bellamya purificata*）。

后睾科吸虫的第二中间宿主多为淡水鱼。

华支睾吸虫对第二中间宿主的选择性不强，一般的淡水鱼都可以作为中间宿主，报道有100种淡水鱼可作为中间宿主。国内已证实的淡水鱼宿主有12科39属68种（马云祥，1977，1979；詹美希，2005）。流行病学调查结果显示，养殖的淡水鲤科鱼类，如草鱼（白鲩、鲩鱼）、青鱼（黑鲩）、鲢鱼、鳙鱼（大头鱼）、鲮鱼、鲤鱼、鳊鱼和鲫鱼等特别重要。野生小型鱼类如麦穗鱼（*Pseudorasbora parva*）、克氏鲦鱼感染率很高，与儿童华支睾吸虫病有关。在台湾省日月潭地区，上述两种小鱼华支睾吸虫囊蚴的感染率高达100%。1988年的调查资料表明，在黑龙江佳木斯地区的麦穗鱼感染率也为100%。囊蚴可分布在鱼体的各部分，如肌肉、皮、头、鳃、鳍及鳞等，一般以鱼肌肉最多，尤其在鱼体中部的背部和尾部较多。也可因鱼的种属不同，囊蚴的分布亦不同。除淡水鱼外，淡水虾如细足米虾、巨掌沼虾等也可有囊蚴寄生。

麝猫后睾吸虫第二中间宿主也是鲤科的多种淡水鱼（Rim et al.，2008），如：短无须鲃（*Puntius brevis*）、类小鲃（*P. orphoides*）、鲃鲤（*P. proctozysron*）、爪哇鲃（*Barbonymus gonionotus*）、无须鲃（*Puntius viehoeveri*）、异裂峡鲃（*Hampala dispa*）、大鳞裂峡鲃（*Hampala macrolepidota*）、圆唇鱼（*Cyclocheilichthys armatus*，*C. repasson*）、长背鲃（*Labiobarbus lineatus*）、长须鱼丹（*Esomus metallicus*）、长臀鲃（*Mystacoleucus marginatus*）、镰鲃鲤（*Puntioplites falcifer*）、长白角鱼（*Onychostoma elongatum*）、哈氏纹唇鱼（*Osteochilus hasseltii*）、高须鱼（*Hypsibarbus lagleri*）、高背四须鲃（*Barbodes gonionotus*）等。

(三) 生活史

后睾科吸虫生活史为典型的复殖吸虫生活史，包括成虫、虫卵、毛蚴、胞蚴、雷蚴、尾蚴、囊蚴及后尾蚴等阶段。终末宿主为人及肉食哺乳动物（犬、猫等），第一中间宿主为淡水螺类，如豆螺、沼螺等；第二中间宿主为淡水鱼、虾。成虫寄生于人和肉食类哺乳动物的肝内胆管，虫多时可移居至大的胆管、胆总管或胆囊内，也偶见于胰腺管内。

以华支睾吸虫为例，成虫产出虫卵，虫卵随胆汁进入消化道随粪便排出，进入水中被第一中间宿主淡水螺吞食后，在螺类的消化道内孵出毛蚴，毛蚴穿过肠壁在螺体内发育成为胞蚴，再经胚细胞分裂，形成许多雷蚴和尾蚴，成熟的尾蚴从螺体逸出。尾蚴在水中遇到适宜的第二中间宿主淡水鱼、虾类，则侵入其肌肉等组织，经 20～35 天，发育成为囊蚴。囊蚴在鱼体内可存活 3 个月至 1 年。囊蚴被终末宿主（人、猫、犬等）吞食后，在消化液的作用下，囊壁被软化，囊内幼虫的酶系统被激活，幼虫活动加剧，在十二指肠内破囊而出。一般认为，脱囊后的幼虫循胆汁逆流而行，少部分幼虫在几小时内即可到达肝内胆管。但也有动物实验表明，幼虫可经血管或穿过肠壁到达肝内胆管。囊蚴进入终末宿主体内至发育为成虫并在粪中检到虫卵所需时间随宿主种类而异，

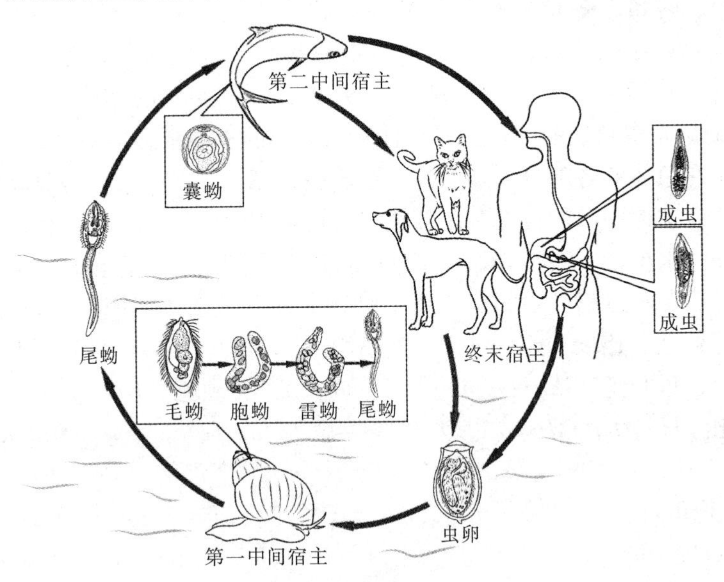

图 1－49　肝吸虫生活史（黄维义绘制）

（上面的成虫为华支睾吸虫，下面的成虫为猫后睾吸虫）

人约 1 个月，犬、猫需 20～30 天，鼠平均 21 天。人体能寄生的成虫数量差别较大，曾有多达 21 000 条成虫在胆囊内的报道。成虫寿命为 20～30 年。麝猫后睾吸虫、猫后睾吸虫、东方次睾吸虫与华支睾吸虫生活史基本相同（图 1-49），不同在于东方次睾吸虫成虫寄生于终末宿主的胆囊。

（四）感染途径及危害

流行的关键因素是当地人群是否有生食或半生食鱼肉的习惯。成人感染方式以食“鱼生”为多见，如在广东珠江三角洲、香港、台湾等地人群主要通过吃“鱼生”、“鱼生粥”或烫鱼片而感染（张正修，2012）；东北朝鲜族居民主要是用生鱼佐酒吃而感染；儿童的感染则与他们在野外进食未烧烤熟透的鱼虾有关，东北菜系中也有拌生鱼的吃法。此外，抓鱼后不洗手或用口叼鱼、使用切过生鱼的刀及砧板切熟食、用盛过生鱼的器皿盛熟食等也有使人感染的可能。

人轻度感染华支睾吸虫（或后睾吸虫）时不出现临床症状或无明显临床症状；重度感染时，在急性期主要表现为过敏反应和消化道不适，包括发热、腹痛、腹胀、食欲不振、四肢无力、肝区痛、血液检查嗜酸粒细胞明显增多等，但大部分患者急性期症状不很明显。临床上见到的病例多为慢性期，患者的症状往往经过几年才逐渐出现，一般以消化系统的症状为主，疲乏、上腹不适、食欲不振、厌油腻、消化不良、腹痛、腹泻、肝区隐痛、头晕等较为常见。常见的体征有肝肿大，多在左叶，质软，有轻度压痛，脾肿大较少见。严重感染者伴有头晕、消瘦、浮肿和贫血等，在晚期可造成肝硬化、腹水，甚至死亡。儿童和青少年感染华支睾吸虫后，临床表现往往较重，死亡率较高。除消化道症状外，常有营养不良、贫血、低蛋白血症、浮肿、肝肿大和发育障碍，患者嗜酸粒细胞普遍升高，可达 15%～88%（詹希美，2005；马云祥，2009）。

后睾吸虫可引起胆管上皮细胞的炎性反应、增生、纤维化、胆管肿胀和胆汁淤滞，严重时可波及胆囊，并由于压迫性坏死而导致门脉周围性肝硬化，个别可发展为肝、胆癌。后睾吸虫与肝、胆癌的相关性比华支睾吸虫显著。根据医院病例、流行病学及少数病例-对照方面的研究证实麝猫后睾吸虫感染与胆管癌的发生有着密切的病因学联系。如泰国曼谷一个大规模的临床研究中，通过对 1 301 例肝活组织检查和 9 694 例尸检结果发现，未感染吸虫者的肝细胞癌与胆管癌的比为 5∶1，但感染吸虫者的却为 1∶2，说明胆管癌在感染麝猫后睾吸虫者中发病率有所上升。在未感染吸虫的尸体中，肝细胞癌与胆管癌的发病率比为 8∶1，（Bhamarapravati，1966，Bunyaratvej，1981）。除此之外，对泰国 5 个主要地区胆管癌的流行病学调查显示，其发病率各不相同，相差最大的为 12 倍，在东北部的孔敬（Khon Kaen）省，一些地区的麝猫后睾吸虫感染率最高可达 70.8%，平均感染率为 24.5%，这一地区也是世界上胆管癌发病率最高的地区，流行病学调查结果也表明麝猫后睾吸虫感染与胆管癌的发病呈正相关。对老挝部分地区进行的流行病学调查也得到了相似结论，而肝细胞癌的发病率与麝猫后睾吸虫的感染则无类似相关性（刘国兴，2010；Shin，2010）。韩国的流行病学调查研究发现，在春川市（Chuncheon）、忠州市（Chungiu）和咸安郡（Haman）等三地的华支睾吸虫感染率分别为 2.1%、7.8%和 31.3%，胆管癌的发病率分别为 0.03/万、0.18/万和 0.55/万，两者呈正相关（Lim，2006）。在华支睾吸虫病高发区，胆管癌的发病人数可达肝癌总发病人数的 1/5。但在吸虫感染率较低的地区，这一比例亦很低，例如在非洲一般为 1/38、爪哇为 1/56、约翰内斯堡为 1/20，这些数据表明吸虫感染极大地增加了胆管癌发病的危险。在韩国釜山地区，吸虫感染使得胆管癌的发病危险升高 6 倍多。国际癌症研究署根据在中国香港与韩国的病例对照研究，认为华支睾吸虫病对患胆管癌的相对风险为 2.7～6.5（刘国兴，2010；Shin，2010）。

（五）寄生虫的抵抗力

华支睾吸虫囊蚴在厚度约 1mm 的鱼肉片内，于 90℃的热水中 1s 即能死亡，75℃时 3s 内死亡，70℃及 60℃时分别在 6 及 15s 内全部死亡。囊蚴在醋（含醋酸浓度 3.36%）中可活 2h，在酱油中（含 NaCl 19.3%）可活 5h。在烧、烤、烫或蒸全鱼时，可因温度不够、时间不足或鱼肉过厚等原因，未能杀死全部囊蚴。实验条件下，鱼肉中的后睾属吸虫囊蚴经－28℃、20h、－35℃、8h、－40℃，2h 可被杀死。将鱼在 6%醋酸液浸泡 4h，可加速囊蚴死亡。鱼肉中的华支睾吸虫囊蚴经钴-60，15kGv 以上剂量辐照或存放于－18～－20℃冷冻 3 天以上，便失去感染力（方悦怡，2003）。

（六）分布

华支睾吸虫病主要分布在亚洲，如中国、日本、韩国、朝鲜、越南等，以及俄罗斯的黑龙江流域。在中国除青海、宁夏、内蒙古、西藏等尚未见报道外，其余 25 个省、自治区、直辖市都有不同程度流行。因该病属人兽共患疾病，估计动物感染的范围更广。据 2002—2004 年全国人体重要寄生虫病调查报道，广东、广西、福建、江西、浙江、上海、江苏、安徽、湖北、四川、山东、陕西、河北、北京、天津、吉林、辽宁、黑龙江及台湾等 19 个省（自治区、直辖市）均有人感染，全国人均感染率为 2.4%，人感染率居前 3 位的为广东省（16.42%），其中顺德地区感染率高达50.74%；其次为广西壮族自治区（9.76%），其中3个县的感染率超过了20%；第三位是黑龙江省（4.72%），近十余年增长率高达630%。

据广西的调查，保虫宿主猫感染率为55%（69/125），犬感染率为48.6%（73/150）。4 643尾淡水鱼（7科42种）中816尾查到囊蚴（4科32种），总阳性率17.57%，鲤科鱼类为主（余森海，1994；方悦怡，2008）。

麝猫后睾吸虫（泰国肝吸虫）流行于泰国、老挝、柬埔寨、越南等东南亚国家。泰国东北部感染率34.6%（Jongsuksuntigul *et al.*，1992；Jongsuksuntigul *et al.*，2002），老挝地区感染率高达30%～60%（Kobayashi *et al.*，1996；Kobayashi *et al.*，2000）。

猫后睾吸虫流行于东欧、中欧、西伯利亚及亚洲的一些国家和地区。在德国Brandenburg州鲤鱼囊蚴检出率达70%。前苏联某些地区此病流行甚为严重，感染率可达97.1%～100%，据报道约150万人感染（World Health Organization，1995）。

东方次睾吸虫在国外主要分布于日本和前苏联的西伯利亚。在我国主要分布同华支睾吸虫病。我国各地报道的感染率不尽相同，地区以广东禽类中最高56.4%；种类以家鸭感染率最高66.7%，最高感染强度达1 583条/鸭（陈宝建，2013）。人感染的病例较少，常与华支睾吸虫混合感染。人体感染后驱出的虫体相比鸡、鸭、猫体内寄生的虫体略小（林金祥，2001）。

（七）诊断及鉴定方法

1. 形态学鉴定　人感染华支睾吸虫和后睾吸虫来源鱼肉中的囊蚴。而后睾科吸虫的囊蚴在形态上极为相似，鉴定有一定难度。与其他科囊蚴可以区分。

华支睾吸虫囊蚴呈椭圆形，大小为92～110μm×100～140μm，囊壁分两层，外壁较厚；内壁较薄，为1.7～5.1μm。囊内幼虫运动活跃，可见口、腹吸盘，口吸盘43.5～50.6μm，腹吸盘50.5～53.1μm。腹吸盘下方为一椭圆形充满黑色颗粒的排泄囊（图1-50）。颗粒较大，每个颗粒4.1～8.5μm。

东方次睾吸虫囊蚴呈圆形，大小为150～180μm×120～148μm，囊壁两层，厚度9～14μm，外层包裹一层透明膜，约50μm厚，口吸盘49.2～58.9μm，腹吸盘47.1～54.7μm，排泄囊为棕黄色。颗粒较小，每个颗粒1.7～4.7μm（图1-51）。

麝猫后睾吸虫囊蚴呈椭圆形，大小为190～250μm×150～220μm，具口、腹吸盘，口吸盘与腹吸盘大小几乎相同，排泄囊呈O形，内充满褐色颗粒（图1-52）。

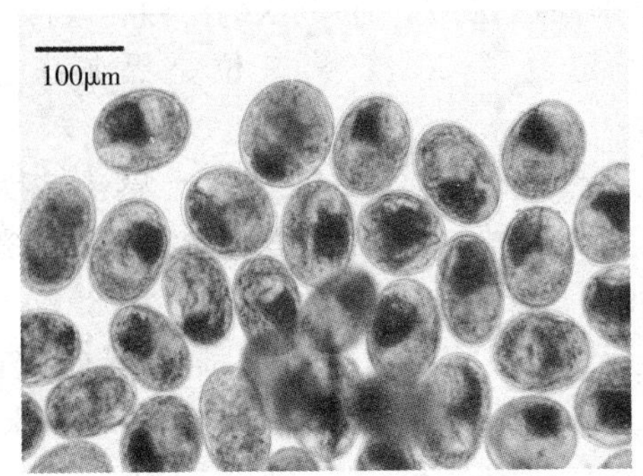

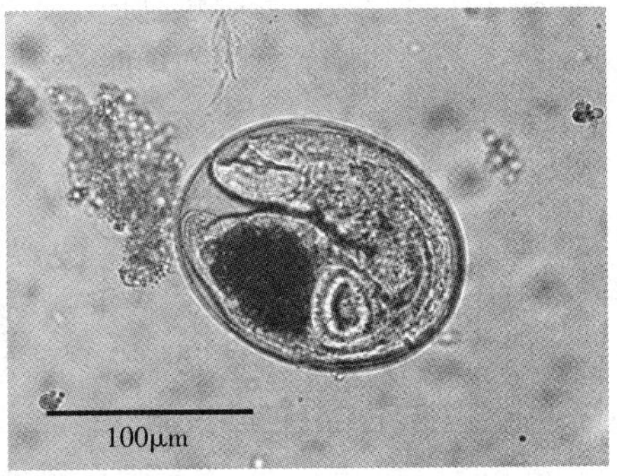

图 1-50 华支睾吸虫囊蚴（张鸿满）

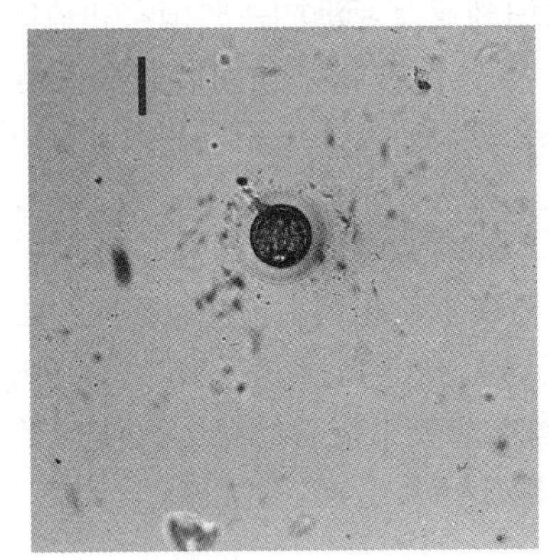

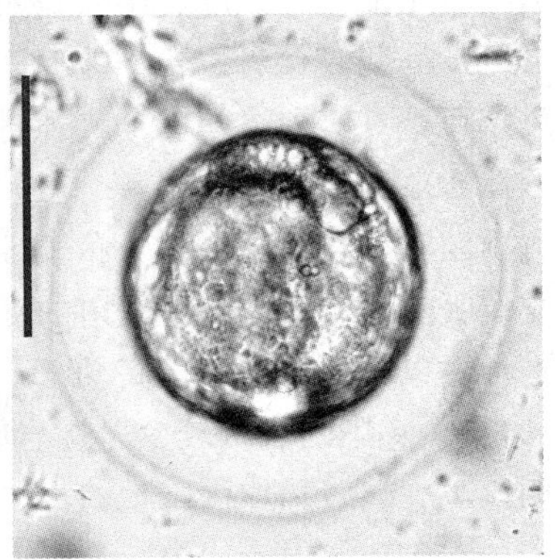

图 1-51 东方次睾吸虫囊蚴（标尺长度为 100μm）（黄腾飞，黄维义）

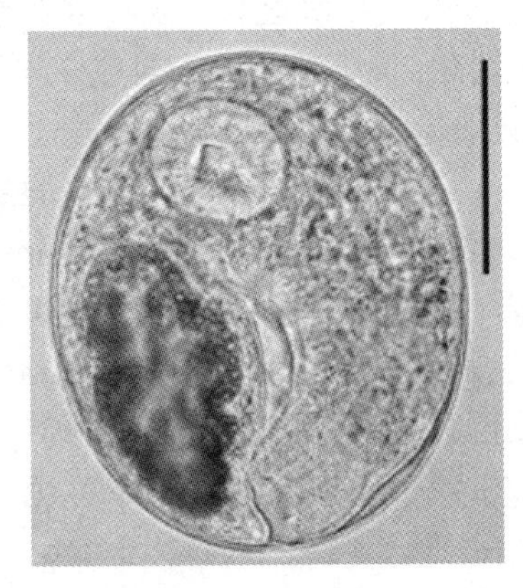

图 1-52 麝猫后睾吸虫囊蚴（标尺长度为 100μm）（Sohn，2009）

2. 分子生物学检查诊断

（1）运用吸虫 ITS2 与 COX1 基因序列的通用引物，对待测样品进行扩增测序，获得的序列经 DNAstar 软件处理和人工校正后，于 NCBI 网站进行对比，即可获得精确的鉴定结果。

ITS2 引物（Boeles，1995）：

上游引物 3S-F：5'-GGTACCGGTGGATCACTCGGCTCGTG-3'；

下游引物 A28-R：5'-GGGATCCTGGTTAGTTTCTTTTCCTCCGC-3'。

COX1 引物（Bowles，1993）：

上游引物 JB3：5'-TTTTTTGGGCATCCTGAGGTTTAT-3'；

下游引物 JB13：5'-TCATGAAAACACCTTAATACC-3'。

反应总体积为 25μL：10×buffer 为 2.5μL；$MgCl_2$ 为 2.5μL；dNTP 为 2μL；上下游引物各 0.5μL（10μmol/L）；Taq 聚合酶为 0.25μL；模板 DNA 为 2μL；ddH2O 补足至 25μL。

反应条件为：94℃ 5min；94℃ 45s，56℃ 45s，72℃ 1min，32 个循环；72℃ 10min。

（2）基于华支睾吸虫和麝猫后睾吸虫线粒体 DNA 序列建立的单一 PCR 法、双重 PCR 法鉴定两种后睾吸虫虫卵的方法，如图 1－53 所示，扩增样本的核酸电泳出现 612bp 条带时判定为华支睾吸虫，出现 1 357bp 条带时判定为麝猫后睾吸虫。该单一 PCR 法、双重 PCR 法对两种后睾吸虫的最低检出量均为 0.78ng，可用于成虫、囊蚴、虫卵不同阶段的检测（Le，2006），见图 1－54。

华支睾吸虫：

上游引物 CsF：5'-TTAGAGGAGTTGGTGTCCCC-3'；

下游引物 CsR：5'-AGCGTCACTGAACCACACCCAC-3'。

目的片段长度：612bp。

麝猫后睾吸虫：

上游引物 OvF：5'-TACGCAGGTGGTTTGGTTG-3'；

下游引物 OvR：5'-AGCAGCGATAACACGACAGC-3'；

下游引物 OvN3R：5'-GCTCAATAAAGAGACCACGAAC-3'。

目的片段长度：1357bp。

反应总体积为 25μL：PCR Master Mix（Promega）；对应的上下游引物各 10 pmol；模板 DNA 各为 50ng；ddH_2O 补足至 25μL。

反应条件为：95℃ 3min；95℃ 30s，52℃ 30s，72℃ 2min，35 个循环；72℃ 7min。

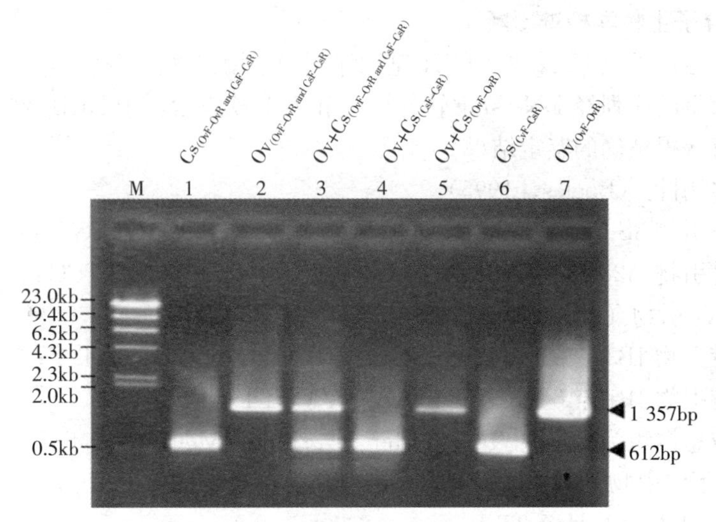

图 1－53　单一 PCR 和双重 PCR 方法检测的结果（Le，2006）

Cs. 华支睾吸虫　Ov. 麝猫后睾吸虫　CsF-CsR. 华支睾吸虫的特异性引物　OvF-OvR. 麝猫后睾吸虫的特异性引物　M. DNA 分子标记物

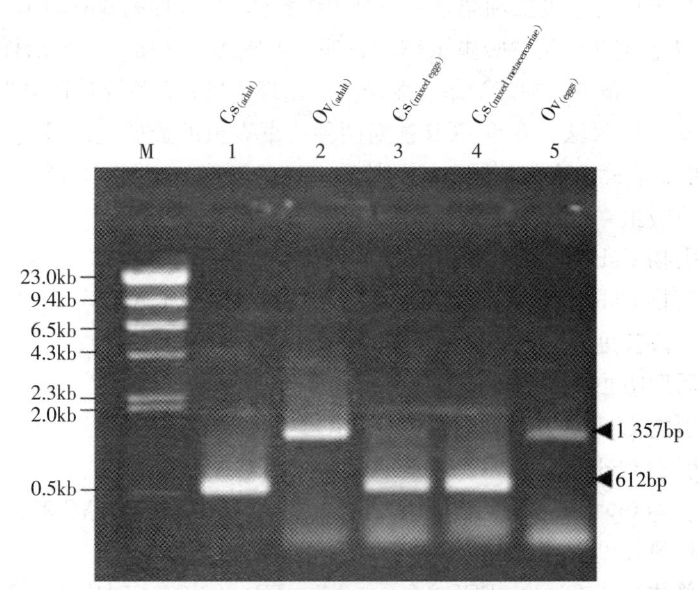

图 1－54　单一 PCR 和双重 PCR 方法检测两种吸虫成虫、囊蚴、虫卵不同阶段（Le，2006）

1. 华支睾吸虫成虫　2. 麝猫后睾吸虫成虫　3. 华支睾吸虫虫卵　4. 华支睾吸虫囊蚴　5. 麝猫后睾虫卵

（3）基于华支睾吸虫ITS2基因序列设计的PCR特异性鉴定方法。待测样品扩增，产物出现315bp扩增条带，则确定为华支睾吸虫。

上游引物CS1：5'-CGAGGGTCGGCTTATAA AC-3'；

下游引物CS2：5'-GGAAAGTTAAGCACCGA CC-3'。

目的片段长度：315bp。

反应总体积为25μL：10×Buffer为2.5μL；上下游引物各0.5μL（10μmol/L）；模板DNA为2μL；dNTPs为2μL；$MgCl_2$为2.5μL；Taq酶（5U/μL）为0.2μL，ddH_2O补足至25μL。

反应条件为：94℃ 3min；95℃ 1min，62℃ 1min，72℃ 1min，40个循环；72℃ 10min。

参 考 文 献

陈宝建，张智芳，李莉莎，等．2013. 东方次睾吸虫病的研究进展［J］．海峡预防医学杂志，19（5）：18-20.

方悦怡，陈颖丹，黎学铭，等．2008. 我国华支睾吸虫病流行区感染现状调查［J］．中国寄生虫学与寄生虫病杂志，26（2）：99-103.

方悦怡，戴昌芳，吴军，等．2003. 物理处理鱼体内华支睾吸虫囊蚴感染兔实验观察［J］．中国食品卫生杂志，15（5）：410-411.

林金祥，李莉莎，陈宝建，等．2006. 人体5种小型吸虫病原形态观察［J］．热带医学杂志，6（2）：194-196.

林金祥，李立．人体自然感染东方次睾吸虫的发现及其疫源地的调查研究［J］．2001. 中国人兽共患病杂志，17（4）：19-21.

刘国兴，吴秀萍，王子见，等．2010. 三种吸虫感染与胆管癌发病关系的研究进展［J］．中国寄生虫学与寄生虫病杂志，（4）：301-305.

马云祥，韩灿然，顾昌栋．1977. 国内证实肝吸虫（华支睾吸虫）第二中间宿主（鱼，虾）的种类的补充报告［J］．河南预防医学杂志，1：016.

马云祥，唐玉英．1979. 近三十年来我国肝吸虫病流行病学研究的进展［J］．河南预防医学杂志，1：015.

马云祥，王昊．2009. 60年来我国华支睾吸虫病流行病学新进展［J］．国际医学寄生虫病杂志，5：362-367.

余森海，徐淑惠．1994. 首次全国人体寄生虫分布调查的报告：I. 虫种的地区分布［J］．中国寄生虫学与寄生虫病杂志，12（4）：241-247.

詹希美．2005. 人体寄生虫学［M］．第1版．//何蔼．华支睾吸虫．北京：人民卫生出版杜：124-126.

张正修 . 2012. 寄生虫病多发不良行为是诱因［J］. 药物与人，7：77.

Bhamarapravati N，Virranuvatti V. 1966. Liver diseases in Thailand. An analysis of liver biopsies［J］. Am J Gastroenterol，45（4）：267-275.

Bunyaratvej S，Meenakanit V，Tantachamrun T，*et al*. 1981. Nationwide survey of major liver diseases in Thailand analysis of 3305 biopsies as to year-end 1978［J］. J Med Assoc Thai，64（9）：432-439.

Dung V T，Waikagul J，Thanh B N，*et al*. 2014. Endemicity of *Opisthorchis viverrini* Liver Flukes，Vietnam，2011－2012［J］. Emerg Infect Dis，20（1）：152-154.

Jongsuksuntigul P，Chaychumsri W，Techamontrikul P，*et al*. 1992. Studies on prevalence and intensity of intestinal helminthiasis and liver fluke in Thailand in 1991［J］. J Trop Med Assoc Thai，2：80-95.

Jongsuksuntigul P. 2002. Parasitic diseases in northeast Thailand［C］//Seminar in Parasitic Diseases in Northeast Thailand. Khon Kaen，Thailand：Klungnana Print. 3-18.

Kobayashi J，Vanachone B，Sato Y，*et al*. 2000. An epidemiological study on *Opisthorchis viverini* infection in Lao villages［J］. Southeast Asian J Trop Med Public Health，31（1）：128-132.

Kobayashi J，Vannachone B，Xeutvongsa A，*et al*. 1996. Prevalence of intestinal parasitic infection among children in two villages in Lao PDR［J］. Southeast Asian J Trop Med Public Health，27（3）：562-565.

Le TH，Van De N，Blair D，et al. 2006. *Clonorchis sinensis* and *Opisthorchis viverrini*：development of a mitochondrial-based multiplex PCR for their identification and discrimination［J］. Exp Parasitol，112（2）：109-114.

Lim M K，Ju Y H，Franceschi S，*et al*. 2006. *Clonorchis sinensis* infection and increasing risk of cholangiocarcinoma in the Republic of Korea［J］. Am J Trop Med Hyg，75（1）：93-96.

Rim H J，Sohn W M，Yong T S，*et al*. 2008. Fishborne trematode metacercariae detected in freshwater fish from Vientiane Municipality and Savannakhet Province，Lao PDR［J］. Korean J Parasitol，46（4）：253-260.

Shin H R，Oh J K，Masuyer E，*et al*. 2010. Epidemiology of cholangiocarcinoma：an update focusing on risk factors［J］. Cancer Sci，101（3）：579-585.

Sithithaworn P，Haswell-Elkins M. 2003. Epidemiology of *Opisthorchis viverrini*［J］. Acta tropica，88（3）：187-194.

Sohn W M. 2009. Fish-borne zoonotic trematode metacercariae in the Republic of Korea［J］. Korean J Parasitol，47（Suppl）：S103-S113.

World Health Organization. 1994. IARC Monographs on the Evaluation of Carcinogenic Risks to Humans：Schistosomes，Liver Flukes and *Helicobacter Pylori*［M］. International Agency for Research on Cancer：121.

World Health Organization. 1995. Control of foodborne trematode infections：report of a WHO study group［J］. *WHO Technical Report Series*. 849. PDF part 1，PDF part 2. page 125-126.

Wykoff D E，Harinasuta C，Juttijudata P，et al. 1965. *Opisthorchis viverrini* in Thailand：the life cycle and comparison with *O. felineus*［J］. J Parasitol，207-214.

六、并殖吸虫

并殖吸虫主要寄生在人的肺脏，俗称肺吸虫，也可异位寄生在脑等部位。肺吸虫病可在野生猫科动物中循环传播，也可感染猫、犬、猪等动物，是一种人兽共患的自然疫源性寄生虫病。对并殖吸虫的系统研究始于20世纪初叶，日本及我国学者做了大量研究工作，积累了宝贵资料。至20世纪50年代我国召开了第一次全国肺吸虫病专业会议后，调查研究工作更加广泛深入，流行区不断被发现，现已知该病在我国分布广泛，26个省（自治区、直辖市）有不同程度的流行，是危害较大的人兽共患食源性寄生虫病之一。

（一）病原分类

并殖吸虫隶属于扁形动物门（Platyhelminthes），吸虫纲（Trematoda），复殖亚纲（Digenea），斜睾目（Plagiorchiida），并殖科（Paragonimidae Dollfus，1939）的并殖吸虫属（*Paragonimus* Braun，1899）。目前世界上报道的并殖吸虫有50多种（包括同种异名、亚种及变种），中国报道有32种。公认的对人体致病的有8种：卫氏并殖吸虫（*P. westermani* Kerbert，1878）、斯氏并殖吸虫（*P. skrjabini* Chen，1959）、宫崎并殖吸虫（*P. miyazakii* Kamo，Nishida，Hatsushika & Tomimura，1961）、异盘并殖吸虫（*P. heterotremus*，Chen & Hsia，1964）、非洲并殖吸虫（*P. africanus* Voelker & Vogel，1965）、双侧宫并殖吸虫（*P. uterobilateralis* Voelker & Vogel，1965）、墨西哥并殖吸虫（*P. mexicanus* Miyazaki & Ishii，1968）、克氏并殖吸虫（*P. kellicotti* Ward，1908）。

卫氏并殖吸虫同物异名有：*Distoma westermani* Kerbart，1878，*D. ringeri* Cobbold，1880，*D. pulmonum* Baelz，1880，*D. pulmonale* Baelz，1883，*D. pulmonis* Kiyonoc *et al.*，1881。亚种有：卫氏并殖吸虫伊春亚种 *P. westermani ichunensis* Chung，Hsa & Kao，1978，卫氏并殖吸虫四川亚种 *P. westermani Szechuanensis* Chung & T' sao，1962。

斯氏狸殖吸虫 *Pagumogonimus skrjabini*（Chen，1959）Chen，1963 同物异名为：斯氏并殖吸虫 *Paragonimus skrjabini* Chen，1959。

巨睾狸殖吸虫 *Pagumogonimus macrorchis*（Chen，1962）Chen，1964 同物异名为：巨睾并殖吸虫 *Paragonimus macrorchis* Chen，1962。

陈氏狸殖吸虫 *Pagumogonimus cheni*（Hu，1963）Chen，1964 同物异名有：陈氏并殖吸虫 *Paragonimus cheni* Hu，1963；宽宫并殖吸虫 *Paragonimus cheni* Hu，1963。

曼谷狸殖吸虫 *Pagumogonimus bangkokensis*（Miyazaki *et al.*，1967）Chen，1977 同物异名为：曼谷并殖吸虫 *Paragonimus bangkokensis* Miyazaki *et al.*，1967。

（二）宿主

并殖吸虫在自然界寄生宿主种类非常广泛，其生活史过程又涉及第一、二中间宿主或转续宿主。并殖吸虫对中间宿主的适应性因虫种而不同。目前只有少数虫种的完整生活史被阐明，有一些虫种的第一和第二中间宿主尚未被证实。据调查，我国的卫氏并殖吸虫主要以蜷科和黑贝科的螺类作为第一中间宿主，而斯氏并殖吸虫和其他虫种则以圆口螺科为主。而有 80 多种甲壳类动物被作为并殖吸虫的第二中间宿主，其中主要为淡水蟹和蝲蛄（寄生在鳃、肌肉等处）。并殖吸虫的终末宿主主要为猫科及犬科哺乳动物，而大多数转续宿主为啮齿类及禽类。

表 1-11 几种并殖吸虫第一中间宿主

虫种	第一中间宿主
卫氏并殖吸虫	放逸短沟蜷（*Semisulcospira libertina*）、黑龙江短沟蜷（*S. amurensis*）、方格短沟蜷（*S. cancellata*）、异样短沟蜷（*S. peregrinomum*）、图氏短沟蜷（*S. toucheana*）、日本短沟蜷（*S. japonica*）、瘤拟黑螺（*Melanoides tuberculata*）、斜粒粒蜷（*Tarebia granifera*）、蜷螺（*Brotia asperata*）、川蜷螺（*Melania libertine etuesa*、*Melania libertine multicineta*）
斯氏并殖吸虫	傅氏拟钉螺（*Tricula fuchsia*）、福建拟钉螺（*T. fujianensis*）、格来德拟钉螺（*T. gredleri*）、古水拟钉螺（*T. gushuiensis*）、向氏拟钉螺（*T. hsiangi*）、巨齿拟钉螺（*T. maxidens*）、秉氏拟钉螺（*T. pingi*）、小桥拟钉螺（*T. xiaoqiaoensis*）、泥泞拟钉螺（*T. humida*）、广西拟钉螺（*T. guangxiensis*）、摺新拟钉螺（*Neotricula cristella*）、微小新拟钉螺（*N. minutoides*）、湖北洱海螺（*Erhaia hubeiensis*）、建瓯洱海螺（*E. jianouensis*）、建国珥海螺（*E. jianguosis*）、刘氏洱海螺（*E. liui*）、石门洱海螺（*E. shimenensis*）、五峰洱海螺（*E. wufengensis*）、湾潭洱海螺（*E. wantanensis*）、中国陈氏螺（*Chencuia chenensis*）、中国秋吉螺（*Akiyoshia chinensis*）、东方秋吉螺、小口秋吉螺
异盘并殖吸虫	拟钉螺（*Tricula sp.*）、葛氏拟钉螺（*T. gregoroans*）、泥泞拟钉螺（*T. humida*）

表 1-12 几种并殖吸虫第二中间宿主

虫种	第二中间宿主
卫氏并殖吸虫	东北蝲蛄（*Astacides dauricus*）、锐利蝲蛄（*A. schrenckii*）、朝鲜蝲蛄（*A. similis*）、中华蝲蛄（*A. sinensis*）、克氏蝲蛄（*A. clarki*）、韩氏溪蟹（*Potamon dehaani*）、毛足溪蟹（*P. hispidum*）、兰氏溪蟹（*P. rathbuni*）、司氏溪蟹（*P. smithiamus*）、河口溪蟹（*P. hokouense*）、宫崎溪蟹（*P. miyazaki*）、邱氏溪蟹（*P. chiui*）、鼻肢石蟹（*Isolapotamon nasicum*）、中国石蟹（*I. sinensis*）、福建马来溪蟹（*Malayopotamon fukienense*）、角肢南海溪蟹（*Nanhaipotamon angulatum*）、台湾南海溪蟹（*N. formosanus*）、镜头华石蟹（*Sinolapotamon patellifer*）、浙江华溪蟹（*Sinopotamon chekiangense*）、锯齿华溪蟹（*S. denticulatum*）、雅安华溪蟹（*S. yaanense*）、灌县华溪蟹（*S. kwanhsienense*）、河南华溪蟹（*S. denticulatum honanese*）、陕西华溪蟹（*S. shensiense*）、凹肢华溪蟹（*S. depressum*）、长江华溪蟹（*S. yangtsekiense*）、中华绒螯蟹（*Eriocheir sinense*）、日本绒螯蟹（*E. japonicus*）、日本沼虾（*Macrobrachium nipponensis*）
斯氏并殖吸虫	浙江华溪蟹、凹肢华溪蟹、景洪华溪蟹、锯齿华溪蟹、河南华溪蟹、陕西华溪蟹、雅安华溪蟹、灌县华溪蟹、若水华溪蟹（*S. joshueiense*）、景洪溪蟹（*P. chinghungense*）、毛足溪蟹、福建马来溪蟹、中国石蟹、蝶纹石蟹（*I. papilionaceum*）、角肢南海溪蟹、中华腹蟹（*Somanniathelphusa sinensis*）、红娘华（*Laccotrephes japonensis*）
异盘并殖吸虫	景洪溪蟹、毛足溪蟹、司氏溪蟹、镜头华石蟹、马来溪蟹（*Malayopotamon* sp.）

卫氏并殖吸虫囊蚴在蝲蛄体内的分布就我国东北地区来讲是有其规律的，以头胸部和足肌最多，其次为螯肢肌肉、腹肌和鳃，内脏中最少。按每克组织的含囊蚴数计算，鳃仅次于足肌和头胸部。

（三）生活史

以卫氏并殖吸虫为例，虫卵随痰或者粪便自终末宿主体内排出后，需入水才可进一步发育。在适宜条件下经 3 周左右发育成熟并孵出毛蚴。毛蚴在水中可短期存活，于 25℃可存活 24h 左右。毛蚴借其纤毛游动，如遇第一中间宿主，即从螺的软体部侵入螺体。毛蚴进入螺体后，移至淋巴间隙，形成胞蚴。约经过一个月，胞蚴体内胚团增殖为许多母雷蚴。又经一个月左右，母雷蚴体内增殖出许多子雷蚴。在成熟的子雷蚴体内，常含有 10～20 个不同发育期的尾蚴。尾蚴从螺体内主动、持续地分批逸出。在 20℃左右的水中，尾蚴可存活 1～2 天。遇第二中间宿主（如溪蟹），尾蚴可从其体表关节之间或腹部体节间钻入蟹体，或随螺体一起被吞入第二中间宿主体内形成囊蚴。尾蚴进入蟹体后，常在蟹足肌、螯肢、胸肌、鳃、肝、心脏等部位形成囊蚴。当终末宿主哺乳动物或人食入了含有囊蚴蟹类，囊蚴在小肠内脱囊，脱囊的后尾蚴进入腹腔，并很快侵入腹壁，在腹壁停留一周左右后又返回腹腔。童虫移行至肺，破坏肺组织形成虫囊，虫体在囊内发育为成虫。自囊蚴进入终末宿主到在肺成熟，需两个多月。成虫可以从虫囊穿出，在宿主体内各器官游走。宿主肺部一个虫囊内一般是两个虫体成双寄生，偶尔是一个虫体独居或 3～5 个虫体同居一囊中。成熟虫体需经异体受精，所产的卵才具有活力，可孵出毛蚴。实验证明，以多种并殖吸虫的单个囊蚴各感染其适宜宿主，虽体内可成熟产卵，但所产卵除卫氏并殖吸虫（三倍体）外，大多数都不能进一步发育孵出毛蚴。虫体在宿主体内存活的期限与宿主体内寄居条件有关。卫氏并殖吸虫在人体一般可存活 10 年，记载有 20 年或更长。并殖吸虫每天产卵的数量波动范围大，有报道可达到20 000～25 000 个。不论成虫或幼虫都有移行的特点，在移行途中可寄生于其他脏器，但在肺以外的其他脏器，虫体大多数不能发育为成虫。

斯氏并殖吸虫生活史与卫氏并殖吸虫相似。第一中间宿主属圆口螺科的小型及微型螺类，第二中间宿主为多种溪蟹和石蟹。多种动物，如蛙、鸟、鸡、鸭、鼠等可作为转续宿主。终末宿主为猫科、犬科、灵猫科等多种家养或野生动物，如果子狸、猫、犬、豹猫等。人不是本虫的适宜宿主。绝大多数虫体在

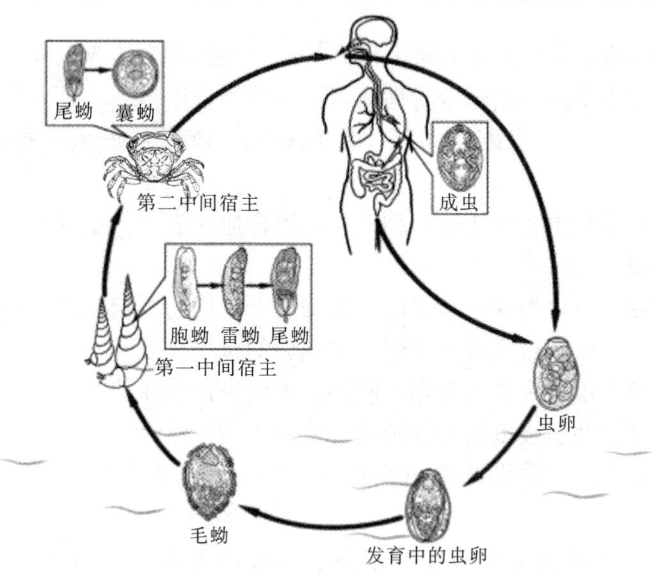

图 1－55　并殖吸虫生活史（黄维义绘制）

人体处于童虫阶段，但也有在肺中发育至成熟并产卵的报道。不论成虫或幼虫都有移行的特点，在移行途中可寄生于其他脏器，但在肺以外的其他脏器，虫体大多数不能发育为成虫。并殖吸虫的生活史见图 1-55。

（四）感染途径及危害

生食或半生食溪蟹和蝲蛄是造成人群感染的最主要原因。生食有两种方式：一是从溪边捕捉活蟹，即活剥生食或折螯肢吸吮，这是某些疫区儿童感染最主要的方式；另一种方式是用米酒或盐腌制短时间后生食。半生食方式指加热时间较短的热食，如用灰煨、火烤、火焙或在锅中煸炒等。东北地区的蝲蛄豆腐，味道鲜美，当地人视为美食。蝲蛄豆腐中含有大量的活囊蚴，食之感染的可能性极大。江苏、浙江、上海地区有些人喜食腌溪蟹，将溪蟹用盐腌制一下，第二天就用作吃泡饭的小菜。这种食用方法也是造成感染的一个原因。此外，生饮溪水或通过被囊蚴污染的炊具、食具、手、食物也可能被感染。

在人体除寄生于肺外，也可寄生于皮下、肝、脑、脊髓、肌肉、眼眶等处，引起全身性并殖吸虫病。主要表现为虫体在人体组织中游走或定居时对脏器造成的机械性损害及虫体代谢产物引起的变态反应。人体感染后经过 3～6 周的潜伏期，长者可达 1 年或数年，可出现各种不同的症状或无任何症状。临床分型有隐性感染、急性感染、胸肺型、游走型、腹型、神经系统型、心包型等。

急性并殖吸虫病常见于新进入疫区且生食溪蟹的个体或人群。可因宿主对并殖吸虫的变态反应而出现全身性症状，表现为食欲不振、乏力等。重者发病急，毒血症状明显，畏寒、高热，伴有胸闷、咳嗽或肝大、腹痛、腹泻等症状。

胸肺型并殖吸虫病以咳嗽、胸痛、烂桃样血痰为主，是卫氏并殖吸虫病典型的临床表现。

游走性皮下包块型并殖吸虫病表现为皮下包块的游走特性，一处包块消失后，隔些时日又在附近或者其他部位出现新的包块。

腹型并殖吸虫病表现为腹痛、腹泻、大便带血等症状。

神经系统型并殖吸虫病占并殖吸虫病患者的 9.8％～19.7％。在脑部寄居的虫体破坏脑组织，早期为渗出性炎症改变，后出现水肿，进而形成占位性囊肿。

心包型并殖吸虫病在斯氏并殖吸虫病疫区的儿童患者中并不少见，占 1.2％～4.6％。

此外，还有其他型并殖吸虫病，如下肢血栓性静脉炎，出现单侧下肢浮肿、游走性大块皮肤红斑。患者由于疼痛而跛行。肾脏、膀胱等处也有被虫体侵入的可能，肾脏受损可出现蛋白尿、管型尿或血尿。曾有1例有肺、脑症状患者的尿中查见并殖吸虫卵及夏科-雷登（Charcot-Leyden）菱形晶体。

（五）寄生虫的抵抗力

据实验报道，从蟹体内新分离的几种并殖吸虫囊蚴在林格氏液和生理盐水中存活期较长，分别达86.42天和78.93天，而自来水、去氯水和井水中平均存活期分别为48.2、52.14和56.21天。不管置何种液体中的囊蚴其存活与温度关系极密切，低温（5～10℃）存活期最长，分别达64.38天和51.74天；而高温（30℃和>35℃）者则明显短暂，分别为1.35天和1.35天。不同虫种中以卫氏并殖吸虫为长（92.32天）、斯氏并殖吸虫居中（78.25天），三平正并殖吸虫最短（23.26天），此与囊壁厚薄及三平正并殖吸虫原寄生于蟹体心脏有关。大蒜原汁对卫氏并殖吸虫囊蚴具有刺激和轻度杀灭作用，但短时间（20min内）没有杀灭作用。实验证实经盐、酒腌浸后，大部分囊蚴不死。囊蚴在含10%乙醇的米酒中，22℃可存活43h；在含14%乙醇的米酒中，22℃可存活18h。囊蚴被浸在酱油（含盐16.3%）、10%～20%盐水或醋中，能存活24h以上。在13～31℃温度下经绍兴酒浸泡1～5天的“醉蟹”，其体内的囊蚴依然能成功感染犬和猫。囊蚴耐低温，需在－27℃冰冻6h以上才能冻死蟹肌肉中的囊蚴。辐照消毒食品法近年来广泛应用于食品卫生，实验证明需达3.5～4.0KGY照射剂量，才可以杀死囊蚴。热力对囊蚴杀死效果较好，如加热到70℃ 1min即有92.8%死亡，3min 100%死亡，但蟹体内的囊蚴于同样温度下，则需更长的时间才能杀死。用上述方法处理后蟹壳虽然变红，但因加热时间短，其热力不足以杀死蟹体内的所有囊蚴（张庄熠，2010；倪李佳等，2012）。

（六）分布

并殖吸虫病在我国分布广泛，是危害较大的人兽共患食源性寄生虫病之一。自1850年Diesing首先报道粗壮并殖吸虫（*P. rudis* Diesing，1850）以来，至今人类研究并殖吸虫已有150多年的历史，全世界已报道的虫种50余种（包括同种异名、亚种及变种等），分布于中国、日本、朝鲜、俄罗斯、菲律宾、马来西亚、印度、泰国，以及非洲、南美洲等。其中亚洲报道的种类最多，我国报道的约有32种，分布于山东、江苏、安徽、江西、浙江、福建、广东、河南、湖北、湖南、四川、贵州、广西、云南、台湾、甘肃、陕西、山西、河北、辽宁、吉林、黑龙江等26个省（自治区、直辖市）。西藏、新疆、内蒙古、青海、宁夏未见报道。

表1-13　并殖吸虫的分布

虫　　种	分布
卫氏并殖吸虫：*Paragonimus westermani*（Kerbart，1878） 同物异名：*P. ringeri*（Cobbold，1880），*P. pulmonis*（Kiyonoc *et al.*，1881），*P. edwardsi*（Gulati，1926），*P. macacae*（Sandosham，1954），*P. asymmetricus*（Chen，1977），*P. pulmonalis*（Baelz，1880，Miyazaki，1978），*P. filipinus*（Miyazaki，1978），*P. philippinensis*（Ito，yokogawa *et al.*，1978） 亚种：卫氏并殖吸虫伊春亚种 *P. westermani ichunensis*（Chung，Hsu & Kao，1978），卫氏并殖吸虫日本亚种 *P. westermani japonicas*（Miyazaki，1983） 卫氏并殖吸虫四川变种：*P. westermani Szechuan variety*	中国、朝鲜、日本、前苏联、马来西亚、泰国、印度、菲律宾、印尼、斯里兰卡、越南、韩国
斯氏并殖吸虫：*P. skrjabini*（Chen，1959）Chen，1963 同物异名：四川并殖吸虫 *P. szechuanensis*（Chung & Ts'ao，1962），会同并殖吸虫 *P. hueit' ungensis*（Chung *et al*，1975），泡囊狸殖吸虫 *P. veocularis*（Chen & Li，1979）	中国、越南、印度
大平并殖吸虫：*P. ohirai*（Miyazaki，1939） 同物异名：怡乐村并殖吸虫 *P. iloktsuenensis*（Chen，1940），佐渡并殖吸虫 *P. sadoensis*（Miyazaki *et al.*，1968）	中国、日本
云南并殖吸虫：*P. yunnanensis*（Ho *et al.*，1959）	中国
福建并殖吸虫：*P. fukienensis*（Tang and Tang，1962）	中国
巨睾并殖吸虫：*P. macrorchis*（Chen，1962）	中国、泰国、斯里兰卡
陈氏并殖吸虫：*P. cheni*（Hu，1963）	中国
异盘并殖吸虫 *P. heterotremus*（Chen & Hsia，1964） 同物异名：*P. tuanshanensis*（Chung *et al.*，1964）	中国、越南、泰国、老挝、印度
丰宫并殖吸虫：*P. proliferus*（Hsia and Chen.，1964） 同物异名：勐腊并殖吸虫 *P. menglaensis*（Chung *et al.*，1964），河口并殖吸虫 *P. hokuoensis*（世淑兰，2013）	中国、越南、泰国
白水河并殖吸虫：*P. paishuihoensis*（Tsao &Chung，1965） 同物异名：岐囊并殖吸虫 *P. divergens*（Liu *et al*，1979）	中国

（续）

虫　　种	分布
曼谷并殖吸虫：*P. bangkokensis*（Miyazaki and Vajrasthim，1967）	中国、泰国、越南
哈氏并殖吸虫：*P. harinasutai*（Miyazaki and Vajrasthim，1968）	中国、泰国、越南
小睾并殖吸虫：*P. microrchis*（Hsia *et al.*，1978）	中国
异睾并殖吸虫：*P. heterorchis*（Zhou *et al.*，1982）	中国
江苏并殖吸虫：*P. jiangsuensis*（Cao *et al.*，1983）	中国
闽清并殖吸虫：*P. minqingensis*（Li and Chen，1983）	中国
象山并殖吸虫：*P. xiangshanensis*（He *et al.* 1995）	中国
三平正并殖吸虫：*Euparagonimus cenocopiosls*（Chen，1962）	中国
洪泽正并殖吸虫：*Euparagonimus hongzesiensis*（Hu *et al.* 1990）	中国
越南并殖吸虫：*P. vietnamensis*（Doanh *et al.*，2007）	越南
结实并殖吸虫：*P. compactus*（Cobbold，1859）	印度、斯里兰卡
克氏并殖吸虫：*P. kellicotti*（Ward，1908）	美国、加拿大
宫崎并殖吸虫：*P. miyazakii*（Kamo *et al.*，1961） 亚种：*P. miyazakii manipurinus*（Singh *et al.*，1998）	日本
暹罗并殖吸虫：*P. siamensis*（Miyazaki and Wykoff，1965）	泰国、菲律宾、斯里兰卡
双侧宫并殖吸虫：*P. uterobilaterali*（Voelker and Vogel，1965）	尼日利亚、利比里亚、喀麦隆
非洲并殖吸虫：*P. africanus*（Voelker and Vogel，1965）	喀麦隆
佐渡并殖吸虫：*P. sadoensis*（Miyazaki *et al.*，1968）	日本
卡利并殖吸虫：*P. caliensis*（Little，1968）	哥伦比亚、秘鲁、巴拿马、墨西哥
墨西哥并殖吸虫：*P. mexicantts*（Miyazaki and Ishii，1968） 同物异名：*P. peruviamts*（Miyazaki *et al.*，1969），*P. ecuadoriensis*（Voelker and Arzube，1979）	墨西哥、危地马拉、哥斯达拉加、厄瓜多尔、巴拿马、秘鲁
亚马逊并殖吸虫：*P. amazonicus*（Miyazaki，Grados and Lyema，1973）	秘鲁
印加并殖吸虫：*P. inca*（Miyazaki *et al.*，1975）	秘鲁

（七）诊断及鉴定方法

1. 形态学　成虫和囊蚴的形态鉴别比较见表 1－14。

表 1-14　3 种主要并殖吸虫形态鉴别要点

	卫氏并殖吸虫	斯氏并殖吸虫	异盘并殖吸虫
成虫	椭圆形，单生体棘 7.5～12mm×4～6mm 腹吸盘位于体中横线之前 口吸盘≌腹吸盘 卵巢具中心体再有 3～4 分叶 睾丸 5～6 叶指状分支 圆球形，直径≤400μm	长条形，呈梭形，单生体棘 11.0～18.5mm×3.5～6.0mm 腹吸盘位于体前 1/3 附近 腹吸盘＞口吸盘 卵巢分支多，具 2 级、3 级分支 睾丸长形，有分支 圆球形，直径≥420μm	长圆形，单生体棘，或 2 个一簇 10.54mm×5.48mm 腹吸盘位于体中横线之前 口吸盘明显大于腹吸盘 卵巢分支细而多 睾丸分支纤细，长短不一，末端膨大 似圆球形或椭圆形，265.2～343.2μm×234.0～329μm
囊蚴	两层囊壁，外薄内厚 直径 320～400μm	内层囊壁略薄 直径 400μm 左右	内壁层厚，近两端更现增厚

并殖吸虫囊蚴一般呈球形或近球形，通常具有两层囊壁，但因虫种不同，可有三层囊壁或仅一层囊壁。后尾蚴折叠蜷曲在囊内，能看见充满黑色颗粒的排泄囊和两侧弯曲的肠管。口吸盘有时可见到，而腹吸盘则常被排泄囊所遮盖，后尾蚴与囊壁间可有明显的空隙，也可无空隙。不同种的并殖吸虫囊蚴大小有差异，如卫氏并殖吸虫小囊蚴直径为 320～360μm，大囊蚴直径为 370～400μm。斯氏并殖吸虫囊蚴，直径为 400μm 左右。由于并殖吸虫种类多，囊蚴形态相似，不同区域分布的虫种有可能不同。仅凭囊蚴形态很难准确鉴定并殖吸虫虫种。因此，需要结合分子生物学方法进一步鉴定虫种。

并殖吸虫囊蚴模式图见图 1-56，并殖吸虫囊蚴实物图见图 1-57。

2. 分子生物学诊断　基于并殖吸虫的 ITS2 基因设计的并殖吸虫 ITS2 基因通用引物和卫氏并殖吸虫 ITS2 基因特异引物，对待测样品进行扩增测序、系统发育分析，并结合囊蚴的形态特征，以鉴定虫种。待测样品用通用引物 PCR 扩增，产物出现 520bp 左右扩增条带，将其 PCR 产物进行测序，将测序序列与 Genbank 上的并殖吸虫 ITS2 序列进行比对，确定虫种；待测样品用卫氏并殖吸虫特异引物 PCR 扩增，出现 421bp 的特征条带，判定该虫种为卫氏并殖吸虫囊蚴（Bowles，1995；Blair，1997；Sugiyama，2002）。

并殖吸虫 ITS2 基因通用引物：

上游引物 3S：5′-GGTACCGGTGGATCACTCGGCTCGTG-3′；

下游引物 A28：5′-GGGATCCTGGTTAGTTTCTTTTCCTCCGC-3′。

目的片段长度：约 520bp。

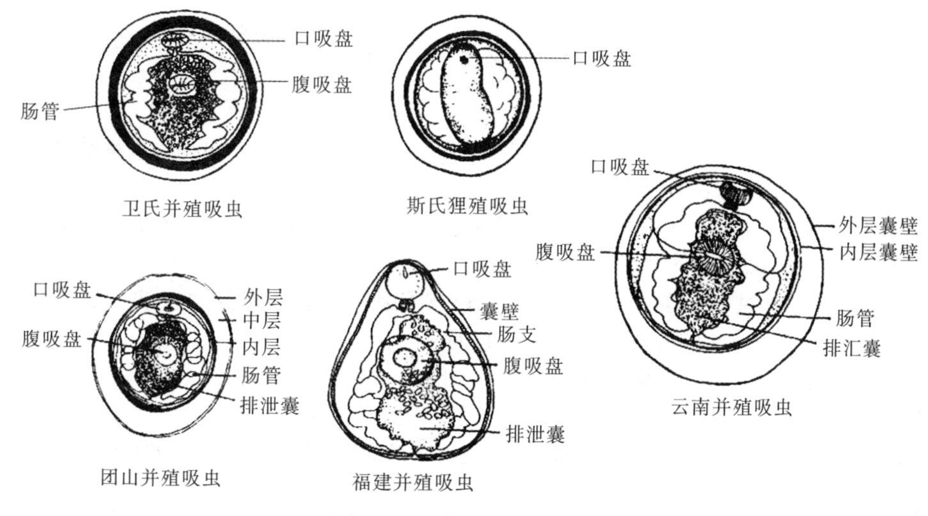

图 1-56 并殖吸虫模式图

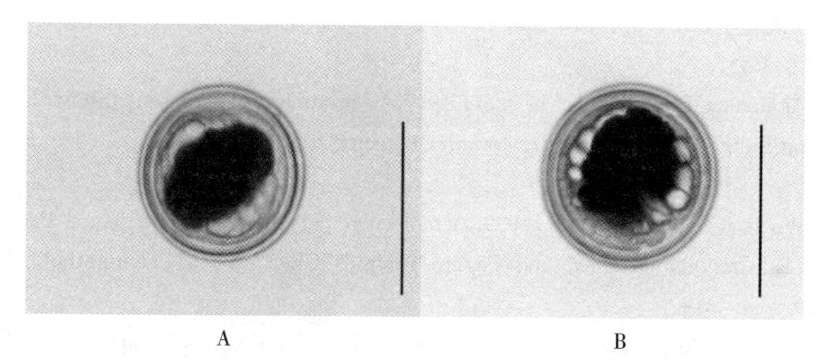

图 1-57 卫氏并殖吸虫和斯氏并殖吸虫囊蚴实物图（100×）

（引自 SN/T 3504—2013）

A. 卫氏并殖吸虫囊蚴 B. 斯氏并殖吸虫囊蚴

卫氏并殖吸虫 ITS2 基因特异引物：

上游引物 3S：5′-GGTACCGGTGGATCACTCGGCTCGTG-3′；

下游引物 PwR1：5′-ACATACGTAGGTCAGCATCGAAAGCAG-3′。

目的片段长度：421p。

反应总体积为 25μL：10×PCR buffer 为 2.5μL；上下游引物各 0.5μL（10μmol/L）；$MgCl_2$ 为 2.5μL；dNTP 为 2μL；5 U/μL Taq 聚合酶为 0.2μL；模板 DNA 为 2μL；ddH_2O 为 13.8μL。

反应条件为：95℃ 1min；94℃ 50s，68℃ 1min，68℃ 1min，35 个循环；72℃ 7min。

参 考 文 献

李树清，陈韶红，黄维义，等.2013. SN/T3504-2013 甲壳类水产品中并殖吸虫囊蚴检疫技术规范［S］. 北京：中国标准出版社.

倪李佳，刘洁，沈浩贤，等.2012. 大蒜对离体卫氏并殖吸虫囊蚴杀灭作用的研究［J］. 热带医学杂志，12（8）：933-935.

世淑兰，李翠英，王红，等.2013. 中国云南省与毗邻的部分东南亚国家 5 种并殖吸虫虫种及分布［J］. 国际医学寄生虫病杂志，40（002）：97-100.

吴观陵，赵慰先.2005. 人体寄生虫学［M］. 北京：人民卫生出版社：421-448.

詹希美.2005. 人体寄生虫学［M］. 北京：人民卫生出版社：145-149.

张庄熠，林陈鑫.2010. 并殖吸虫囊蚴的保存方法实验观察［J］. 中国人兽共患病学报，26（4）：401-402.

钟惠澜，许炽熛，贺联印，等.1975. 一种对人能致病的肺吸虫新种——会同肺吸虫的研究［J］. 中国科学，18（3）：315-329.

115（4）：411-417.

Blair D，Agatsuma T，Watanobe T，*et al*. 1997. Geographical genetic structure within the human lung fluke，*Paragonimus westermani*，detected from DNA sequences［J］. Parasitology，

Blair D，Wu B，Chang Z S，*et al*. 1999. A molecular perspective on the genera Paragonimus Braun，Euparagonimus Chen and Pagumogonimus Chen［J］. J Helminthol，73（4）：295-299.

Blair D，Xu Z B，Agatsuma T. 1999. Paragonimiasis and the genus Paragonimus［J］. Adv Parasitol，42：113-222.

Blair D，Zhengshan C，Minggang C，*et al*. 2005. *Paragonimus skrjabini* Chen，1959（Digenea：Paragonimidae）and related species in eastern Asia：a combined molecular and morphological approach to identification and taxonomy［J］. Syst Parasitol，60（1）：1-21.

Blair D. 2014. Paragonimiasis［J］. Adv Exp Med Biol，766：115-52

Bowles J，Blair D，McManus D P. 1995. A molecular phylogeny of the human schistosomes［J］. Mol Phylogenet Evol，4（2）：103-109.

Doanh P N，Horii Y，Nawa Y. 2013. *Paragonimus* and Paragonimiasis in Vietnam：an Update［J］. Korean J Parasitol，51（6）：621-627.

Doanh P N，Shinohara A，Horii Y，*et al*. 2007. Description of a new lung fluke species，*Paragonimus vietnamensis sp. nov.*（Trematoda，Paragonimidae），found in northern Vietnam［J］. Parasitol Res，101（6）：1495-1501.

Iwagami M，Ho L Y，Su K，*et al*. 2000. Molecular phylogeographic studies on *Paragonimus* westermani in Asia [J] . J helminthol, 74 (04): 315-322.

Sanpool O, Intapan P M, Thanchomnang T, *et al*. 2013. Molecular Variation in the *Paragonimus heterotremus* Complex in Thailand and Myanmar [J] . Korean J Parasitol, 51 (6): 677-681.

Singh T S, Hiromu S, Devi K R, et al. 2015. First case of *Paragonimus westermani* infection in a female patient in India [J] . Indian J Med Microbiol, 33 (5): 156-159.

Singh T S, Singh Y I, Singh K N. A case of paragonimiasis in a civet cat with a new *Paragonimus* sub species in Manipur, India. [J] . Indian J Pathol Microbiol, 1998, 41 (3): 351-353.

Singh T S, Sugiyama H, Rangsiruji A. 2012. *Paragonimus* & paragonimiasis in India. [J] . Indian J Med Res, 136 (136): 192-204.

Sugiyama H, Morishima Y, Kameoka Y, et al. 2002. Polymerase chain reaction (PCR) - based molecular discrimination between *Paragonimus westermani* and *P. miyazakii* at the metacercarial stage [J] . Mol Cell Probes, 16 (3): 231-236.

Tantrawatpan C, Intapan P M, Thanchomnang T, *et al*. 2013. Application of a real-time fluorescence resonance energy transfer polymerase chain reaction assay with melting curve analysis for the detection of *Paragonimus heterotremus* eggs in the feces of experimentally infected cats [J] . J Vet Diagn Invest, 25 (5): 620-626.

Yahiro S, Habe S, Duong V, *et al*. 2008. Identification of the human paragonimiasis causative agent in Lao People's Democratic Republic [J] . J Parasitol, 94 (5): 1176-1177.

七、异形吸虫

异形吸虫是一类小型吸虫，隶属于异形科（Heterophyidae），为人兽共患寄生虫，全球广泛分布，在东南亚地区尤为严重，给食品安全和人类健康造成极大的威胁。成虫主要寄生于食鱼鸟类、哺乳动物及人类的小肠内。囊蚴寄生在淡水鱼和部分海鱼。人和动物因摄入含有囊蚴的鱼类而感染，感染后引起食欲下降、肚腹绞痛、腹泻和肠道过敏性症状等消化系统疾病，成虫排出的虫卵可经循环系统入侵宿主的脑部、肺部和心脏等部位从而引起致命的损害。随着鱼类消费增加尤其生食模式的盛行，使本病在流行区感染率增高，并有扩大的趋势，但是并未引起人们的关注。

（一）病原分类

扁形动物门（Platyhelminthes），吸虫纲（Trematoda），复殖亚纲（Digenea），斜睾目（Plagiorchiida），后睾总科（Opisthorchioidea Looss，1899），异形科（Heterophyidae Leiper，1909），该科包括15个属：其中9个属的虫种可寄生于人类，分别为：异形吸虫属（*Heterophyes* Cobbold，1866）、后殖吸虫属（*Metagonimus* Katsurada，1912）、单睾吸虫属（*Haplorchis* Looss，1899）、棘带吸虫属（*Centrocestus* Looss，1899）、星隙吸虫属（*Stellantchasmus* Onji & Nishio，1916）、原角囊吸虫属（*Procerovum* Onji & Nishio，1916）、拟异吸虫属（*Heterophyopsis* Onji & Nishio，1916）、肾形属（*Pygidiopsis* Looss，1907）、斑皮属（*Stictodora* Looss，1899）。据不完全统计，报道的可感染人的虫种有异形属的异形异形吸虫（*H. heterophyes*），棘带属的台湾棘带吸虫（*C. formosanus*）、犬棘带吸虫（*C. caninus*）、多刺棘带吸虫（*C. armatus*），单睾属的钩棘单睾吸虫（*H. pumilio*）、扇棘单睾吸虫（*H. taichui*）、多棘单睾吸虫（*H. yokogawai*），后殖属的横川后殖吸虫（*M. yokogawai*）、高桥后殖吸虫（*M. takahashii*）、微小后殖吸虫（*M. minutus*），星隙属的镰刀星隙吸虫（*S. falcatus*），原角囊属的施氏原角囊吸虫（*P. sisoni*）、变异前角囊吸虫（*P. varium*），肾形属（*Pygidiopsis*）的前肠肾形吸虫（*P. summa*），斑皮属的拉里斑皮吸虫（*S. lari*）和双叉斑皮吸虫（*S. fuscata*），拟异属的连结拟异吸虫（*H. continua*）。

（二）宿主

异形吸虫在发育过程中需要两个中间宿主，成虫一般寄生在食鱼鸟类以及人、鼠、猫和犬等哺乳类动物终末宿主的肠道。

第一中间宿主为淡水螺，如瘤拟黑螺（*Melanoides tuberculate*）、瘤蜷（*Thiara granifera*）和锥形小塔螺（*Pirenella conica*），以及耐高盐度的螺：欧洲玉黍螺（*Littorina littorea*）和小锥滨螺（*L. scutulata*）等（Sommerville，1982；Sato *et al.*，2010；Toledo *et al.*，2012）。

第二中间宿主为常见可食淡水鱼或淡、海水均生的鲶科、鲤科（Cyprinidae）、婢鲈科（Centropomidae）、鲻科（Mugilidae）和慈鲷科（Cichlidae）等鱼类，以及两栖类的蛙也被证明可作为第二中间宿主。水中的蔬菜，也可以作为媒介物（Sommerville，1982）。

海鱼（包括鲑鱼）和咸水鱼可以感染异形科吸虫。韩国发现星康吉鳗（*Conger myriaster*）为异形科吸虫（*Heterophyes continua*）的中间宿主。英吉利海水中的驼背大麻哈鱼（*Oncorhynchus gorbuscha*）体内收集到异形科吸虫（*Galactosomum phalacrocoracis*）的囊蚴（Pearson *et al.*，1978）。在印度比穆尼帕特南咸水中的 3 种鱼中也收集到异形科吸虫（*Galactosomum ussuriense*）的囊蚴。

横川后殖吸虫囊蚴分布在鱼鳞下或鱼肉中。最易感染的鱼为鲇鱼（*Pecoglossus altevelis*）、鲫鱼（*Carassius auratus*）、鲤鱼（*Cyprinus carpio*）、宽鳍鱲（*Zacco platypus*）、丹氏鱲（*Z. temminckii*）、巨口鱊（*Acheilognathus lancedata*）、麦穗鱼（*Pseudorashora parva*）等。

（三）生活史

异形吸虫生活史很复杂，目前为止还有很多异形吸虫的生活史没有研究清楚。各种异形吸虫的生活史基本相同，含毛蚴的卵排入水中（淡水或咸水），被第一中间宿主螺吞食，在螺发育为胞蚴、雷蚴、尾蚴，尾蚴在第二中间宿主鱼类或两栖类中发育为囊蚴。囊蚴被终末宿主吞食后，发育为成虫，成虫在小肠寄生。囊蚴具有感染性。从终末宿主种类和感染情况看，异形吸虫主要是鸟类的寄生虫，但许多种类已经适应哺乳类消化道的理化环境，成为哺乳类动物（包括人）的寄生虫（黄腾飞，2014），横川后殖吸虫的生活史见图 1－58。

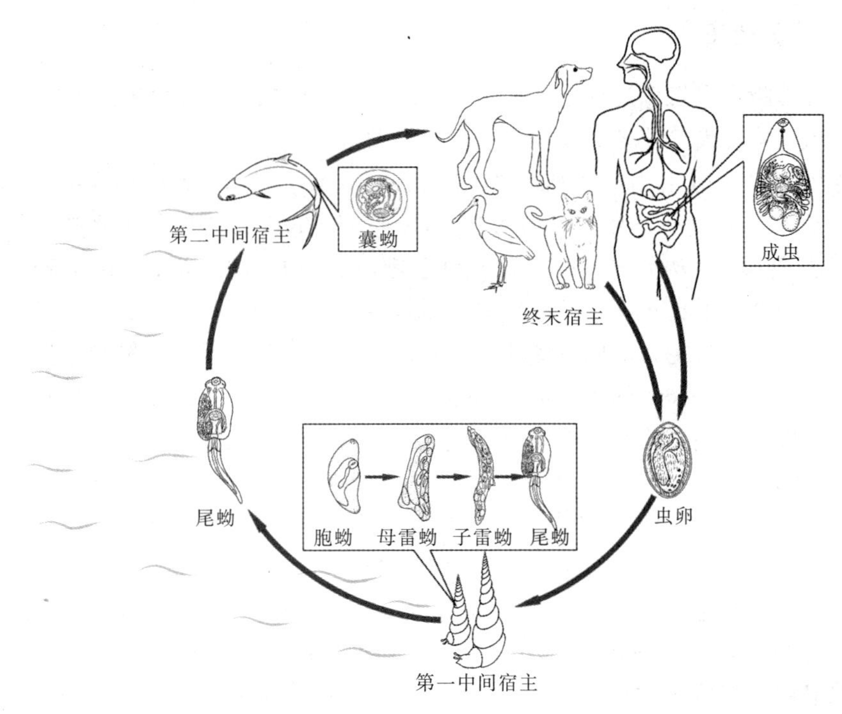

图 1-58　横川后殖吸虫生活史（黄维义绘制）

(四) 感染途径及危害

生食或食入未煮熟的鱼而感染。异形吸虫成虫主要寄生在哺乳动物的肠道内，由于其体型很小，在肠道寄生时有钻入肠壁的倾向。成虫进入肠黏膜下层提供了虫卵可能进入肠壁血管、进入血流的机会。虫卵可经血流通过肝、肺进入大循环，这样人体各种组织都有可能发现异形吸虫卵。

成虫在小肠一般只引起轻度炎症反应，侵入肠壁引起肠黏膜机械损伤，造成组织脱落、压迫性萎缩与坏死，可导致腹泻、腹痛或其他消化功能的紊乱。深入组织时，肉眼见到微小的充血及黏膜下层的瘀点出血。组织中的异形吸虫成虫寄生部位周围呈炎性反应，包括组织增生和不同程度的纤维化过程。虫卵在组织中可有慢性或急性损害。虫卵沉着在组织的后果视器官组织的不同而异；虫卵若是进入循环系统，导致脑、脊髓、心脏虫卵栓塞，虫卵周围形成风湿性肉芽肿，以及癫痫、神经性缺损或者心功能不全。在脑脊髓可有血管破裂而死亡，还可有血栓形成。在心肌心瓣膜虫卵沉着造成的损害，包括心力衰竭在内，可以说是很严重的。异位寄生严重者可以造成死亡，在菲律宾许多心衰病例已证实是由异形吸虫造成（Yu *et al.*，1994；Maclean *et al.*，1999；孙建方，1999；方彦炎，2001；林金祥，2004；Chai *et al.*，2005；吴观陵，2005）。

（五）寄生虫的抵抗力

异形吸虫囊蚴的存活能力较强，囊蚴在腌制鱼中可以存活 7 天；在调料如酱油、醋和 5 %盐水可分别存活 13h、24h 和 4 天；但是对热极其敏感，在 50℃、80℃和 100℃的水中仅可分别存活 7min、3min、20s，人和动物吃到含有囊蚴的鱼肉是很容易感染。因此，在日常生活中鱼肉煮熟食用是降低感染的有效手段（Yu *et al.*，1994；詹希美，2001）。

（六）分布

在我国常见的异形吸虫有 10 多种，已有人体感染报道的共 9 种，它们是异形异形吸虫（*H. heterophyes* v. Siebold，1852）、横川后殖吸虫（*H. yakagawai* Katsuta，1912）、钩棘单睾吸虫（*H. pumilo* Looss，1899）、扇棘单睾吸虫（*H. taichui* Nishigori，1924）、多棘单睾吸虫（*H. yokogawai* Katsuta，1932）、哥氏原角囊吸虫（*P. calderoni* Africa & Garcia，1935）、施氏原角囊吸虫（*P. sisoni* Africa，1938）、镰刀星隙吸虫（*S. falcatus* Onji & Nishio，1924）及台湾棘带吸虫（*C. formosanus* Nishigori，1924）。

异形异形吸虫的分布常见于尼罗河流域，如埃及，以及伊朗、突尼斯、土耳其。菲律宾、韩国、日本、朝鲜、中国台湾等也有分布和报道，我国大陆并不常见。近东和远东地区的鲻鱼感染异形吸虫的情况很普遍，因此该地区的鲻鱼对公共卫生影响尤其重要（Yu *et al.*，1994；Chai *et al.*，2002）。

横川后殖吸虫分布很广，19 个国家有报道，包括日本、韩国、中国（台湾也有）、巴尔干半岛、西班牙、印度尼西亚、菲律宾、俄罗斯等。后殖吸虫是韩国重要的寄生虫，在近 24 万人感染病例中，12 万人感染横川吸虫，2 万人感染高桥后殖吸虫（*M. takahashii*），10 万人感染宫田后殖吸虫（*M. miyatai*）（Yu *et al.*，1994；Chai *et al.*，2002）。

单睾属吸虫的 3 个种在我国较为常见，在埃及、菲律宾、巴勒斯坦、以色列、印度、澳大利亚、夏威夷等也有报道。菲律宾是单睾属吸虫感染病例报道最多的国家（Sommerville *et al.*，1982；Umadevi *et al.*，2006；Thien *et al.*，2007；Anh *et al.*，2009；Skov *et al.*，2009；Wongsawad *et al.*，

2009）。

哥氏原角囊吸虫与施氏原角囊吸虫分布于中国、菲律宾。菲律宾有人体感染报道。

镰刀星隙吸虫分布于中国、日本、巴勒斯坦、菲律宾、美国的檀香山、印度、澳大利亚、以色列、埃及等。人体感染报道只有几例，主要在菲律宾（许隆祺，1997；Chai *et al.*，2002；Thien *et al.*，2007；Anh *et al.*，2009；Skov *et al.*，2009；Wongsawad *et al.*，2011）。

台湾棘带吸虫分布地区颇广，包括中国、菲律宾等。中国台湾、广西有人体病例报道（何刚，1995；Thien *et al.*，2007；Anh *et al.*，2009）。

广西调查各种鱼中带有的异形吸虫囊蚴。经鉴定，检出后殖吸虫、扇棘单睾吸虫、钩棘单睾吸虫和台湾棘带吸虫等 4 种（张鸿满，2006）。

表 1－15　全球人感染异形吸虫的报道

属	虫　种	分布范围	参考文献
异形属 *Heterophyes*	异形异形吸虫 *H. heterophyes*	韩国、俄罗斯、巴西、西班牙、日本、伊朗、沙特阿拉伯和苏丹及中国	Yu，1994 Chai，2002
棘带属 *Centrocestus*	台湾棘带吸虫 *C. formosanus*	越南、印度、日本、墨西哥、菲律宾、美国夏威夷、中国和越南	Anh L，2009 Thien，2007
	犬棘带吸虫 *C. caninus*	中国台湾、泰国	何刚，1995 Chai，2002 许隆祺，1997
	多刺棘带吸虫 *C. armatus*	韩国	Chai，2002 Hong，1989
单睾属 *Haplorchis*	钩棘单睾吸虫 *H. pumilio*	印度、越南、英国（苏格兰）、中国	Anh，2009 Thien，2007 Umadevi，2006 Skov，2009 Sommerville，1982
	扇棘单睾吸虫 *H. taichui*	越南、泰国、马来西亚、菲律宾、埃及、孟加拉国、印度、巴勒斯坦、中国和老挝	Anh，2009 Skov，2009 Wongsawad，2009
	多棘单睾吸虫 *H. yokogawai*	越南、泰国、菲律宾、印度、印尼、老挝、中国、澳大利亚和埃及	Anh，2009

（续）

属	虫　种	分布范围	参考文献
后殖属 *Metagonimus*	横川后殖吸虫 *M. yokogawai*	日本、韩国、中国、印度尼西亚、西班牙、以色列和俄罗斯	Chai，2002 Yu S H，1994
	高桥后殖吸虫 *M. takahashii*	韩国、日本	Anh，2009
	微小后殖吸虫 *M. minutus*	中国台湾	许隆祺，1997
星隙属 *Stellantchasmus*	镰刀星隙吸虫 *S. falcatus*	日本、韩国、菲律宾、泰国、越南、中国和夏威夷	Chai，2002 Skov，2009 Anh，2009 Thien，2007 Wongsawad，2011 许隆祺，1997
原角囊属 *Procerovum*	施氏原角囊吸虫 *P. sisoni*	菲律宾、中国	张耀娟，1985
	变异前角囊吸虫 *P. varium*	菲律宾、中国、澳大利亚、日本	张耀娟，1985
肾形属 *Pygidiopsis*	前肠肾形吸虫 *P. summa*	日本、韩国	Chai，2002 Chai，2004
斑皮属 *Stictodora*	拉里斑皮吸虫 *S. lari* 双叉斑皮吸虫 *S. fuscata*	日本、韩国、澳大利亚、韩国	Chai，2002 Sohn，2009
拟异属 *Heterophyopsis*	连结拟异吸虫 H. continua	日本、韩国	Chai，2002

（七）诊断及鉴定方法

异形吸虫成虫种间形态鉴定，以及与其他科属间区分鉴别相对比较容易。但是成虫的形态鉴别对于鉴定者的技术和经验的积累要求很高，且耗时较长。临床诊断时需要获得成虫标本，因此对诊断和预防的应用作用不大，常用于寄生虫区系调查。病人或病兽粪便中的虫卵具有一定的形态鉴定意义，临床上虫卵检测法仍是常用方法。但是异形吸虫卵与后睾科、棘口科、隐殖科等吸虫的虫卵形态相似，鉴别有困难。此外，检测鱼体内的囊蚴对阻断疾病传播也具有重要意义，但是异形吸虫的囊蚴阶段在形态方面同样与后睾科、棘口科和隐殖科差异很小。因此，虫种鉴定需要形态学鉴定方法结合分子生物学鉴定方法综合判定（黄腾飞，2014）。

1. 形态学鉴定

（1）成虫的形态鉴定　异形吸虫是一类小型吸虫，体长仅0.3～0.5mm，最大者也不超过2～3mm。体表具有鳞棘。外形呈椭圆形，身体略扁，具口吸盘、腹吸盘。但是部分虫种腹吸盘发育不全，常与生殖吸盘形成腹殖吸盘复合器。咽部明显，食管细长，肠支长短不定。睾丸1个或2个，贮精囊明显，卵巢位于睾丸之前。虫卵呈芝麻粒状，长度为21～39μm，内含成熟的毛蚴，除台湾棘带吸虫的卵壳表面有格子状花纹外，其余的形态相似（黄腾飞，2014）。

（2）囊蚴的形态鉴定（图1-59）　异形异形吸虫囊蚴呈圆形或椭圆形，长宽为（130～220）μm×（80～170）μm；褐色颗粒散遍囊内后尾蚴全身；腹吸盘呈椭圆形，较大于口吸盘；生殖吸盘呈椭圆形，毗邻于腹吸盘右侧后方；排泄囊呈O形。

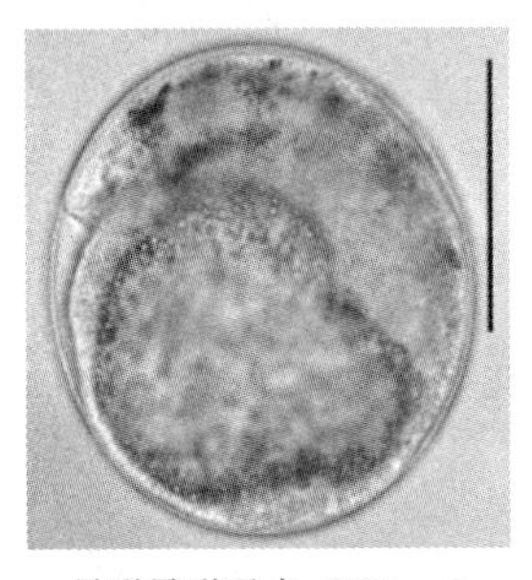

异形异形吸虫（100μm）

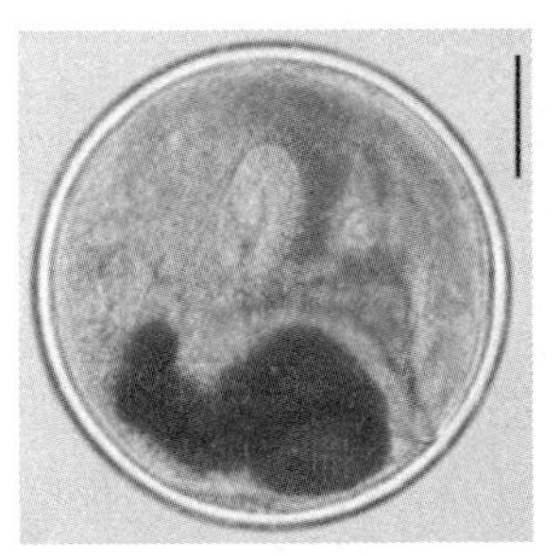

连结拟异吸虫（100μm）

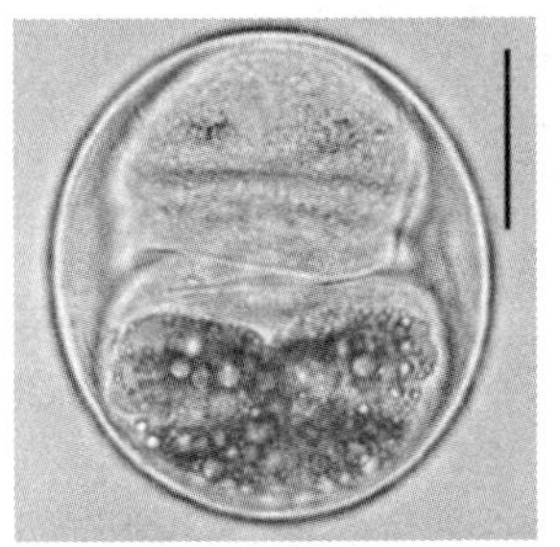

前肠肾形吸虫（100μm）

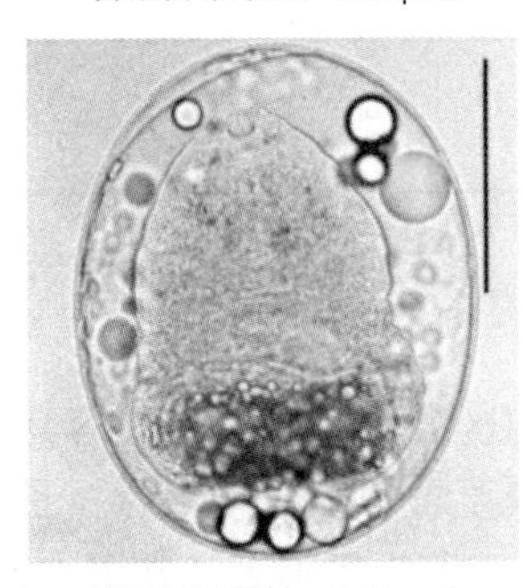

镰刀星隙吸虫（100μm）

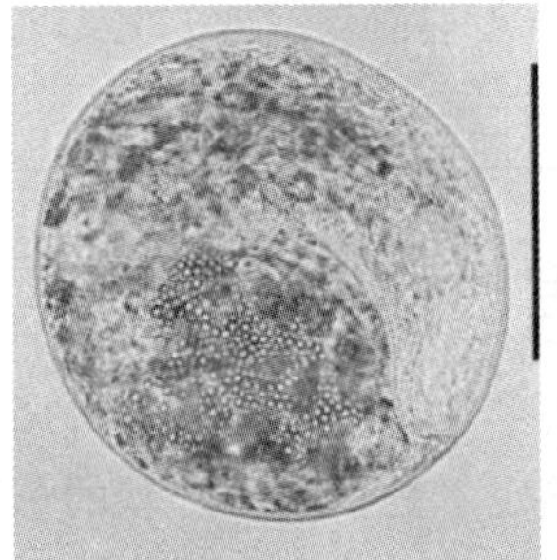

高桥后殖吸虫（100μm）

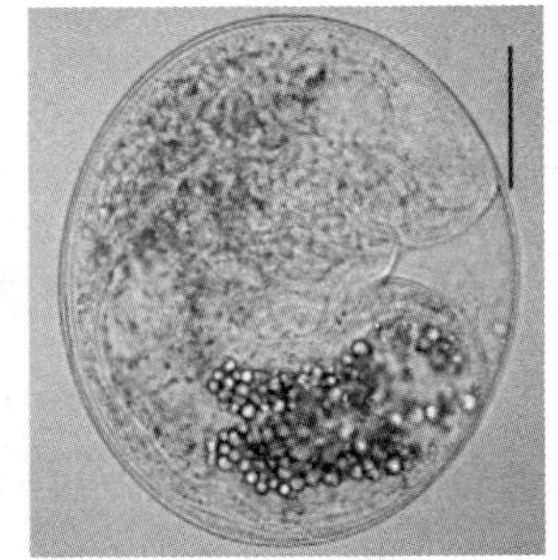

横川后殖吸虫（50μm）

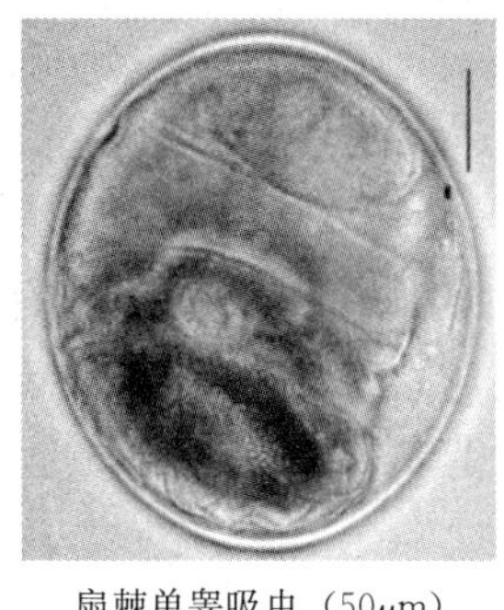

扇棘单睾吸虫（50μm）

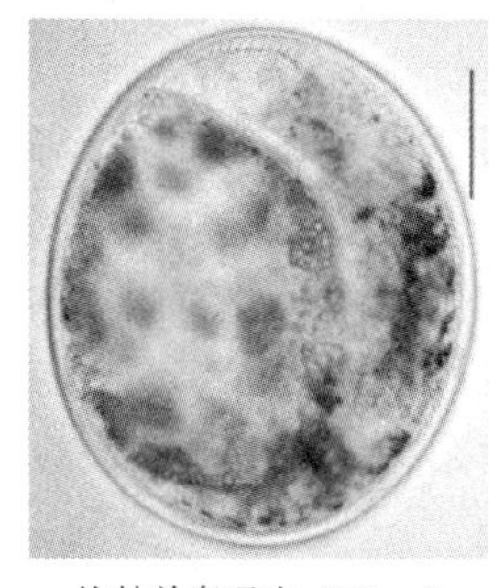

钩棘单睾吸虫（50μm）

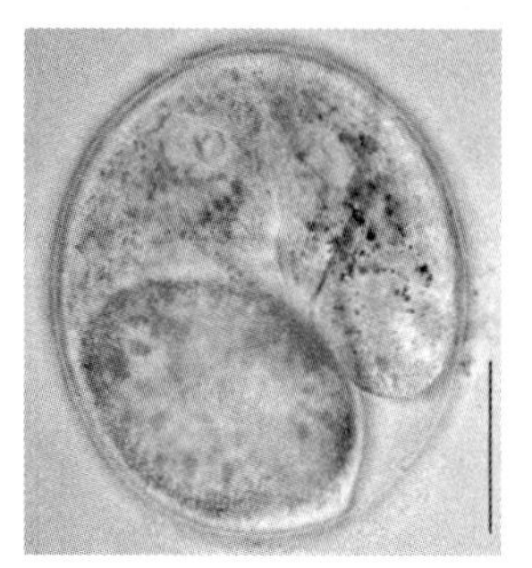

多棘单睾吸虫（75μm）

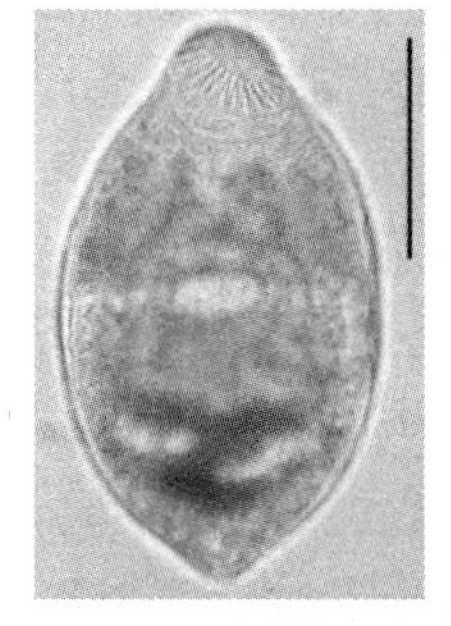

多刺棘带吸虫（100μm）

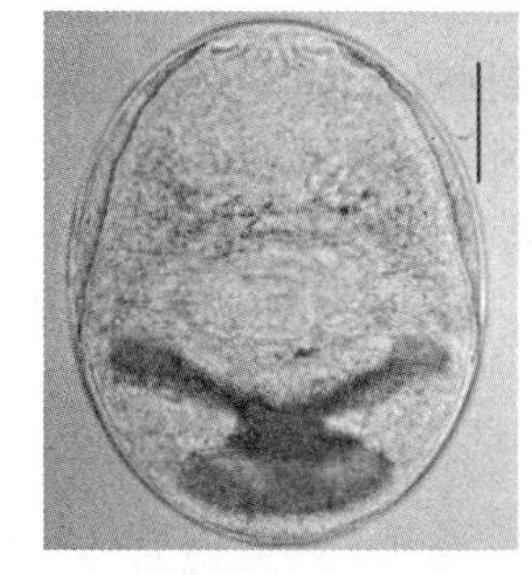

台湾棘带吸虫（50μm）

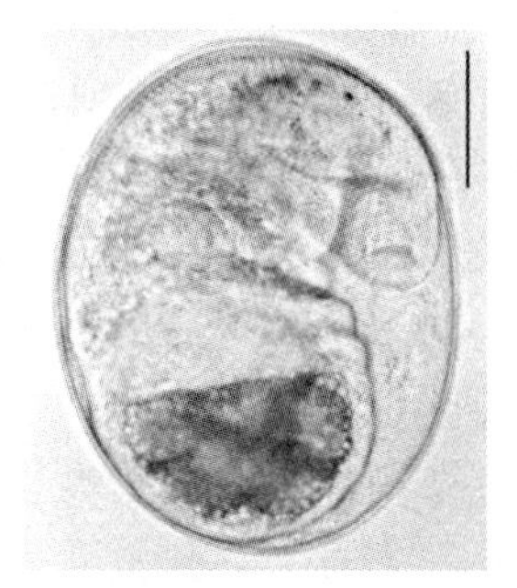

变异前角囊吸虫（50μm）

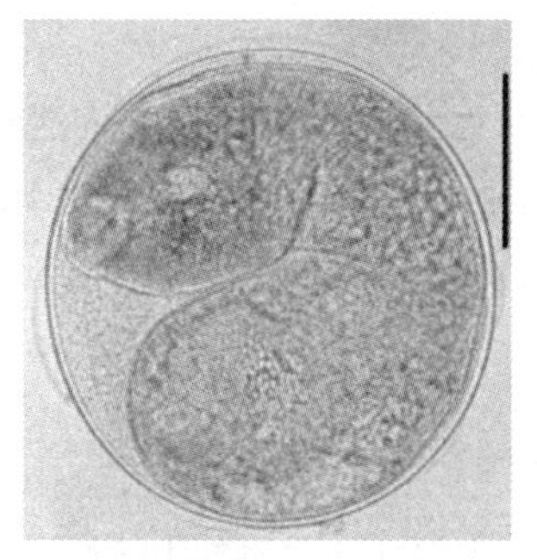

双叉斑皮吸虫（100μm）

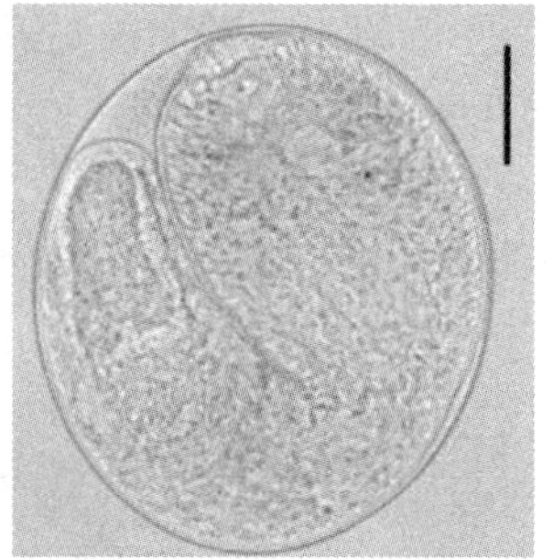

拉里斑皮吸虫（100μm）

图 1－59　异形吸虫的囊蚴形态

（Rim，2008；Sohn，2009a，2009b；Chai，2012）

连结拟异吸虫囊蚴呈圆形，直径约为 380μm，囊壁较厚，约为 6μm；褐色颗粒分散于囊内后尾蚴全身；腹吸盘大于口吸盘，位于体中部；生殖吸盘呈椭圆形，位于腹吸盘右侧后方；排泄囊呈 Y 形。

前肠肾形吸虫囊蚴呈椭圆形，长宽为（240～290）μm×（230～280）μm；

具有一对眼点；生殖腔位于腹吸盘的右外侧边缘；排泄囊呈 X 形。

镰刀星隙吸虫囊蚴呈椭圆形，长宽为（150～200）μm×（130～150）μm；有黄褐色颗粒散遍囊内后尾蚴全身；腹吸盘位于亚中部，居两盲肠囊之间；厚壁灯泡状的精囊；生殖腔位于腹吸盘的右外侧边缘；排泄囊呈 V 形。

横川后殖吸虫、高桥后殖吸虫等后殖属吸虫囊蚴的形态相似，形态学很难准确地鉴定到种。该属吸虫的囊蚴呈圆盘状或接近球形，直径平均为 140～160μm；囊内后尾蚴的体内散布有黄褐色颗粒，腹吸盘斜偏于体中部；排泄囊呈 V 形。

扇棘单睾吸虫囊蚴呈椭圆形，长宽为（188～220）μm×（155～185）μm，平均为 203μm×168μm；腹殖吸盘复合器呈棒球手套状，分布有 11～18 根杆状小棘，呈葵扇状排列；排泄囊呈 O 形并占据后尾蚴身体后部的大部分空间。

钩棘单睾吸虫囊蚴呈椭圆形，长宽为（155～188）μm×（138～163）μm，平均为 172μm×152μm；囊内后尾蚴体表布满小棘；腹殖吸盘复合器上可见 36～42 枚呈锯齿状的小棘，呈 1～2 行排列在生殖吸盘周围；排泄囊呈 O 形并占据囊内后尾蚴体后段的大部分。

多棘单睾吸虫囊蚴呈椭圆形或圆形，腹殖吸盘复合器呈 U 形，分布有 70～74 枚小棘，排泄囊呈 O 形并占据囊内后尾蚴体后段的大部分（Rim H J，2008）。

多刺棘带吸虫囊蚴呈细长的椭圆形，长宽为（200～250）μm×（100～120）μm，口吸盘上可见 40～44 枚小棘，呈两行环绕于口吸盘；排泄囊呈 X 形。

台湾棘带吸虫囊蚴呈椭圆形，长宽为（173～233）μm×（135～178）μm，平均为 208μm×164μm；囊内后尾蚴的体表布满鳞状细棘；具口吸盘和腹吸盘，有 32 枚小棘，呈两排环绕于口吸盘；排泄囊呈 X 形并占据囊内后尾蚴体后段的大部分。

变异前角囊吸虫呈椭圆形，长宽为（165～208）μm×（115～163）μm，平均为 187μm×147μm；囊内后尾蚴肠分叉的附近区域散射有黄褐色颗粒；具有一对眼点，位于咽的横向侧面；腹吸盘位于亚中部；厚壁灯泡状的精囊；排泄囊呈 D 或半月形，充满颗粒，呈分团状。

双叉斑皮吸虫囊蚴呈椭圆形，长宽为（190～520）μm×（160～380）μm，囊壁薄，呈透明状；椭圆形的生殖吸盘上有 12～15 枚几丁质棘。

拉里斑皮吸虫囊蚴呈长椭圆形，长宽为（390～430）μm×（320～350）μm，囊壁薄而透明；生殖吸盘上分布有 60～80 枚小刺。（林金祥，2006；Rim，2008；Sohn，2009a，2009b；Chai，2012）

2. 分子生物学诊断

（1）运用吸虫 ITS2 与 COX1 基因序列的通用引物，对待测样品进行扩增测序，获得的序列经 DNAstar 软件处理和人工校正后，于 NCBI 网站进行比对，即可获得精确的鉴定结果。

ITS2 引物（Boeles，1995）

上游引物 3S-F：5′-GGTACCGGTGGATCACTCGGCTCGTG-3′；

下游引物 A28-R：5′-GGGATCCTGGTTAGTTTCTTTTCCTCCGC-3′。

COX1 引物（Bowles，1993）

上游引物 JB3：5′-TTTTTTGGGCATCCTGAGGTTTAT-3′；

下游引物 JB13：5′-TCATGAAAACACCTTAATACC-3′。

反应总体积为 25μL：10×buffer 为 2.5μL；$MgCl_2$ 为 2.5μL；dNTP 为 2μL；上下游引物各 0.5μL（10μmol/L）；Taq 聚合酶为 0.25μL；模板 DNA 为 2μL；ddH2O 补足至 25μL。

反应条件为：94℃ 5min；94℃ 45s，56℃ 45s，72℃ 1min，32 个循环；72℃ 10min。

（2）基于扇棘单睾吸虫和麝猫后睾吸虫（GenBank 序列号分别为：EF055885；AY055380）的部分线粒体 COX1 基因片段设计引物，运用 PCR-RFLP 方法鉴别麝猫后睾吸虫、华支睾吸虫和扇棘单睾吸虫。如图 1－60，表 1－16 所示，扩增产物在限制性内切酶 *Alu*I 消化后，麝猫后睾吸虫获得两条

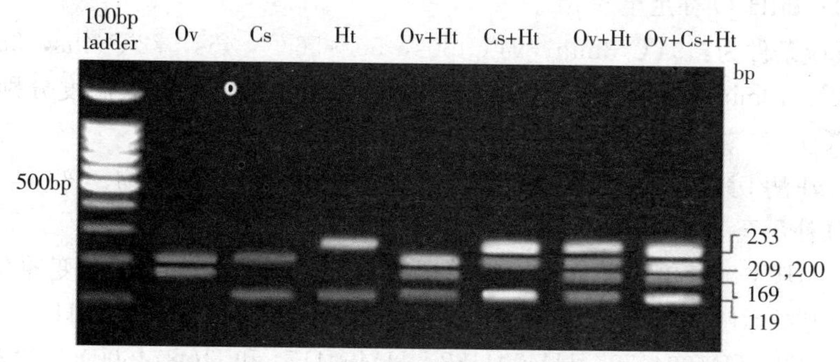

图 1－60　麝猫后睾吸虫、华支睾吸虫和扇棘单睾吸虫 COX1 区的 *Alu*I 酶切电泳图（Thaenkham U，2007）

100bp ladder：DNA marker　Ov：麝猫后睾吸虫　Cs：华支睾吸虫　Ht：扇棘单睾吸虫　Ov+Cs：麝猫后睾吸虫和华支睾吸虫混合模板　Cs+Ht：华支睾吸虫和扇棘单睾吸虫混合模板　Ov+Ht：麝猫后睾吸虫和扇棘单睾吸虫混合模板　Ov+Cs+Ht：麝猫后睾吸虫、华支睾吸虫和扇棘单睾吸虫混合模板

PCR-RFLP 片段，分别为 200 和 169 bp，华支睾吸虫获得 3 条片段，分别为 209、119 和 52 bp，扇棘单睾吸虫获得两条片段，分别为 253 和 119 bp（Thaenkham *et al.*，2007）。

表 1-16　3 种吸虫 COX1 基因扩增产物经 PCR-RFLP 中 *Alu*I 消化切割成的预期片段大小

种类	COX1 基因 PCR 扩增条带（bp）	*Alu* Ⅰ 酶切位点（核苷酸位置）	预期片段大小（bp）
麝猫后睾吸虫	369	169	169，200
华支睾吸虫	380	119，171	52，119，209
扇棘单睾吸虫	372	119	119，253

上游引物 COI-OV-Hap（F）：5′-GGGTT（TC）GGTATGA）（AG）T（TG）AG（TA）CAC-3′；

下游引物 COI-OV-Hap（R）：5′-AAA CCA AGT（AG）TCATG（AC）AA CAA AG-3′。

目的片段长度：约 372bp。

PCR 反应总体积为 50μL：10 ng DNA 模板；上下游引物各 40pmol/L；200μmol/L dNTPs；1.5 mmol/L $MgCl_2$；1x buffer；1 U *Taq* polymerase（5 U/μL）；ddH_2O 补足至 50μL。

反应条件为：94℃ 3min；94℃ 30s，50～56℃* 45s，72℃ 45s，35 个循环；72℃ 10min（*扇棘单睾吸虫和麝猫后睾吸虫的最佳退火温度分别为 56 和 50 ℃）。

*Alu*I 酶切反应总体积为 30μL：400ng 纯化 PCR 产物；900U *Alu*I；ddH_2O 补足至 30μL；反应条件为：37℃ 1 h。

（3）基于扇棘单睾吸虫、钩棘单睾吸虫、横川后殖吸虫、多变原角囊吸虫、镰刀星际吸虫和台湾棘带吸虫（GenBank 登录号分别为：HM004181，HM004173，HM004177，HM004182，HM004174 和 HQ874600）6 种人类致病异形吸虫的 28S rDNA 序列设计引物，运用 PCR-RFLP 方法对 6 种吸虫囊蚴进行鉴定。如图 1-61，表 1-17 所示，PCR 扩增产物经 *Mbo* Ⅱ 酶消化后，各虫种可以得到不同片段大小的条带（Thaenkham，2011）。

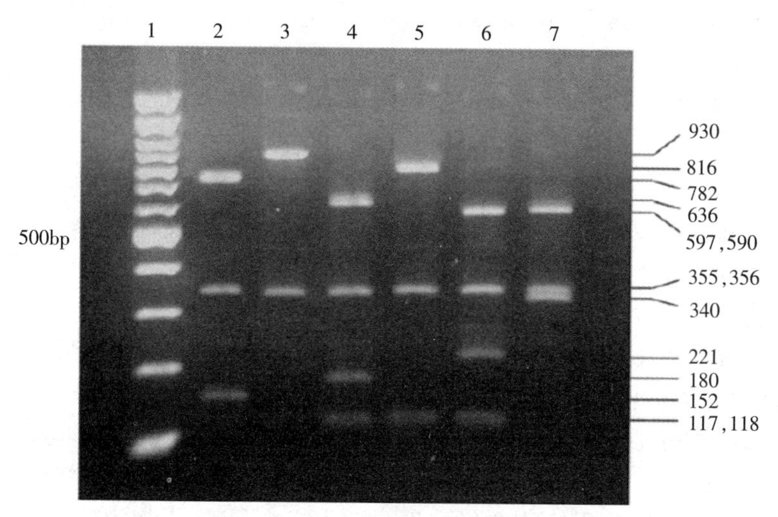

图 1-61　6 种人类致病异形吸虫 28S rDNA 扩增产物的
Mbo Ⅱ酶切电泳图（Thaenkham，2011）

1. 100 bp ladder marker　2～7. 扇棘单睾吸虫、钩棘单睾吸虫、横川后殖吸虫、多变原角囊吸虫、镰刀星际吸虫和台湾棘带吸虫

表 1-17　6 种人类致病异形吸虫 28S rDNA 扩增产物经 PCR-RFLP 中 *Mbo* Ⅱ消化切割成的预期片段大小

种类	28S rDNA 的 PCR 扩增条带（bp）	*Mbo* Ⅱ酶切位点（核苷酸位置）	预期片段大小（bp）
扇棘单睾吸虫	1 290	356 508	152 356 782
钩棘单睾吸虫	1 286	356	356 930
横川后殖吸虫	1 290	356 474 1110	118 180 356 636
多变原角囊吸虫	1 290	356 474	118 356 816
镰刀星际吸虫	1 291	355 473 694	117 221 355 597
台湾棘带吸虫	1 286	356 696	340 356 590

上游引物 28S-Het-RFLP F：5′-CTAACAAGGATTCCCTYAGTAAC-3′；
下游引物 28S-Het-RFLP R：5′-TTC GATTAGTCT TTC GCCC-3′
目的片段长度：约 1290bp。

PCR 反应总体积为 50μL：上下游引物各 20 pmole；1× TopTaq master mixed kit（1 U TopTaq polymerase，1.5 mmol/L $MgCl_2$，TopTaq polymerase buffer）；模板 1μL；ddH_2O 补足至 50μL。

反应条件为：95℃ 3min；94℃ 45s，60℃ 45s，72℃ 1min，34 个循环；72℃ 8min。

Mbo Ⅱ酶切反应按照试剂盒（New England BioLabInc.，Massachusetts，USA）说明完成，模板为 500ng 纯化 PCR 产物；反应条件为：37 ℃ 45 min，65 ℃ 15 min。

（4）基于扇棘单睾吸虫核糖体 RNA（GenBank 登录号：AY245705）和钩棘单睾吸虫核糖体 RNA（GenBank 登录号：AY245706），设计 ITS1、ITS2 两对引物，建立 PCR 法鉴别和区分小型肝吸虫和微小的肠道吸虫。如图 1-62 所示，麝猫后睾吸虫、华支睾吸虫、钩棘单睾吸虫和扇棘单睾吸虫的 ITS1 区域基因 PCR 扩增产物分别为 800、820、1 250 和 930bp，ITS2 区域基因 PCR 扩增产物分别为 380、390、380 和 530bp。ITS1 区域基因扩增产物能成功区别该 4 种虫，但是 ITS2 区域基因扩增产物中，只有扇棘单睾吸虫能明显与其他 3 种虫区分。ITS1 引物敏感度为 76.2%，ITS2 引物敏感度为 95.2%（Sato，2009）。

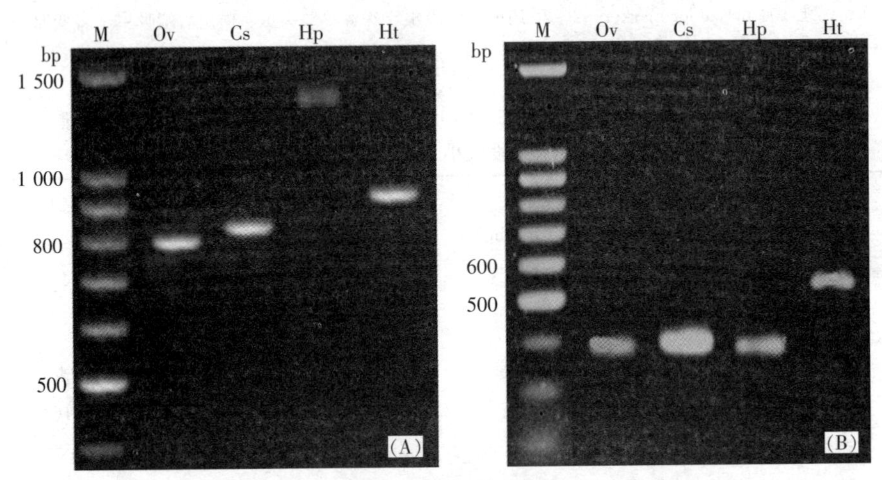

图 1-62　ITS1、ITS2 区域基因扩增（Sato，2009）

（A）：ITS1 区域基因扩增，2.0%的琼脂糖凝胶电泳 2.5h　（B）：ITS2 区域基因扩增，1.0%的琼脂糖凝胶电泳 1.5h　M：100 bp DNA marker（Promega）　Ov：麝猫后睾吸虫　Cs：华支睾吸虫　Hp：钩棘单睾吸虫　Ht：扇棘单睾吸虫

ITS1 区域基因 PCR 扩增引物：

上游引物 ITS1-F：5′-GTATGCTTCGGCAGCTCGACCGG-3′；

下游引物 ITS1-R：5′-GGCTGCGCTCTTCATCGA CACACG-3′。

ITS2 区域基因扩增引物：

上游引物 ITS2-F：5′-CTTGAACGCACATTGCGGCCATGGG-3′；

下游引物 ITS2-R：5′-GCG GGT AAT CACGTCTGA GCCGAGG-3′。

反应总体积为 50μL：5mmol/L dNTP；1.5 mmol/L $MgCl_2$；1.5 U *Taq* polymerase；上下游引物各 1mmol/L 0.3μL（10μmol/L）；ddH_2O 补足至 50μL。

反应条件为：94℃ 4min；94℃ 1min，60℃ 30s，72℃ 2mins，40 个循环。

参 考 文 献

方彦炎，程由注 . 2001. 家猫自然感染吸虫的组织病理学观察［J］. 动物科学与动物医学，6：47.

何刚，韦美璧，李树林，等 . 1995. 广西发现台湾棘带吸虫感染一例［J］. 广西预防医学，1（4）：259-260.

黄腾飞 . 2014. 广西部分地区异形吸虫宿主感染情况调查及检测方法初步研究［D］. 广西南宁：广西大学动物科学技术学院 .

林金祥，李莉莎，陈宝建，等 . 2006. 人体 5 种小型吸虫病原形态观察［J］. 热带医学杂志，6（2）：194-196.

林金祥，李友松，陈宝建，等 . 2004. 异形吸虫（Heterophyid trematodes）虫卵在肺脏发现报告［J］. 中国人兽共患病杂志，20（5）：444.

孙建方，张卫清，金长顺，等 . 1999. 血液中查见异形吸虫卵一例［J］. 中国寄生虫学与寄生虫病杂志，4：61.

吴观陵 . 2005. 人体寄生虫学（第 3 版）［M］//陈守义，于新炳 . 第十二节 异形吸虫 . 北京：人民卫生出版社：470-480.

许隆祺，蒋则孝，姚民一，等 . 1997. 我国人体寄生虫的虫种概况［J］. 中国寄生虫学与寄生虫病杂志，15（5）：311-313.

詹希美 . 2001. 人体寄生虫学（第 5 版及七年制教材）［M］//第三篇 医学蠕虫学 . 北京：人民卫生出版社 .

张鸿满，黎学铭，谭裕光，等 . 2006. 广西淡水鱼携带异形科吸虫囊蚴的调查研究［J］. 中国人兽共患病学报，22（2）：111-113.

张耀娟，唐仲璋，唐崇惕 . 1985. 三种异形科吸虫和东方次睾吸虫的生活史研究［J］. 寄生虫学与寄生虫病杂志，3（1）：12-14.

Anh N T L, Phuong N T, Johansen M V, *et al*. 2009. Prevalence and risks for fishborne zoonotic trematode infections in domestic animals in a highly endemic area of North Vietnam［J］. Acta tropica, 112（2）：198-203.

Boeles J, Blair D, Mcmanus D P. 1995. A molecular phylogeny of the human schistosomes [J]. Mol Phylogenet Evol, 4 (2): 103-109.

Bowles J. 1993. Genetic approaches to the identifcation and evolutionary study of helminth parasites [M] . Ph. D. dissertation, Australia, University of Queensland.

Chai J Y, De N V, Sohn W M. 2012. Foodborne trematode metacercariae in fish from northern Vietnam and their adults recovered from experimental hamsters [J] . Korean J Parasitol, 50 (4): 317-325.

Chai J Y, Lee S H. 2002. Food-borne intestinal trematode infections in the Republic of Korea [J] . Parasitol Int, 51 (2): 129-154.

Chai J Y, Murrell K D, Lymbery A J. 2005. Fish-borne parasitic zoonoses: status and issues [J] . Int J Parasitol, 35 (11): 1233-1254.

Chai J Y, Park J H, Han E T, *et al*. 2004. Prevalence of *Heterophyes nocens* and *Pygydiopsis summa* infections among residents of the western and southern coastal islands of the Republic of Korea [J] . Am J Trop Med Hyg, 71 (5): 617-622.

Hong S J, Woo H C, Chai J Y, *et al*. 1989. Study on *Centrocestus armatus* in Korea. II. Recovery rate, growth and development of worms in albino rats [J] . Korean J Parasitol, 27 (1): 47-56.

Maclean J D, Cross J, Mahanty S. 1999. Liver, lung and intestinal fluke infections [J]. *Tropical Infectious Diseases*: Principles, Pathogens and Practice, 2: 1349-1369.

Pearson J C, Margolis L, Boyce N P. 1978. The metacercaria of *Galactosomum phalacrocoracis* (Trematoda: Heterophyidae) from pink salmon, Oncorhynchus gorbuscha, from British Columbia waters [J] . Can J Zool, 56 (10): 2235-2238.

Rim H J, Sohn W M, Yong T S, *et al*. 2008. Fishborne trematode metacercariae detected in freshwater fish from Vientiane Municipality and Savannakhet Province, Lao PDR [J]. Korean J Parasitol, 46 (4): 253-260.

Sato M, Pongvongsa T, Sanguankiat S, *et al*. 2010. Copro-DNA diagnosis of *Opisthorchis viverrini* and *Haplorchis taichui* infection in an endemic area of Lao PDR [J] . Southeast Asian J Trop Med Public Health, 41 (1): 28.

Sato M, Thaenkham U, Dekumyoy P, *et al*. 2009. Discrimination of *O. viverrini*, *C. sinensis*, *H. pumilio and H. taichui* using nuclear DNA-based PCR targeting ribosomal DNA ITS regions [J] . Acta tropica, 109 (1): 81-83.

Yu S H, Mott K E. 1994. Epidemiology and morbidity of food-borne intestinal trematode infections [M] . // 2. 1. 2 Heterophylasis and metagonimiasis. World Health Organization: 5-10.

Skov J, Kania P W, Dalsgaard A, *et al*. 2009. Life cycle stages of heterophyid trematodes in Vietnamese freshwater fishes traced by molecular and morphometric methods [J] . Vet

Parasitol, 160 (1): 66-75.

Sohn W M. 2009a. Fish-borne zoonotic trematode metacercariae in the Republic of Korea [J]. Korean J Parasitol, 47 (Suppl): S103-S113.

Sohn W M, Eom K S, Min D Y, *et al*. 2009b. Fishborne trematode metacercariae in freshwater fish from Guangxi Zhuang Autonomous Region, China [J] . Korean J Parasitol, 47 (3): 249-257.

Sommerville C. 1982. The life history of *Haplorchis pumilio* (Looss, 1896) from cultured tilapias [J] . J Fish Dis, 5 (3): 233-241.

Thaenkham U, Phuphisut O, Pakdee W, *et al*. 2011. Rapid and simple identification of human pathogenic heterophyid intestinal fluke metacercariae by PCR-RFLP [J] . Parasitol Int, 60 (4): 503-506.

Thaenkham U, Visetsuk K, Waikagul J. 2007. Discrimination of *Opisthorchis viverrini* from Haplorchis taichui using COI sequence marker [J] . Acta tropica, 103 (1): 26-32.

Thien P C, Dalsgaard A, Thanh B N, *et al*. 2007. Prevalence of fishborne zoonotic parasites in important cultured fish species in the Mekong Delta, Vietnam [J] . Parasitol Res, 101 (5): 1277-1284.

Toledo R, Esteban J G, Fried B. 2012. Current status of food-borne trematode infections [J]. Eur J Clin Microbiol Infect Dis, 31 (8): 1705-1718.

Umadevi K, Madhavi R. 2006. The life cycle of *Haplorchis pumilio* (Trematoda: Heterophyidae) from the Indian region [J] . J helminthol, 80 (04): 327-332.

Wongsawad C, Wongsawad P, Chuboon S, *et al*. 2009. Copro-diagnosis of *Haplorchis taichui* infection using sedimentation and PCR-based methods [J] . Southeast Asian J Trop Med Public Health, 40 (5): 924.

Wongsawad C. 2011. Development of HAT-RAPD marker for detection of *Stellantchasmus falcatus* infection [J] . Southeast Asian J Trop Med Public Health, 42 (1): 46.

八、棘口吸虫

棘口吸虫是一种呈全球流行的食源性人兽共患寄生虫病病原，致病种类多，分布广泛，但目前仍未受到足够的重视。囊蚴是棘口吸虫的感染阶段，寄生于螺类、淡水鱼和蛙等第二中间宿主中，人体因生食或食用未煮熟的此类宿主而致病。棘口吸虫囊蚴体积小，形态相似。因此，需制定严格的检疫标准和方法，以阻断棘口吸虫病的流行和传播。

（一）病原分类

棘口吸虫是隶属于扁形动物门（Platyhelminthes），吸虫纲（Trematoda），复殖亚纲（Digenea），斜睾目（Plagiorchiida），棘口目（Echinostomata），棘口总科（Echinostomatoidea），棘口科（Echinostomatidae，Looss，1902）的各属中、小型吸虫的统称，主要寄生于鸟类和哺乳类动物肠道，种类多，分布广，人体多系偶然感染。感染人体的棘口吸虫主要为棘口属、棘缘属、棘隙属和低颈属的虫体，根据前人的报道和总结，可感染人体的棘口吸虫有 23 种之多，分别为：卷棘口吸虫（*Echinostoma revolutum* Frohlich，1802）、宫川棘口吸虫（*E. miyagawai* Ishii，1932）、接睾棘口吸虫（*E. paraulum* Dietz，1909）、狭睾棘口吸虫（*E. angustitestis* Wang，1977）、马来西亚棘口吸虫（*E. malayanum* Leiper，1911）、林氏棘口吸虫（*E. lindoense* Sandground & Bonne，1940）、移睾棘口吸虫（*E. cinetorchis* Ando & Ozaki，1923）、巨睾棘口吸虫（*E. macrorchis* Ando & Ozaki，1923）、园圃棘口吸虫（*E. hortense* Asada，1926）、埃及棘口吸虫（*E. aegrptica* Khalil & Abaza，1924）、伊族真缘吸虫（*Euparyphium ilocanum* Garrison，1903）、雅西真缘吸虫（*E. jassyense* Leon & Ciurea，1922）、抱茎棘隙吸虫（*Echinochasmus perfoliatus* Ratz，1908）、日本棘隙吸虫（*E. japonicus* Tanabe，1926）、福建棘隙吸虫（*E. fujianensis* Chen，1992）、藐小棘隙吸虫（*E. liliputamus* Looss，1896）、九佛棘隙吸虫（*E. jiufoensis* Liang，1990）、曲领棘缘吸虫（*Echinoparyphium recurvatum* Linstow，1873）、似锥低颈吸虫（*Hypoderaum conoideum* Bloch，872）、穆氏棘茎吸虫（*Himasthla muehlensi* Vogel，1933）、美拉异棘口吸虫（*Artyfechinostomum mehrai* Faruqui，1930）和异棘口吸虫（*Paryphostomum sufrartyfex* Bhalerao，1931）。

(二) 宿主

棘口吸虫完成其生活史一般需要两种中间宿主参与。但在某些特殊情况和条件下，仅通过一种中间宿主也可完成其生活史。例如，在棘口吸虫流行的区域内，仅存在一种可作为其中间宿主的螺类，当毛蚴侵入到螺体内并发育成尾蚴后逸出螺体外，尾蚴在环境中寻找第二中间宿主时则会再次侵入作为其第一中间宿主的螺体内形成囊蚴。棘口吸虫的终末宿主主要是鸟类，其中以水禽为主，部分种类还可感染哺乳动物、人类和鱼类。杨磊（2014）参考陈心陶（1985）在《中国动物志》整理的棘口吸虫中间宿主和终末宿主如表1-18所示：

表1-18　棘口吸虫的宿主

虫种	第一中间宿主	第二中间宿主	终末宿主
抱茎棘隙吸虫	纹沼螺（*Parafossarulus striatulus*）、铜锈环棱螺（*Bellamya aeruginosa*）	淡水鱼类	家狗、狐家猫、人、猪
日本棘隙吸虫	纹沼螺、瘤拟黑螺（*Melanoides tuberculata*）	麦穗鱼（*Pseudorasbora parva*）、粗皮蛙（*Rana rugosa*）、泥鳅（*Misgurnus* spp.）	池鹭、鸭、家狗、鸡、鸢、褐家鼠、灵猫、狐
藐小棘隙吸虫	纹沼螺	鲻鱼（*Mugil capito*）、麦穗鱼	家狗、家猫、獾、鸢、小鼠、貉、狐
卷棘口吸虫	凸旋螺（*Gyraulus convexiusculus*）、日本旋螺小土蜗（*Galba pervia*）、沼泽椎实螺（*Lymnaea palustris*）、静水椎实螺（*L. stagnalis*）、折叠萝卜螺（*Radix plicatula*）、斯氏萝卜螺（*L. stagnalis*）、膀胱螺（Physidae）	豆螺（*Bithynia tentaculata*）、美洲蟾蜍（*Bufo americana*）、鸟蛤（*Cardium edule*）、浮萨螺（*Fossaria abrussa*）、小土蜗、凸旋螺、日本旋螺、尖口圆扁螺、沼泽椎实螺、静水椎实螺、斯氏椎实螺、肌蛤、田螺、膀胱螺、豌豆蚬（*Pisidium* sp.）、角扁卷螺、拟琥珀螺（*Pseudosuccina columella*）、半球多脉扁螺（*Pllypylis hemisphaerula*）、林蛙（*Rana temporaria*）、萝卜螺、球蚬（*Sphaerium corneum*）、平盘螺（*Viviparus viviparus*）	鸭、雁、鹅、天鹅、鸳鸯、鸽、鹭、鸡、鹊、红骨顶、鸬鹚、斑鸠、乌鸦等

（续）

虫种	第一中间宿主	第二中间宿主	终末宿主
九佛棘隙吸虫	不详	不详	人
伊族真缘吸虫	凸旋螺（*Gyraulus convexiusculus*）、大脐圆扁螺（*Hippeutis umbilicalis*）、斯氏萝卜螺	凸旋螺、椎实螺、球螺、扁卷螺、田螺	人、猴、犬、田鼠
似锥低颈吸虫	小土蜗、沼泽椎实螺、静水椎实螺、萝卜螺	小土蜗、沼泽椎实螺、静水椎实螺、姬蛙（*Microhyla ornata*）、隔扁螺、田螺	鸭、雁、鸽、天鹅、鸡、人
接睾棘口吸虫	扁卷螺，如角扁卷螺	沼泽椎实螺	鸭、鹅、家鸽、鸡、天鹅、人
圆圃棘口吸虫	小土蜗、日本椎实螺（*L. japonica*）、折叠萝卜螺	蟾蜍（*Bufo* sp.）、小鲵（*Hynobius* sp.）、泥鳅（*Misgurnus anguillicaudata*）、牛蛙（*Rana catesbiana*）、沼蛙（*Rana guentheri*）、粗皮蛙	家狗、水獭、兔、黄胸鼠、褐家鼠
马来棘口吸虫	印度扁卷螺（*Indoplanorbis exustus*）	印度扁卷螺、微红萝卜螺（*Radix rubiginosa*，同物异名：*Lymnaea rubiginosa*）、凸旋螺、蝌蚪	猪、猫、家兔、猴、小鼠、大鼠、仓鼠
宫川棘口吸虫	小土蜗、凸旋螺、尖口圆扁螺（*Hippeutis cantori*）、沼泽椎实螺、静水椎实螺、扁卷螺	小土蜗、狭凸旋螺、尖口圆扁螺、沼泽椎实螺、静水椎实螺、扁卷螺、半球多脉扁螺、萝卜螺、哈士蟆	八哥、鸭、鹅、家狗、人、家鸡、家鸽、喜鹊、斑鸠、丝光掠鸟
曲领棘缘吸虫	小土蜗、尖口圆扁螺、沼泽椎实螺、膀胱螺、扁卷螺、长萝卜螺（*Radix lagotis*）、折叠萝卜螺、斯氏萝卜螺	蟾蜍、河蚬、中国田螺、小土蜗、凸旋螺、尖口圆扁螺、雨蛙、沼泽椎实螺、静水椎实螺、斯氏椎实螺、纹沼螺、锄足蟾、膀胱螺、豌豆蚬、白扁卷螺、角扁卷螺、多脉扁螺、捷蛙、食用蛙、草蛙、萝卜螺、球蚬、鱼盘螺	八哥、鸳鸯、鸭、鹅、家鸽、人、鸥、鼠兔、雉鸡、斑鸠、家兔、小鼠
福建棘隙吸虫	铜锈环棱螺	麦穗鱼等淡水鱼	人

（续）

虫种	第一中间宿主	第二中间宿主	终末宿主
狭睾棘口吸虫	不详	不详	家狗
移睾棘口吸虫	隔扁螺（*Segmentina schmackeri*）	凸旋螺、泥鳅、小鲩、扁卷螺、椎实螺、牛蛙、隔扁螺、食用蛙、田螺、黑斑蛙	田鼠、褐家鼠、犬
林杜棘口吸虫	凸旋螺	贻贝	人、鸽、鼠、鸭、猴、鸡
巨睾棘口吸虫	凸旋螺、隔扁螺	纹沼螺、凸旋螺、田螺、椎实螺、黑斑蛙	家狗、人、褐家鼠
美尼顿棘口吸虫	不详	不详	人
埃及棘口吸虫	不详	不详	云豹、褐家鼠、小鼠

（三）生活史

棘口吸虫成虫以禽类（水禽为主）、哺乳动物及人类作为其终末宿主，成虫雌雄同体，在宿主体内可存活4～8周，主要寄生在宿主的各段肠道内（Sorensen，1998）。虫体在感染终末宿主10天后，开始排出虫卵（Kanev，1994）。虫卵在水中并在光照的刺激下，经过10～12天的孵育后发育成毛蚴，毛蚴孵出后能在水中进行自由的游动，但毛蚴在侵入第一中间宿主之前的生存时间仅为6～8h。毛蚴侵入第一中间宿主后，在宿主的两性腺和消化腺经过3个阶段30天的无性繁殖，即经过胞蚴（心室）、母雷蚴和子雷蚴（肝脏）的发育，再经过25～28天，子雷蚴产生大量可自由活动的尾蚴。尾蚴逸出第一中间宿主后在3～6h内侵入第二中间宿主，第二中间宿主的种类较多，主要包括肺螺亚纲（Pulmonata）和前鳃亚纲（Prosobranchia）的螺、淡水贝类、蝌蚪和淡水鱼类等，尾蚴在诸多的第二中间宿主体内甩断尾巴后结囊形成囊蚴。囊蚴是棘口吸虫的感染阶段，其在第二中间宿主中一直保持此种形态直到被终末宿主吞食。囊蚴在终末宿主的肠道中脱囊，经过8～12天后发育为成虫。棘口吸虫的生活史见图1-63。

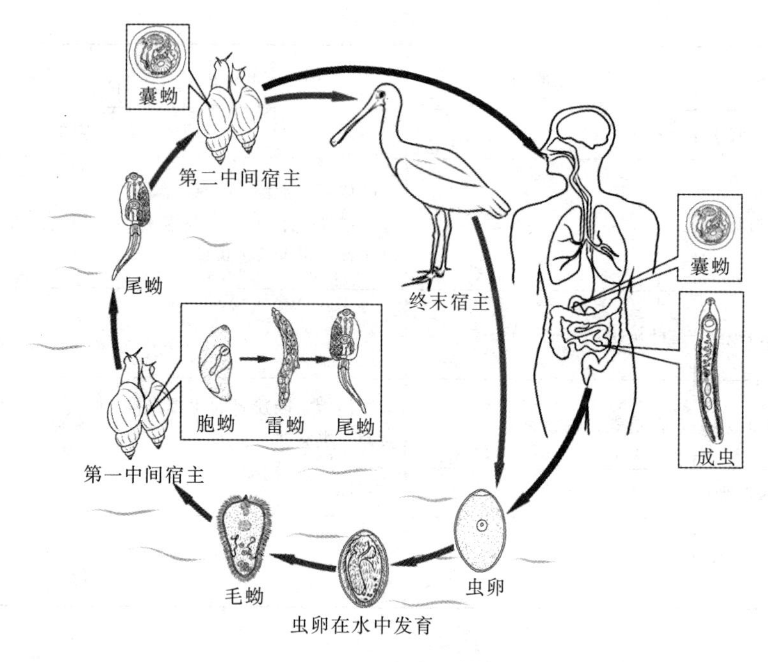

图 1－63　棘口吸虫生活史（黄维义绘制）

(四) 感染途径及危害

寄生于第二中间宿主中的囊蚴是棘口吸虫感染阶段，患者均因生食或食用未煮熟的含有囊蚴的螺类、贝类或鱼类而感染。棘口吸虫尾蚴在逸出第一中间宿主后，有部分未侵入第二中间宿主而在体外结囊，存在于周围的水环境中，患者亦可通过饮用被囊蚴污染的水源而感染。患者在感染棘口吸虫后常表现出剧烈的腹痛，并伴随有严重的腹泻、易疲劳和营养不良等症状。临床症状的严重程度与宿主的虫荷有关，在少量寄生的情况下，患者主要呈贫血、头晕、头痛、轻微腹痛和稀便。棘口吸虫在宿主体内的寿命仅为 4～8 周，如果寄生数量少且不发生重复感染的情况下，棘口吸虫病可由于虫体死亡后随宿主粪便排出而自愈。但由于防控意识不足时，长期积累的少量感染则会引起大量感染而引起疾病的爆发，当严重感染时，患者出现嗜酸粒细胞增多、严重腹痛、多种水样腹泻、水肿和神经性厌食症，由于虫体的寄生，还会导致宿主的肠黏膜受到巨大的损伤而发生严重的卡他性肠炎和肠穿孔，更可继发细菌感染而引起死亡（Kusharyono，1991；Ujiie，1963；Carney，1991；Chai，1994）。

由于棘口吸虫病具有持续很久的潜伏期和较短的急性发病期，且棘口吸虫引起的临床症状与其他肠道吸虫病的症状相似，因此流行区域的棘口吸虫感染率及由此引起的死亡率常难以进行统计（Shekhar，1991）。世界卫生组织（WHO）为了控制而采取了很多措施，如改变饮食习惯、社会和农业耕作方式、进行健康教育和定期进行驱虫等，但起到的效果并不是很明显。感染人群主要是儿童、低收入群体和育龄妇女（Cross，1984；Li，1991）。造成这种情况的主要原因是社会经济的问题，包括贫穷、营养匮乏、自由交易市场数量的猛增及缺乏有效的食品安全检测方法等，公共教育的缺乏、公共卫生组织低下的吸虫感染意识，以及近年来不健康的鱼类和贝壳类产品的增加等问题也增加了对棘口吸虫病防治的难度（Thaddeus，1998；Dixon，1996；Eastburn，1987）。

（五）寄生虫的抵抗力

无详细的研究报道。

（六）分布

棘口吸虫病是一个世界性的问题，尤其是在东南亚地区，常呈聚集式爆发，包括的国家有中国大陆及台湾、印度、越南、马来西亚、菲律宾、印度尼西亚、韩国、日本等（Jung，2014）。在越南至少发现有3种可感染人体的棘口吸虫，分别为移睾棘口吸虫、园圃棘口吸虫和日本棘隙吸虫（Hong，1989；Lee，1990；Seo，1980）；在印度尼西亚至少发现5种可感染人体的棘口吸虫，分别为卷棘口吸虫、马来西亚棘口吸虫、伊族真缘吸虫、林氏棘口吸虫和曲领棘缘吸虫（Camey，1980），即使印度尼西亚人体总体感染率不到1%，但某些区域的感染率最高可达96%；在菲律宾发现2种可感染人体的棘口吸虫，分别为伊族真缘吸虫和曲领棘缘吸虫（Monzon，1989），在菲律宾吕宋岛的南部，分布有一种大型的螺类——吕宋瓶螺（*Pila luzonica*），是棘口吸虫的第二中间宿主，然后又是当地居民餐桌上的美食，因此当地居民感染亦与食用这种螺类相关；在马来西亚和新加坡则仅发现一种虫体，为马来西亚棘口吸虫（Rim，1982）；印度报道的人体感染棘口吸虫的病例较少，1915年报道了一例儿童感染异棘口吸虫的病例，而最新的报道则由Nandy等人于1986年在印度加尔各答附近的部落发现的未进行鉴定的人体棘口吸虫感染（Bandyopadhyay，1986）。日本是一个岛屿国家，四周环海，特殊的地理位置和环境使日本国民有着喜食生鱼的食性，因此极易感染棘口吸虫病。Rim（1982）通过对日本国民的粪便进行检查，发现大量的人体棘口吸虫感染病例，主要的感染种类为移睾棘口吸虫、园圃棘口吸虫和日本棘隙吸虫，这些种类的棘口吸虫均以淡水鱼类作为其第二中间宿主。泰国目前发现有4种可感染人体的棘口吸虫，分别为马来西亚棘口吸虫、卷棘口吸虫、伊族真缘吸虫和似锥低颈吸虫，均自泰国东北部发现（Radoymos，1982）。在泰国北部的某一个地区，棘口吸虫的感染率可高达50%左右，其中大部分的感染为似锥低颈吸虫，经过调查后最终确定食用生的螺肉和蝌蚪为泰国人体感染棘口吸虫的原因（Sommani，1969）。我国至少发现14种可感染人体的棘口吸虫，分别为卷棘口吸虫、接睾棘口吸虫、日本棘隙吸虫、藐小棘隙吸虫、抱茎棘隙吸虫、园圃棘口吸虫、狭睾棘口吸虫、福建棘隙吸虫、九佛棘隙吸虫、宫川棘口吸虫、马来西亚棘口吸虫、雅西真缘吸虫、埃及棘口吸虫等；北京、辽宁、黑龙江、四川、云南、浙江、江苏、福建、湖北、广东、广西、安徽等地有人感染或流行，其中安徽和县陈桥村为藐小棘隙吸虫流行区，人体自然感染率高达12.98%，据调查当地居民有生食螺、食生果菜、饮生水的习惯（陈德基，1982；汪天平，1992，1996；许隆祺，2005）。中国台湾也是人体棘口吸虫的主要流行区，世界上第一例人体感染棘口吸虫的病例就发现于中国台湾，经过多年调查并统计，中国台湾的棘口吸虫感染率为11%～65%，主要的感染种类有曲领棘缘吸虫、卷棘口吸虫和獾棘口吸虫（*Echinostoma melis*），台湾居民喜食半生熟和过夜腌制的贝类，这可能是其棘口吸虫高感染率的原因之一。虽然绝大多数的人体感染棘口吸虫是在亚洲报道，但是在世界其他地区也偶尔发生。1985年（Poland，1985），20个美国人从非洲的肯尼亚和坦桑尼亚旅游回国后，其中的18人出现严重的寄生虫性腹痛，从他们的粪便中发现有类似棘口吸虫的虫卵，这说明棘口吸虫病可通过旅游者进行区域性的传播。

（七）诊断及鉴定方法

1. 形态学观察

（1）囊蚴形态通过活体检查或消化法检查螺类、贝类或鱼类组织中是否有棘口吸虫囊蚴寄生。但棘口吸虫的囊蚴在形态上极其相似，普遍为圆形（图1-64），具有两层透明的囊壁，外层囊壁较厚，内层囊壁较薄，囊内可见吸虫幼虫的口吸盘、腹吸盘、肠道等结构。幼虫在囊内常做回旋运动，使得在显微镜观察到的形态不固定。因此，也不易观察到其头棘。不同种棘口吸虫的囊蚴直径大小不一，一般为200μm左右，以观察寄生在第二中间宿主中的棘口吸虫囊蚴的形态来鉴定虫种并非适宜的方法。常见人体致病棘口吸虫囊蚴的形态比较如表1-19（杨磊，2015）所示。

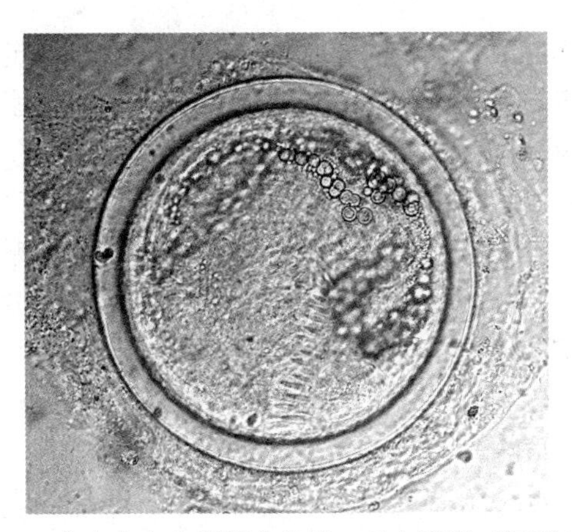

图 1-64　分离自小土蜗螺中的棘口吸虫囊蚴（杨磊，2015）

表 1-19　常见人体棘口吸虫囊蚴形态比较

虫种	形　　态	囊蚴直径（μm）	囊壁（μm）
卷棘口吸虫	圆形，囊内虫体弯曲，可见口吸盘、腹吸盘、头棘、排泄管及屈光性颗粒	152～172	透明，厚 8～14
宫川棘口吸虫	同前	144～156	透明，厚 6～10
移睾棘口吸虫	圆形，其他形态不详	135	囊壁分 2 层，外层厚 6
接睾棘口吸虫	不详	140～156	透明，厚 14～15
曲领棘缘吸虫	同卷棘口吸虫	138～152	囊壁分 2 层，透明，外层厚 6～9，内层薄而致密
伊族真缘吸虫	不详	不详	不详
似锥低颈吸虫	圆形或不正圆形，囊内虫体向腹面弯曲，体表棘明显	132.2×122.5	囊壁透明，分内外 2 层，外层厚 9.6～12.8，内层厚 2.78
日本棘隙吸虫			
藐小棘隙吸虫	椭圆形，虫体在囊内为正形，可见体前端的口吸盘、腹吸盘、咽、集合管和屈光性颗粒	（78～86）×（56～70）	厚 2～3
叶形棘隙吸虫	椭圆形	197×147	2 层，厚度不详

（2）成虫形态　从第二中间宿主中检获有棘口吸虫囊蚴后，可通过动物实验来获得成虫，并观察成虫的形态进行鉴定。棘口吸虫虫体通常呈长叶形

(图1-65)，长2～10mm，宽1～1.5mm，通常具有一个发达的腹吸盘，口吸盘也较发达；在虫体前端有一个发达或不发达的头领，呈圆盘形或肾形，头领周围分布有1～2排小棘，或大或小，称为头棘，有两种排列方式，中央间断或不间断。头棘依据其分布位置有腹棘、侧棘和背棘之分；具有2列头棘者，其头棘又可分为上列的内侧棘与口侧棘和下列的外侧棘与反口侧棘，头棘的大小和数目随虫种不同而不一。体表具有体表小棘，排列甚密集，分布于体前端或至虫体末端，在虫体颈部小棘分布最密集。具有一个肌质性咽部，发达呈长圆形，食道或长或短，与两肠支连接，肠支沿虫体侧部延伸至虫体亚末端。睾丸2个，前后或倾斜排列于虫体中部或后部，形态呈圆形、椭圆形、弯曲或分瓣。阴茎囊位于肠分叉和腹吸盘之间，呈椭圆形或类圆形，或呈长囊状延伸至腹吸盘的后方，在观察虫体活体时，可常见虫体阴茎伸出，某些种类的棘口吸虫可能不具有阴茎囊。生殖孔开口于阴茎囊的前端，位于两吸盘之间。卵巢位于前睾丸的前端，或偏向左侧或右侧；多数种类无受精囊。子宫弯曲状，或长或短，分布于前睾丸与腹吸盘之间，有时向后可延伸至前睾丸处。卵黄腺分布于虫体两侧，呈滤泡状，从口吸盘后或腹吸盘前开始分布，延伸至虫体末端，卵黄腺分布至后睾丸后部时会趋向虫体中央汇合或不汇合。排泄囊呈Y字形，位于睾丸后方，排泄孔开口于虫体末端，或与肠支汇合成尿肠管；排泄囊前通两集合管前行，至腹吸盘后折向后行。分出排泄管、小排泄管、毛细管至终末焰细胞。但通过动物实验获得成虫需耗费较多的时间，且棘口吸虫成虫形态的相似性往往会造成错误的鉴定。常见棘口吸虫成虫形态比较（杨磊，2015）见表1-20。

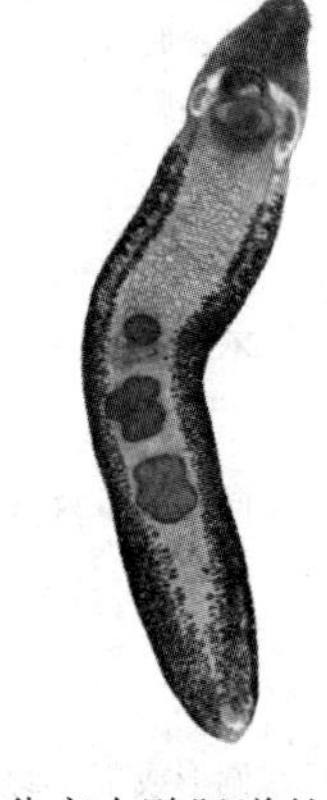

图1-65　分离自鸭肠道的棘口吸虫成虫（杨磊，黄维义，2015）

表1-20　常见棘口吸虫成虫形态比较

虫种	成虫和虫卵	幼虫	分布
卡氏棘口吸虫（*E. caproni*）	虫体睾丸相邻或连接，腹吸盘处虫体较宽，腹吸盘后至虫体末端逐渐变细，虫卵大小为117μm×75μm，头棘37枚	尾蚴体部大小为328μm×144μm，囊蚴直径长150μm	非洲（马达加斯加）

（续）

虫种	成虫和虫卵	幼虫	分布
移睾棘口吸虫	虫体形态较方正，出现隐睾的现象，虫卵大小为（99～116）μm×（65～76）μm，头棘37枚	尾蚴体部大小为163μm×109μm，囊蚴直径为139μm	越南、日本、中国
沙漠棘口吸虫（*E. deserticum*）	虫体为单性生殖，即孤雌生殖。可能存在无睾丸、1个或2个睾丸的形态，虫卵大小为（58～74）μm×（36～46）μm，头棘37枚	尾蚴体部大小为306μm×133μm，囊蚴直径为146μm	非洲（尼日尔、阿尔及利亚）
多刺棘口吸虫（*E. echinatum*）	睾丸边缘缺刻深，阴茎囊不扩展至腹吸盘中间，虫卵大小为（92～124）μm×（65～76）μm，头棘37枚	尾蚴体部大小为（300～460）μm×（140～180）μm，具有6个穿透腺孔，囊蚴直径为120～130μm	欧洲、亚洲（西里伯斯岛）、南美洲（巴西）
弗氏棘口吸虫（*E. friedi*）	阴茎囊扩展至腹吸盘前缘，睾丸常缺刻，虫卵大小为（83～117）μm×（54～76）μm，头棘37枚	尾蚴体部大小为（223～327）μm×（118～185）μm，具有6个穿透腺孔，囊蚴直径为131～173μm	欧洲（西班牙）
朱丽娜棘口吸虫（*E. jurini*）	阴茎囊扩展至腹吸盘中部，睾丸边缘光滑或稍有缺刻，虫卵大小为（96～132）μm×（72～88）μm，头棘37枚	尾蚴体部大小为（327～445）μm×（159～254）μm，具有6个穿透腺孔，囊蚴直径为140～160μm	欧洲（保加利亚、捷克、斯洛伐克）、亚洲
路瑞氏棘口吸虫（*E. luisreyi*）	头棘中背角棘较小，腹角棘较大，排泄孔位于虫体背部，虫卵大小为（89～113）μm×（65～82）μm，头棘37枚	尾蚴体部大小为417μm×181μm，囊蚴直径为171μm	南美洲（巴西）
宫川棘口吸虫	虫体体部长，头领发达，腹吸盘较小，睾丸呈边缘缺刻的圆形，阴茎囊扩展至腹吸盘中间，虫卵大小为95μm×60μm，头棘37枚	尾蚴体部大小为（312～340）μm×（146～203）μm，具有6个穿透腺孔，囊蚴直径为144～154μm	欧洲（保加利亚、捷克）、亚洲（日本、越南）
帕氏棘口吸虫（*E. paraensei*）	5～11枚背棘比其他头棘小，虫卵大小为（104～122）μm×（74～86）μm，头棘37枚	尾蚴体部大小为（228～275）μm×（117～136）μm，具有6～8个穿透腺，囊蚴直径为132～148μm	南美洲（巴西）
次茎棘口吸虫（*E. parvocirrus*）	虫体卷曲，较小，虫卵大小为（101～115）μm×（55～70）μm，头棘37枚	尾蚴体部大小为（300～410）μm×（120～150）μm，具有6个穿透腺，囊蚴直径为130～150μm	西印度群岛（瓜德罗普岛）

（续）

虫种	成虫和虫卵	幼虫	分布
卷棘口吸虫	阴茎囊扩展至腹吸盘中间，睾丸呈边缘光滑或稍有缺刻圆形或椭圆形，虫卵大小为（88～113）μm×（61～74）μm，头棘37枚	尾蚴体部大小为（265～315）μm×（128～154）μm，具有4个穿透腺，囊蚴直径为132～154μm	欧洲、亚洲、北美洲
三卷棘口吸虫（*E. trivolvis*）	虫体较肥厚，阴茎囊扩展至腹吸盘中间，睾丸呈边缘光滑或稍缺刻的椭圆形，虫卵大小为（90～130）μm×（60～70）μm，头棘37枚	尾蚴体部大小为（300～450）μm×（150～250）μm，具有6个穿透腺，囊蚴直径为135～170μm	北美洲、南美洲（巴西）
日本棘隙吸虫	虫体小，呈长椭圆形，睾丸呈横卵圆形，前后相接排列，虫卵卵圆形，金黄色，大小为（72～80）μm×（50～57）μm，头棘24枚	尾蚴体（11～17）μm×（7～10）μm，具有6对感觉毛，7对穿透腺，囊蚴大小为（61～78）μm×（50～64）μm	中国、日本、朝鲜
曲领棘缘吸虫	虫体小，长叶形，浅黄色，睾丸位于虫体后半部，呈长椭圆形，边缘完整或稍微有凹陷，前后相接排列，前睾丸大小为（450～660）μm×（210～380）μm，后睾丸大小为（450～720）μm×（250～380）μm，虫卵椭圆形，淡黄色，大小为（94～106）μm×（58～68）μm，头棘45枚	尾蚴2～152体部大小为（305～360）μm×（132～152）μm，囊蚴直径为138～152μm	中国、日本、菲律宾、马来西亚、印度尼西亚、欧洲、美洲
接睾棘口吸虫	虫体长叶形，头部狭小，后部宽大，睾丸位于体后部，中部凹陷呈“工”字形，前后排列，前睾丸大小为（560～640）μm×（800～1040）μm，后睾丸大小为（680～720）μm×（720～800）μm，虫卵大小为（104～108）μm×（56～60）μm，头棘37枚	尾蚴体部大小为（240～320）μm×（100～140）μm，囊蚴直径为140～156μm	中国、欧洲、捷克、斯洛伐克
似锥低颈吸虫	虫体肥厚，黄红色，头端钝圆，腹吸盘处最宽，腹吸盘后逐渐变狭窄，睾丸呈腊肠样，前后排列，前睾丸大小为（510～1140）μm×（230～460）μm，后睾丸大小为（550～1300）μm×（210～480）μm，头棘49枚	尾蚴体部呈椭圆形，大小为（350～440）μm×（220～230）μm，头领明显，囊蚴圆形或不正圆形，大小为（121～139）μm×（112～131）μm	中国、东南亚、欧洲、非洲

2. 分子生物学鉴定方法　运用于棘口吸虫分类的分子标记基因有核糖体内第二转录间隔区（ITS2）、线粒体细胞色素 C 氧化酶 1（COX1）和线粒体 NADH 脱氢酶亚基 I（ND1），对待测样品进行扩增测序，获得的序列经 DNAstar 软件处理和人工校正后，于 NCBI 网站进行比对，即可获得精确的鉴定结果。

COX1 引物（Bowles，1993）：

上游引物 JB3：5′-TTTTTTGGGCATCCTGAGGTTTAT-3′；

下游引物 JB13：5′-TCATGAAAACACCTTAATACC-3′。

ND1 引物：

上游引物 JB11：5′-AGATTCGTAAGGGGCCTAATA-3′；

下游引物 JB12：5′-ACCACTAACTAATTCACTTTC-3′。

ITS2 引物（Boeles，1995）：

上游引物 3S-F：5′-GGTACCGGTGGATCACTCGGCTCGTG-3′；

下游引物 A28-R：5′-GGGATCCTGGTTAGT TTCTTTTC CTCCGC-3′。

反应总体积为 25μL：10×buffer 为 2.5μL；$MgCl_2$ 为 2.5μL；dNTP 为 2μL；上下游引物各 0.5μL（10μmol/L）；*Taq* 聚合酶为 0.25μL；模板 DNA 为 2μL；ddH_2O 补足至 25μL。

反应条件为：94℃ 5min；94℃ 45s，56℃ 45s，72℃ 1min，32 个循环；72℃ 10min。

（八）其他鉴定方法

有研究者试图从细胞和虫体的生化方面对虫体进行鉴定，Richaed（1987）和 Barseine（1991）分析了卷棘口吸虫、卡氏棘口吸虫和园圃棘口吸虫的染色体，发现卷棘口吸虫和卡氏棘口吸虫的染色体为 11 对，而园圃棘口吸虫只有 10 对。Voltz（1988）分析了卡氏棘口吸虫和李氏棘口吸虫的同工酶，提出这两种虫体是另外一种虫体的不同变异种。部分学者开展分析虫体生化指标的方式来鉴定虫体（Fried，1970，1978；Baileyjr，1977），但并未能取得较好的效果，对于此类鉴定方法还需更进一步的研究。

参　考　文　献

陈德基．1982. 棘口吸虫的人体感染［J］．云南医药，6.

陈心陶．1985. 中国动物志・扁形动物门・吸虫纲［M］．科学出版社：495.

汪天平，肖祥．1992. 安徽和县陈桥州人体藐小棘隙吸虫流行区的发现［J］．中国人兽共患病学报，(3)：32-33.

汪天平，袁鸿昌，徐伏牛．1996. 人体棘口吸虫病研究进展［J］．中国寄生虫病防治杂志，9（4）：304-306.

许隆祺，陈颖丹，孙凤华，等．2005. 全国人体重要寄生虫病现状调查报告［J］．中国寄生虫学与寄生虫病杂志，23（5 suppl）：332-340.

杨磊．2015. 小土蜗螺中食源性吸虫种类调查［D］．广西南宁：广西大学动物科学技术学院．

Baileyjr R，Fried B. 1977. Thin layer chromatographic analyses of aminoacids in *Echinostoma revolution*（Trematoda）adults［J］. Int J Parasitol，4：97-99.

Bandyopadhyay AK，Nandy A. 1986. A preliminary observation on the prevalence of echinostomes in tribal community near Calcutta［J］. Ann Trap Med Parasitol，80：373-375.

Barseine，Kiseliend. 1991. Karyological studies of Trematodes within the genus *Echinostoma*［J］. Acta Parasitologica Polonica，36：25-30.

Boeles J，Blair D，Mcmanus D P. 1995. A molecular phylogeny of the human schistosomes［J］. Mol Phylogenet Evol，4（2）：103-109.

Bowles J. 1993. Genetic approaches to the identifcation and evolutionary study of helminth parasites［M］. Ph. D. dissertation1993，University of Queensland，Australia.

Camey W P，Sudomo M，Pumomo. 1980. Echinostomiasis：A disease that disappeared［J］. Trop Geogr Med，32：106-111.

Carney W P，Sudomo M，Purnomo A. 1991. Echinostomiasis：a snail-borne intestinal trematode zoonosis［J］. Southeast Asian J Trop Med Public Health，22：206-211.

Chai J Y，Hong S T，Lee S H，et al. 1994. A case of Echinostomiasis with ulcerative lesions in the duodenum［J］. Korean J Parasitol，32（3）：201-204.

Cross JH. 1984. Changing patterns of some trematode infections in Asia［J］. Arzneimittelforschung，34（9B）：1224-1226.

Dixon B R，Flohr R B. 1996. Fish-and shellfish--borne trematode infections in Canada［J］. Southeast Asian J Trop Med Public Health，28（Suppl 1）：58-64.

Eastburn R L，Fritsche T R，Terhune C A. 1987. Human intestinal infection with *Nanophyetus salminocola* from salmonoid fishes［J］. Am J Trop Med Hyg，36：586-591.

Fried B，Boddorff J M. 1978. Neutral lipids in *Echinostoma revolutum*（Trematoda）adults［J］. J Parasitol，64，174-175.

Fried B，Morrone L J. 1970. Histochemical lipid Studies on *Echinostoma revolutum*［J］. Proceedings of the Helminthological Society of Washington，37：122-123.

Hong S T，Chai J Y，Lee S H. 1989. Echinostomiasis in Korea. Proceedings of the Korea-US Conference on Application of Biotechnology on the Study of Animal Parasites and their Vectors [J] . Seoul: Institute of Tropical Medicine, Yonsei University, 55-58.

Jung W T, Lee K J, Kim H J, *et al*. 2014. A Case of *Echinostoma cinetorchis* (Trematoda: Echinostomatidae) Infection Diagnosed by Colonoscopy [J] . Korean J Parasitol, 52 (3): 287-290.

Kanev I. 1994. Life-cycle, delimitation and redescription of *Echinostoma revolutum* (Froelich, 1802) (Trematoda: Echinostomatidae) [J] . Syst Parasitol, 28: 125-144.

Kusharyono C, Sukartinah S. 1991. The current states of food-borne parasitic zoonoses in Indonesia [J] . Southeast Asian J Trop Med Public Health, 22: 8-10.

Lee S H, Chai J Y, Hong S T, *et al*. 1990. Experimental life history of *Echinostoma cinetorchis* [J] . Korean J Parasitol, 28: 39-44.

Li X. 1991. Food-borne parasitic zoonoses in the People' s Republic of China [J] . Southeast Asian J Trop Med Public Health, 22: 31-35.

Monzon R B, Kitikoon V. 1989. *Lymnaea* (*Bullastra*) *cumingiana Pfeiffer* (Pulmonata: Lymnaeidae): second intermediate host of *Echinostoma malayanum* in the Philippines [J]. Southeast Asian J Trop Med Public Health, 20 (3): 453-460.

Poland G A, Navin T R, Sarosi G A. 1985. Outbreak of parasitic gastroenteritis among travelers returning from Africa [J] . Arch Intern Med, 145: 2220-2221.

Radoymos P, Bunnag D, Harinasuta T. 1982. *Echinostoma ilocanum* (Garrison, 1908) Odhner, 1911, infection in man in Thailand [J] . Southeast Asian J Trop Med Pub lie Health, 13: 265-269.

Richard J, Voltz A. 1987. Preliminary data on the chromosome of *Echinostoma caproni* , Richard, 1964 (Trematoda: Echinostomatidae) [J] . Syst Parasitol, 9: 69-72.

Rim H J. 1982. Intestinal trematodiasis. //Hillyer GV, Hopla CE, eds. CRC Handbook Series in Zoonoses [M] . Boca Raton, FL: CRC Press, 53-69.

Seo B S, Cho S Y, Chai J Y. 1980. Studies on intestinal trematodes in Korea. I. A human case of *Echinostoma cinetorchis* infection with an epidemiological investigation [J] . Seoul J Med, 21: 21-29.

Shekhar K C. 1991. Epidemiologcal assessment of parasitic zoonoses in Malaysia [J]. Southeast Asian J Trop Med Public Health, 22 (supply): 337-339.

Sommani S. 1969. Echinostomiasis in Thailand: A review. In: Proceedings of the Fourth Southeast Asian Seminar on Parasitology and Tropical Medicine: Schistosomiasis and Other Snail Transmitted Helminthiasis [J] . Southeast Asian J Trop Med Public Health, 1: 171-175。

Sorensen R, Minchella D. 1998. Parasite influences on host life history: *Echinostoma revolutum* parasitism of Lymnaea elodes snails [J] . Oecologia, 115: 188-195.

Thaddeus K, Graczyk, Fried B. 1998. Echinostomaiasis: A common but forgotten food-borne disease [J] . Am J Trop Hyg, 58 (4): 501-504.

Ujiie N. 1963. On the structure and development of *Echinochasmus japonicas* and its paratism in man [J] . J Med Assoc Formosa, 35: 525-546.

Voltz A, Richard J, Pesson B, *et al*. 1988. Isoenzyme analysis of *Echinostoma liei*: Comparison and hybridization with other African species [J] . Exp Parasitol, 66, 13-17.

九、徐氏拟裸茎吸虫

徐氏拟裸茎吸虫是一种候鸟的寄生虫，可以感染人。因其虫体和虫卵较小，人感染的状况一直未被关注。1988 年韩国首次发现一位胰腺炎女患者粪便中有一种从未见过且大小仅为 20～25μm×11～15μm 的虫卵。经驱虫治疗，共驱出 1 000 多条大小只有 0.33～0.50 mm×0.23～0.33mm 的成虫。根据问诊了解其感染途径，主要是生食牡蛎。后研究发现该病广泛分布在韩国沿海和岛屿。其中 1989 年 Aphaedo island 居民感染率为 49.10%，1997 年为 71.13%，2000 年仍为 72.10%。我国尚未有此病报道，但东南沿海居民也有生食牡蛎的习惯，加之水产品进出口日益频繁，有必要加强对此病的调查及防范。

（一）病原分类

徐氏拟裸茎吸虫（*Gymnophalloides seoi* Lee，Chai and Hong，1993）隶属于扁形动物门（Platyhelminthes），吸虫纲（Trematoda），复殖亚纲（Digenea），斜睾目（Plagiorchiida），裸茎总科（Gymnophalloidea），裸茎科（*Gymnophallidae* Odhner，1905）。目前公认裸茎科有 7 个属，其中 4 个属分属于裸茎亚科（*Gymnophallinae*），包括裸茎属（*Gymnophallus* Odhner，1900）、副拟裸茎属（*Paragymnophallus* Ching，1973）、伪拟裸茎属（*Pseudogymnophallus* Hoberg，1981）和巴尔托利属（*Bartolius* Cremonte，2001）；其余 3 个属分属于殖吸亚科（*Parvatrematinae*），包括殖吸属（*Parvatrema* Cable，1953，同物异名：*Meiogymnophallus* Ching，1965）、腹凹属（*Lacunovermis* Ching，1965）和拟裸茎属（*Gymnophalloides* Fujita，1925）（Cremonte，2015）。

（二）宿主

自然终末宿主包括蛎鹬、涉水鸟和人。徐氏拟裸茎吸虫成虫可以寄生在涉水候鸟-蛎鹬，其感染率可达 71.4%。每只蛎鹬可检获成虫 302～1 660 条（平均 892 条）。其他野生鸟类也是自然终末宿主。实验证明，有 3 种鸻（plover）能感染徐氏拟裸茎吸虫，易感性依次为英国肯特郡环颈鸻（*Charadrius alexandrines*）、蒙古鸻（*C. mongolus*）和灰色的黑腹鸻（*Phuvialis squatarola*）。

韩国学者在韩国境内16、17世纪古尸粪便中发现徐氏拟裸茎吸虫虫卵，证明该虫很早即是人的寄生虫（Seo *et al.*，2008；Shin *et al.*，2012）。

此外，人工感染实验发现沙土鼠、仓鼠、猫较为易感，大鼠、狗、豚鼠易感性较低。不同品系的小鼠对徐氏拟裸茎吸虫易感性各不相同，KK小鼠最易感，其次是C3H/HeN小鼠（Lee，1997）。

第一中间宿主未知，第二中间宿主为牡蛎。至今尚未发现其他软体动物感染。韩国新安郡（Shinan-gun）海域的牡蛎均带有本虫后尾蚴（metacercariae）（因拟裸茎吸虫metacercariae不结囊，故此文不译为囊蚴）。后尾蚴通过发达的口吸盘主要吸附在牡蛎咬合部被膜表面（外套膜的外皮层上皮），感染较多时可散播到牡蛎口部，通常成群寄生，虫体多的部位肉眼可见白色斑点，对应的牡蛎壳上带有棕色的脱色斑（详见诊断与鉴定方法，Lee *et al.*，2001）。

（三）生活史

徐氏拟裸茎吸虫胞蚴至尾蚴的发育过程及其第一中间宿主尚不明了，根据其他拟裸茎吸虫生活史推测其第一中间宿主可能也是牡蛎。成虫寄生于宿主小肠。

（四）感染途径及危害

在自然环境中，存在中间宿主牡蛎和自然终末宿主蛎鹬的区域可能就有徐氏拟裸茎吸虫分布，此处居民若有生食牡蛎的饮食习惯，就有机会发生人群感染，出现徐氏拟裸茎吸虫病流行。

徐氏拟裸茎吸虫引起的病理变化，与宿主的易感性、感染虫数及寄生部位密切相关。

致病作用主要是虫体口吸盘吸吮小肠绒毛引起的机械损伤。研究发现成虫发达的口吸盘吸住小肠黏膜，导致绒毛萎缩、滤泡增生，并伴有炎症反应。人工感染健康C3H/HeN小鼠时，感染度低，病理损害较轻，不引起黏膜溃疡、寄生部位出血等。但在免疫抑制小鼠中，虫体可严重损害肠绒毛层，并侵入到黏膜下层。人体感染徐氏拟裸茎吸虫后，出现腹痛、腹泻、消化不良、发热、消瘦、无力、便秘、反应迟钝、视力减退等症状。有的伴随出现干渴、烦渴、多尿等糖尿病症状，血尿淀粉酶水平在正常范围。徐氏拟裸茎吸虫病缺乏特征性临床症状，加上成虫每日排卵数低，虫卵小，粪检查卵极易漏诊，需服用吡喹酮后灌肠淘粪找到成虫得以确诊。

人感染徐氏拟裸茎吸虫通常无典型症状表现。可能出现急性胰腺炎、胃部不适、易疲劳、上腹部不适、消化不良、腹泻、右上肢疼痛、厌食等表现（Lee *et al.*，1993；Case *et al.*，1995；Seo *et al.*，2006）。

（五）寄生虫的抵抗力

辐照研究证明，200～1 000Gy γ 射线照射能有效控制徐氏拟裸茎吸虫后尾蚴的感染性（Chai *et al.*，1996）。

（六）分布

徐氏拟裸茎吸虫在韩国分布极广，一些岛屿的牡蛎后尾蚴感染率高达100%。该病流行范围遍及韩国西北至东南沿岸岛屿。一次全国性的调查发现，黄海、南海 45 个岛屿中 22 个岛屿（48.9%）均发现粪检阳性者，人群总感染率为 3.8%（160/4178），60～69 岁年龄组感染率最高，0～19 岁年龄组最低。2000 年韩国押海岛（Aphaedo island）居民该虫感染率高达 72.0%。

韩国学者近期研究揭示徐氏拟裸茎吸虫感染的流行率范围是 10%～78%。驱虫后得到的虫荷数据为 1 006～26 373 条/人。进一步的研究显示虫荷范围为 94～69 125 条/人，平均 10 344 条/人。平均每克粪便含虫卵 1 015 个。感染与年龄有很大关系：59～69 岁的人群感染率（83.3%）明显高于其他年龄阶段。95%的患者是 40 岁以上；女性感染率（70.4%）比男性略高（46.7%）（Lee *et al.*，1993，1994，2001；Chai *et al.*，2000，2001，2003；Fried *et al.*，2004；Park *et al.*，2007；Toledo，2012）。

全罗南道（Jeollanam-do）被确定为徐氏拟裸茎吸虫一个新的流行疫区，人群徐氏拟裸茎吸虫感染率达 57.9%（33/57）。在海南郡（Haenam-gun）、灵岩郡（Yeongam-gun）和丽水白岛等三个地区进行的流行病学调查显示：徐氏拟裸茎吸虫虫卵阳性率分别为：海南郡地区 24.1%（14/58）、灵岩郡地区 9.3%（11/118）。吡硅酮驱虫后，17 个病人体内共驱出 37 761 条虫，其中徐氏拟裸茎吸虫 37 489 个。结果表明这个区域是一个新的流行疫区（Guk *et al.*，2006）。

捕食牡蛎的鸟是候鸟，因而推测徐氏拟裸茎吸虫也可能分布在与韩国相邻的沿海区域，例如中国、日本和俄罗斯东海岸。尽管我国尚未有病例报道，是否有徐氏拟裸茎吸虫分布，有待于深入调查研究。对于流行区海域进口的生牡蛎也应检查徐氏拟裸茎吸虫后尾蚴。

（七）诊断及鉴定方法

1. 形态学鉴定

成虫：前端椭圆形或者圆形，后端略尖，体长 0.33～0.50（0.42）mm，中部宽 0.23～0.33（0.28）mm。口吸盘大，肌性，两边各有一明显的侧凸。咽发育良好，肌性，食道短，肠支成囊状，通常仅达虫体中部。腹凹是拟裸颈吸虫属的特征性结构，位于腹吸盘前，中等大小，横径较长，周围有肌纤维环绕。腹吸盘圆形，位于虫体后端 1/4～1/5 处。吸盘宽度比 1∶0.419～0.579。睾丸 2 个，卵圆形，左右对称，位于腹凹和腹吸盘之间。储精囊位于肠支和腹凹间，通常分相连的两部分。前列腺发育良好，从腹后部达储精囊。生殖孔不明显，开口在腹吸盘前缘，无肌纤维围绕。卵囊椭圆形，在右侧睾丸前方。劳氏管开口于虫体背侧。卵黄腺 2 个，致密块状，分叶少。子宫盘曲，大多数位于虫体中部 1/3 处。排泄囊呈 V 形，可达口吸盘（图 1－66）。

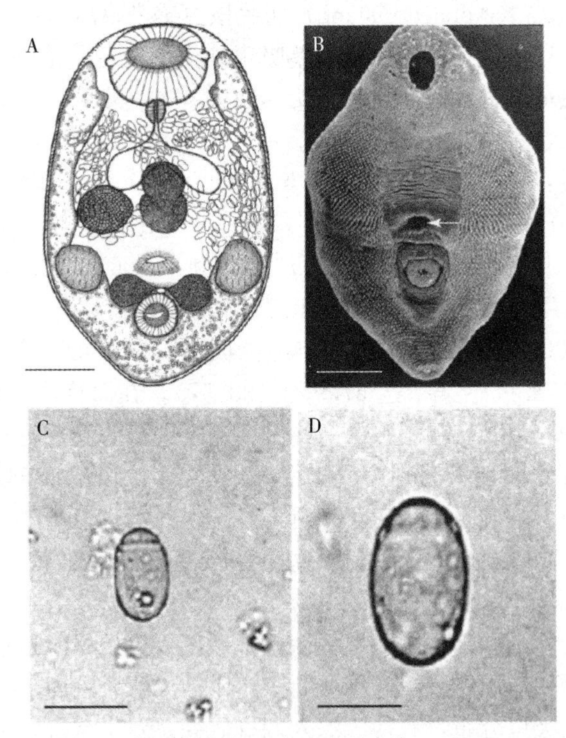

图 1－66　徐氏拟裸茎吸虫成虫及虫卵（Chai，2003）

A. 模式图　B. 成虫扫描电镜示腹面外观，口、腹吸盘，箭头指处为腹凹　C. 虫卵　D. 虫卵虫卵：虫卵很小，椭圆形，卵壳薄而透明似小水泡；大小为（11～15）μm×（20～25）μm，有一薄的透明卵盖。因为徐氏拟裸茎吸虫虫卵比华支睾吸虫、横川后殖吸虫或者其他的异形吸虫的虫卵都小，一般的粪便检测法不易检测出虫卵。如果检测者经验不丰富，虫卵可能被忽视或者误诊为气泡等。即使虫卵被检测到，也需要收集到成虫才能准确鉴定，因为不同种的拟裸茎吸虫虫卵在形态学上很相似（Chai *et al.*，2003）。

后尾蚴较小，（205～258）μm×（310～386）μm，不结囊，呈卵形或梨形，口吸盘比腹吸盘大2～3倍。生殖孔不明显，开口在腹吸盘前缘，无明显肌纤维，卵巢和睾丸在虫体后1/3处，由于分泌颗粒掩盖而不容易看见，排泄囊V字形，可达口吸盘水平，内含许多细小的遮光颗粒。扫描电镜观察发现成虫2/3体表密集宽而末端尖的体棘，后尾蚴体表布满窄而尖的体棘，该虫成虫和后尾蚴体表只有单一的Ⅰ型单纤毛感觉乳突。透射电镜观察发现随着虫体的生长发育，体棘数逐渐增多；口吸盘肌束特别发达，合胞层的基底膜也较厚，有丰富的液泡和线粒体，还有糖原颗粒（图1-67、图1-68、图1-69）（Chai *et al.*，2003；Cremonte，2013）。

对于牡蛎中收集到的后尾蚴可以培养到成虫用于鉴定，或其他研究。用NCTC109培养液加20%胎牛心血，在41℃，含5%～8%的二氧化碳条件下体外培养或用后尾蚴人工感染小鼠可以得到成熟排卵的虫体（Kook *et al.*，1997）。

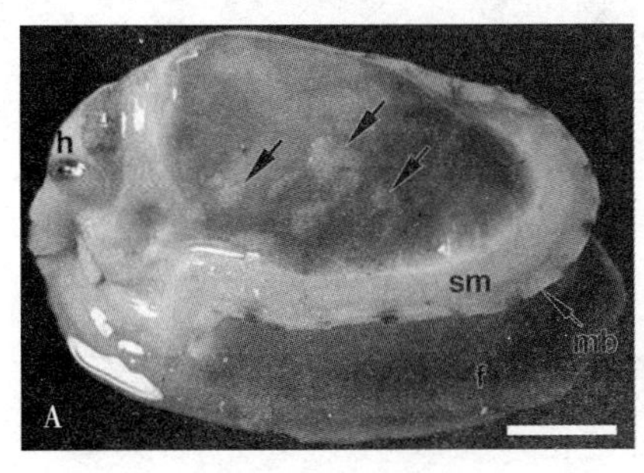

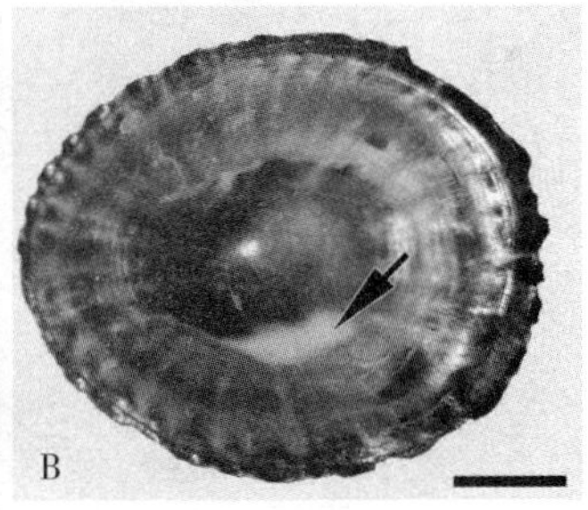

图1-67　受感染的牡蛎（Cremonte，2013）

A. 受感染的牡蛎内部景象，后尾蚴集中于牡蛎外套膜上（箭头指示处）　B. 后尾蚴群集的软体部正上方的内壳表面异常钙质沉积（箭头指示）　f：足　h：头　mb：壳背边缘　sm：壳肌（比例尺：10 mm）

2. 分子生物学诊断　基于18S rRNA区序列设计特异性引物Tre-18，运用PCR-RFLP方法对横川后殖吸虫（*Metagonimus yokogawai*）、前肠肾形吸虫（*Pygidiopsis summa*）、连结拟异吸虫（*Heterophyopsis continua*）、华支

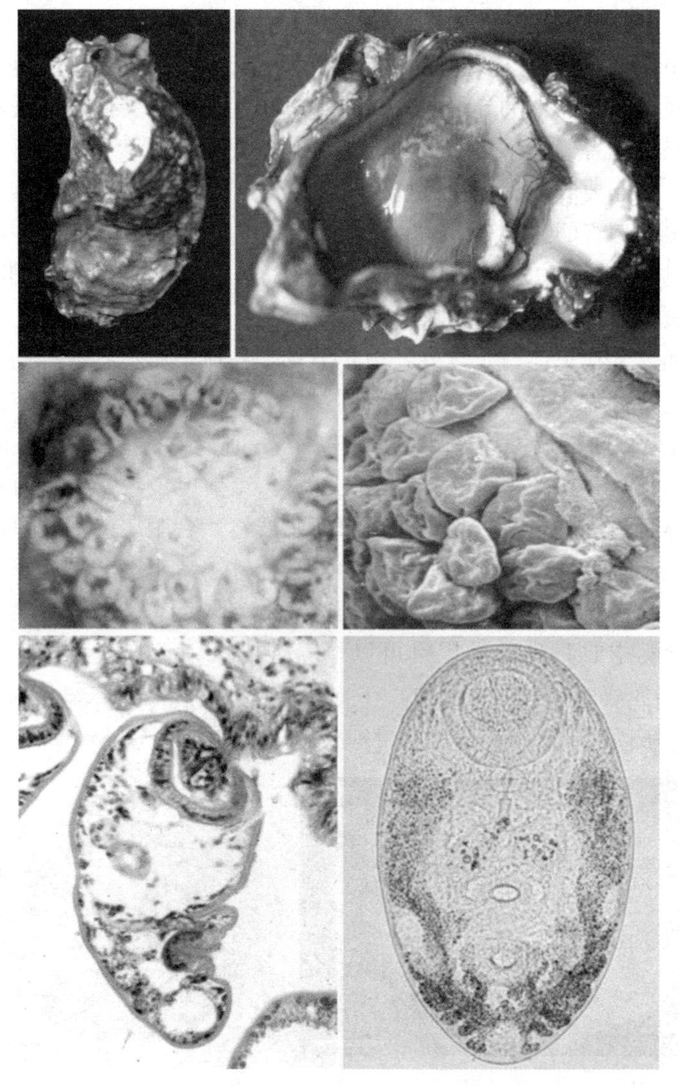

图 1－68　在中间宿主体内的徐氏拟裸茎吸虫后尾蚴（Chai，2003）

左上：在流行地区自然条件下可用的牡蛎；

右上：受感染的牡蛎内部景象，后尾蚴集中于牡蛎外套膜上（箭头指示处）；

左中：牡蛎外套膜上感染的后尾蚴集团；

右中：扫描电镜下牡蛎外套膜上感染的后尾蚴集团；

左下：一个后尾蚴以口吸盘吸附在牡蛎外套膜上外表皮部；

右下：这是一个新鲜的后尾蚴，轻压后腹面观，显示口吸盘（OS），腹侧坑（VP）和腹吸盘（VS）

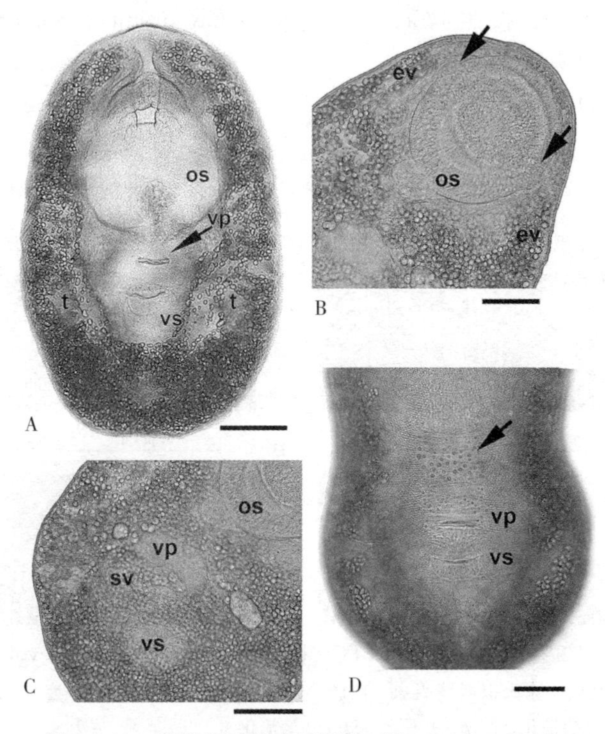

图 1-69　拟裸茎属吸虫后尾蚴（Cremonte，2013）

A. 腹面观，口吸盘呈回缩状（比例尺：40μm）　B. 口吸盘位于虫体前端，具有外翻侧唇（箭头指示），分叉树枝状排泄囊（比例尺：40μm）　C. 腹吸盘，腹侧坑，精囊（比例尺：40μm）　D. 中后部腹面观，口吸盘与腹吸盘之间分布有乳头（箭头指示）（比例尺：30μm）　ev：排泄囊　os：口吸盘　vp：腹侧坑　vs：腹吸盘　t：睾丸　sv：精囊

睾吸虫（*Clonorchis sinensis*）和徐氏拟裸茎吸虫（*G. seoi*）5 种吸虫进行鉴定。如图 1-70，表 1-21 所示，PCR 扩增产物经 *Acc*1、*Ava* 2、*Msp*1 和 *HinfI* 酶消化后，各虫种可以得到不同片段大小的条带（Pyo *et al.*，2013）。

上游引物 Tre-18（F）：5′-GATAACGGGTAACGGGAAT-3′；

下游引物 Tre-18（R）：5′-AACCTCTGACTTTCGCTCCA-3′。

目的片段长度：

733bp（徐氏拟裸茎吸虫，GenBank 登录号：JQ955636-9）；

739 bp（华支睾吸虫，GenBank 登录号：JQ955640-2）；

738 bp（连结拟异吸虫，GenBank 登录号：JQ955643-6）；

739 bp（前肠肾形吸虫，GenBank 登录号：JQ955647-955651）；

739 bp（横川后殖吸虫，GenBank 登录号：JQ955652-6）。

PCR 反应体系：按照 PCR 试剂盒（2xPCR premix；Solgent Inc.，Daejeon，Korea）说明完成。

反应条件为：95℃ 2min；95℃ 20s，55℃ 30s，72℃ 1min，35 个循环；72℃ 5min。

*Acc*1、*Ava* 2、*Msp*1 和 *HinfI* 酶切反应按照试剂盒说明完成。

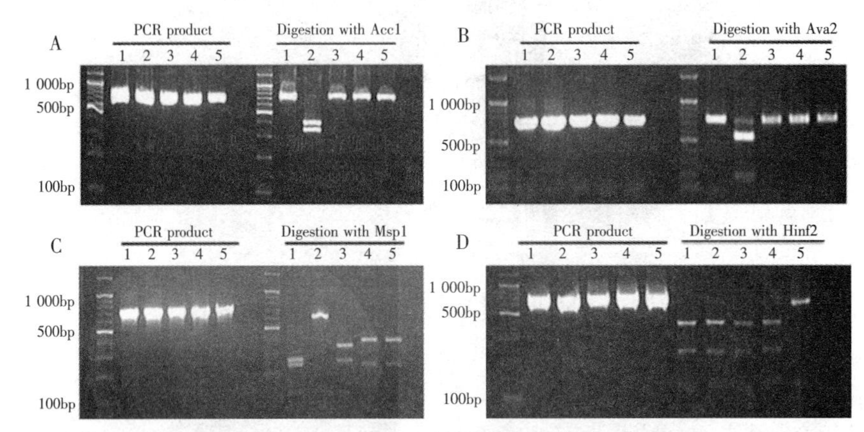

图 1-70 5 种吸虫 18S rRNA PCR 扩增产物的酶切电泳图（Pyo，2013）

1～5. 华支睾吸虫、徐氏拟裸茎吸虫、前肠肾形吸虫、横川后殖吸虫、连结拟异吸虫 A～D：*Acc*1 酶消化、*Ava* 2 酶消化、*Msp*1 酶消化、*HinfI* 酶消化

表 1-21 5 种吸虫 18S rRNA 基因 PCR-RFLP 扩增产物酶切片段大小

虫种	预期酶切片段大小（bp）			
	*Acc*1	*Ava* 2	*Msp*1	*HinfI*
华支睾吸虫	—	—	271 240	382 217 110
徐氏拟裸茎吸虫	400 333	500 233	—	382 217 110
前肠肾形吸虫	—	—	352 263	382 217 110
横川后殖吸虫	—	—	397 240	382 217 110
连结拟异吸虫	—	—	397 239	—

注：“—”表示扩增产物未能被消化切割。

参 考 文 献

Case D. 1995. Two cases of *Gymnophalloides seoi* infection accompanied by diabetes mellitus [J]. *Korean J Parasitol*, 33 (1): 61-64.

Chai J Y, Choi M H, Yu J R, *et al*. 2003. Gymnophalloides seoi: a new human intestinal trematode [J] . *Trends Parasitol*, 19 (3): 109-112.

Chai J Y, Han M S, Seo M, *et al*. 1996. Effects of gamma-irradiation on the survival and development of *Gymnophalloides seoi* in C3H mice [J] . *Korean J Parasitol*, 34: 21-26.

Chai J Y, Lee G C, Park Y K, *et al*. 2000. Persistent endemicity of *Gymnophalloides seoi* infection in a southwestern coastal village of Korea with special reference to its egg laying capacity in the human host [J] . *Korean J Parasitol*, 38 (2): 51-57.

Chai J Y, Park J H, Han E T, *et al*. 2001. A nationwide survey of the prevalence of human *Gymnophalloides seoi* infection on western and southern coastal islands in the Republic of Korea [J] . *Korean J Parasitol*, 39 (1): 23-30.

Cremonte F, Gilardoni C, Pina S, *et al*. 2015. Revision of the family Gymnophallidae Odhner, 1905 (Digenea) based on morphological and molecular data [J] . *Parasitol Int*, 64 (2): 202-210.

Cremonte F, Pina S, Gilardoni C, *et al*. 2013. A new species of gymnophallid (Digenea) and an amended diagnosis of the genus *Gymnophalloides* Fujita, 1925 [J] . *J Parasitol*, 99 (1): 85-92.

Fried B, Graczyk T K, Tamang L. 2004. Food-borne intestinal trematodiases in humans [J]. *Parasitol Res*, 93 (2): 159-170.

Guk S M, Park J H, Shin E H, *et al*. 2006. Prevalence of *Gymnophalloides seoi* infection in coastal villages of Haenam-gun and Yeongam-gun, Republic of Korea [J] . *Korean J Parasitol*, 44 (1): 1-5.

Kook J, Lee S H, Chai J Y. 1997. In vitro cultivation of *Gynvriophalioides seoi* metacercariae (Digenea: Gymnophallidae) [J] . *Korean J Parasitol*, 35 (1): 25-29.

Lee S H, Chai J Y, Hong S T. 1993. *Gymnophalloides seoi n. sp.* (Digenea: Gymnophallidae), the first report of human infection by a gymnophallid [J] . *J Parasitol*, 79 (5): 677-680.

Lee S H, Chai J Y. 2001. A review of *Gymnophalloides seoi* (Digenea: Gymnophallidae) and human infections in the Republic of Korea [J] . *Korean J Parasitol*, 39 (2): 85-118.

Lee S H, Park S K, Seo M, *et al*. 1997. Susceptibility of various species of animals and strains of mice to *Gymnophalloides seoi* infection and the effects of immunosuppression in C3H/HeN mice [J] . *J Parasitol*, 83 (5): 883-886.

Park J H, Guk S M, Shin E H, *et al*. 2007. A new endemic focus of *Gymnophalloides seoi* infection on Aphae Island, Shinan-gun, Jeollanam-do [J] . *Korean J Parasitol*, 45 (1): 39-44.

Pyo K H, Kang E Y, Hwang Y S, *et al*. 2013. Species identification of medically important trematodes in aquatic food samples using PCR-RFLP targeting 18S rRNA [J]. *Foodborne*

Pathog Dis, 10 (3): 290-292.

Scholz T. 2002. Family Gymnophallidae Odhner, 1905 [J] . *Keys to the Trematoda*, 1: 245-251.

Seo M, Chun H, Ahn G, *et al*. 2006. A case of colonic lymphoid tissue invasion by *Gymnophalloides seoi* in a Korean man [J] . *Korean J Parasitol*, 44 (1): 87-89.

Seo M, Shin D H, Guk S M, *et al*. 2008. *Gymnophalloides seoi* eggs from the stool of a 17th century female mummy found in Hadong, Republic of Korea [J] . *J Parasitol*, 94 (2): 467-472.

Shin D H, Oh C S, Chai J Y, *et al*. 2012. Sixteenth century *Gymnophalloides seoi* infection on the coast of the Korean Peninsula [J] . *J Parasitol*, 98 (6): 1283-1286.

Toledo R, Esteban J G, Fried B. 2012. Current status of food-borne trematode infections [J]. *Eur J Clin Microbiol Infect Dis*, 31 (8): 1705-1718.

十、裂头绦虫

裂头绦虫病和裂头蚴病都是重要的食源性人兽共患病，在各种鱼、蛙、蛇、鸟类及散养猪均有很高的感染率。随着人们食用上述动物的机会日渐增多，人类感染裂头绦虫和裂头蚴病的数量也在不断上升。尤其裂头蚴病已成为严重的公共卫生安全问题。

（一）病原分类

裂头绦虫是假叶目（Pseudophyllidea），裂头科（Diphyllobothriidea）绦虫的总称。裂头科下的裂头属（*Diphyllobothrium* Cobbold，1858）、迭宫属（*Spirometra* Faus，Campbell & Kellogg，1929）、大复殖孔属（*Diplogonoporus* Lönnberg，1892）是分别导致人类裂头蚴病（diphyllobothriasis）重要的三个属。

裂头属种类较多，其中记载可感染人体的种类主要有：阔节裂头绦虫（*Diphyllobothrium latum*（Linnaeus，1758）Lühe，1899）、达勒裂头绦虫（*D. dalliae* Rausch，1956）、枝形裂头绦虫（*D. dendriticum* Nitzsch，1824）、熊裂头绦虫（*D. ursi* Rausch，1954）、阿拉斯加裂头绦虫（*D. alascense* Rausch & Williamson，1958）、太平洋裂头绦虫（*D. pacifidum* Nybelin，1931）、矛形裂头绦虫（*D. lanceolatum* Krabbe，1865）、米子裂头绦虫（*D. yonagoensis* Yamane，1981）、喀麦隆裂头绦虫（*D. cameroni* Rausch，1969）、心形裂头绦虫（*D. cordatum* Leuckart，1863）、苏格兰裂头绦虫（*D. scoticum* Rennie & Reid，1912）、阔裂头绦虫（*D. hians* Diesing，1850）、日本海裂头绦虫（*D. nihonkaiense* Yamane *et al*，1986）、克氏裂头绦虫（*D. klebanovskii* Muratov & Posokhov，1987）等（吴观陵，2005）。

迭宫属中可感染人体的有两个种，分别为：欧猬迭宫绦虫（*Spirometra erinaceieuropaei* Rudolphi，1819）及拟曼氏迭宫绦虫（*S. mansonoides* Mueller，1935）。本书所参考的文献中提到的猬迭宫绦虫统一改为欧猬迭宫绦虫。大复殖孔属可感染人体的主要有大复殖孔绦虫（*Diplogonoporus grandis* Lühe，1899）。需要指出的是由大复殖孔属引起的一般称为复殖孔虫病（Diplogonoporiasis），而不是裂头蚴病。

（二）宿主

欧猬迭宫绦虫生活发育史中需要两个中间宿主的参与，第一中间宿主为剑水蚤，陈兴保（2002）报道在我国有19个种的剑水蚤可作为其第一中间宿主。最常见的第二中间宿主是蛙类和蛇，除此之外的其他脊椎动物多为转续宿主，但也有可能为第二中间宿主（界限很难判定）。易感蛙的种类很多，至少有14种，作为转续宿主的鸟类有6种，在鸡、鸭体内也发现有裂头蚴寄生。哺乳动物感染裂头蚴的也很多，其中包括犬科、猫科、鼬科、灵猫科及猪科等，总计有15种以上。详见表1-22。人在感染裂头蚴后，其地位类似与中间宿主，或转续宿主，但因为体内裂头蚴极少可能被终末宿主吃到；有时裂头蚴在人体中可以发育至成虫（裂头绦虫），此时人是终末宿主（袭明华，2009；刘宇明，2013）。

表1-22 欧猬迭宫绦虫和拟曼氏迭宫绦虫的宿主

	欧猬迭宫绦虫	拟曼氏迭宫绦虫
第一中间宿主（桡足类）	中国：近缘剑水蚤（*Cyclops affinis*）、白剑水蚤（*C. albidus*）、大剑水蚤（*C. magnus*）、近邻剑水蚤（*C. vicinus*）、锯缘剑水蚤（*C. serrulatus*）、长刺剑水蚤（*C. oithonoides*）、二刺剑水蚤（*C. bicuspidatus*）、绿剑水蚤（*C. viridis*）、半明剑水蚤（*C. diaphanous*）、毛饰剑水蚤（*C. fimbriatus*）、标志剑水蚤（*C. signatus*）、索尔剑水蚤（*C. soli*）、胸饰外剑水蚤（*Ectocyclops phaleratus*）、台湾温剑水蚤（*Thermocyclops taihokuensis*）、透明温剑水蚤（*T. hyalinus*）、等刺温剑水蚤（*T. kawamurai kikuchi*）、广布中剑水蚤（*Mesocyclops leuckarti*）、透明中剑水蚤（*M. hyalinus*）（Tang，1956，Li，1929，Zhao，1994） 澳大利亚：澳剑水蚤（*Cyclops australis*）、变色剑水蚤（*C. varians*）、长角隆哲水蚤（*Leptocyclops agilis*）、明确中剑水蚤（*Mesocyclops obsoletus*）（Pullar，1946） 英国：罗氏剑水蚤（*C. leuckarti*）	美国：剑水蚤（*Cyclops leuckarti*）、绿剑水蚤（*C. viridus*）、二棘剑水蚤（*C. bicuspidatus*）和剑水蚤（*C. vernalis*）（Beaver，1984；Mueller，1974）
第二中间宿主（两栖类）	中国：虎皮蛙（*Rana esculenta*）、豹蛙指名亚种（*R. pipiens pipiens*）、棘腹蛙（*R. boulengeri*）、沼蛙（*R. guentheri*）、泽蛙（*R. limnocharis*）、黑斑蛙（*R. nigromaculatus reinwardtii*）、金线蛙（*R. plancyi*）、虎斑蛙（*R. tigrina rugurosa*）、阔褶蛙（*R. latouchii*）、中国林蛙（*R. temporaria chinensis*）、双团棘胸蛙（*R. phrynoides*）、姬蛙（*Microhyla sowerbyi*）、饰纹姬蛙（*Microhyla ornata*）、无斑雨蛙（*Hyla arborea immaculata*）、中华大蟾蜍，*Bufo bufo gargarizans*、里眶蟾蜍（*B. melanostictus*）、北方狭口蛙（*Kalaula borealis*）、海南树蛙（*Rhacophorus oxycephalus*）、壮树蛙（*Rh. robustus*）（Zhao，1994；Hsu，1935；Sun，1992）	美国：牛蛙、绿池蛙（*Rana clamitans*）（Corkum，1966）

（续）

	欧猬迭宫绦虫	拟曼氏迭宫绦虫
第二中间宿主（两栖类）	越南：虎纹蛙（*Rana tigrina*）（Galliard，1948） 澳大利亚：雨蛙（*Hyla cacrulea*）、宽掌雨蛙（*H. latopalmata*）（Sander，1953） 俄罗斯：湖蛙（*Rana ridibunda*）（Kuperman，1981） 日本：牛蛙（*Rana catesbeiana*）（Miyazaki，1991） 乌拉圭：眼斑细趾蟾（*Leptodactylus ocellatus*）（Wolffhugel，1926）	
转续宿主或第二中间宿主	欧洲：西欧刺猬（*Erinaceus europaeus*） 中国：刺猬、貉、豹（*Felis pardus villosa*）（Hsu，1935）、绞花林蛇（*Boiga kracpeli*）、火赤链蛇（*Dinodon rufozonatum*）、王锦蛇（*Elaphe carinata*）、紫灰锦蛇（*E. prophyracea*）、里眉锦蛇（*E. taeniura*）、中国水蛇（*Enhydris chinensis*）、铅色水蛇（*E. plumbea*）、水赤链游蛇（*Natrix annularis*）、渔游蛇（*N. piscator*）、草游蛇（*N. stolata*）、虎斑游蛇大陆亚种（*N. tigerini lateralis*）、紫沙蛇（*Psammodynastes pulverulentus*）、灰鼠蛇（*Ptyas korros*）、滑鼠蛇（*P. mucosus*）、乌梢蛇（*Zaocys dhumnades*）、尖吻蝮（五步蛇）（*Deinagkistrodon acutus*）（同物异名：*Agkistrodon acutus*）、白眉蝮蛇（*Agkistrodon halys brevicaudus*）、白唇竹叶青（*Trimersutus albolabris*）、烙铁头（*T. mucosquamatus*）、竹叶青（*T. stejnegeri*）、银环蛇（*Bungarus multicinetus*）、眼镜蛇（*Naja naja*）、长吻海蛇（*Pelamis platurus*）、蝰蛇（*Vipera russelli*）、菜花原矛头蝮（*Protobothrops jerdonii*）、中国石龙蜥（*Eumeces chinensis*）、蝘蜓（*Sphenomorphus boulengeri*）、小鸦鹃（*Centropus bengalensis taktsukasai*）、黑卷尾（*Dicrurus macrocercus macrocercus*）、鸡、鸭、家雀（*Passer montanus saturatus*）、猫头鹰（*Bufo bufo kiantschensis*）、灰椋鸟（*Strunus cineraceus*）、蓝矶鸫（*Monticola solitaria philippensis*）、棕背伯劳（*Lanius schach*）、红尾伯劳（*L. cristatus*）、豹猫（*Felis bengalensis*）、板齿鼠（*Bandicota indica*）、黑家鼠（*Rattus rattus rattus*）、黄喉貂（*Martes flavigula*）、黄鼬（*Mustela sibirica*）、灰麝鼩（*Crocidura attenuata*）、臭鼩鼱（*Suncus murinus*）、猪、食蟹獴（*Herpestes urva*）、果子狸（*Paguma larvata taivana*）、灵猫（*Veverra malaccensis malaccensis*）、笔猫华南亚种（小灵猫）（*Viverricula indica pallida*）和褐家鼠（*Rattus norvegicus*）（Faust，1929；Zhao，1994；Zhang，2002） 印度尼西亚：鼠、猫、犬、鼩鼱和猪（Yamaguti，1959） 澳大利亚：蛇、壁虎、游蛇（*Natrix mairii*）和野猪（Pullar，1946；Sander，1953） 韩国：虎斑游蛇（虎斑游蛇大陆亚种）（*Rhabdophis tigrina tigrina*）（Hong，1989） 日本：虎斑游蛇、锦蛇（*Elaphe quadrivirgata*）（Ohnishi，1986）和蝮蛇（*Agkistrodon halys*）（Nishiyama，1994）	美国：多鳞游蛇（*Natrix cyclopion cyclopion*）、棕水蛇（*N. taxispilota rhombifera*）、北方水蛇（*N. sipedon confluens*）、平腹水蛇（*N. erythrogaster flavigaster*）、带蛇（*Thamnophis sauritus proximus*）、王蛇（*Lampropeltis getulus holbrooki*）、游蛇（*Coluber constrictor flavicentris*）、弗吉尼亚负鼠（*Didelphis virginiana*）、浣熊（*Procyon lotor*）、灰狐（*Urocyon cinereoargenteus*）、黑银狐（*Peromyscus gossypinus*）（Corkum，1966）、野猪、熊和短吻鳄（Gray，1999）

（续）

	欧猬迭宫绦虫	拟曼氏迭宫绦虫
终末宿主	中国：野猫、犬、豹、家猫、狐和豹猫（Faust，1929；Tang，1956） 澳大利亚：犬、猫、狐和澳洲野犬（Beveridge，1998；Pullar，1946） 日本：犬、猫、狐、香猫（灵猫）、浣熊和鼬（Miyazaki，1991） 美国、巴拿马、哥伦比亚、乌拉圭和厄瓜多尔则为猫、猫科动物（Mueller，1975）	猫、浣熊、犬（Mueller，1974）和赤猞猁

欧猬迭宫绦虫在我国主要分布于江西、福建、浙江、广东、四川、海南、广西、贵州、辽宁、云南等地区。在终末宿主的感染率为：猫，福建（1986年）69%、上海（1945年）0.9%、台湾（1990年）39.2%、（1999年）22.8%；犬，贵州（1994年）8.3%、福建（1986年）77.9%、（1988年）1.5%（Fan，1999）、云南（1995年）43.5%（兰国祥，1995）。拟曼氏迭宫绦虫在美国佛州、美国路易斯安那州均有分布，猫的感染率为3%（Mueller，1974）。

欧猬迭宫绦虫裂头蚴在日本牛蛙的感染率为43%（Miyazaki，1991）。拟曼氏迭宫绦虫裂头蚴感染动物及感染率（表1-23）。

表1-23　脊椎动物裂头蚴感染率及分布

虫种	感　染　率
欧猬迭宫绦虫裂头蚴	江西：泽蛙94.87%、黑斑蛙91.67%、金钱蛙14.29%、饰纹姬蛙85.29%、无斑雨蛙84.62%、中国林蛙16.67%（孙占锋，1992） 福建：泽蛙40.98%（吴可华，2001） 浙江：泽蛙46.8%、黑斑蛙35.4%、虎纹蛙54.7%（潘长旺，1990） 广东：泽蛙60.6%、金线蛙30%（刘国章，1984）、黑斑蛙29.97%（李明伟，2009）、虎纹蛙38.5～82%（张瑞琳，2003；罗丽凤，1985）、黑眶蟾蜍38%（罗丽凤，1985）、王锦蛇49.3%、眼锦蛇51.6%、灰鼠蛇45.8%、银环蛇29.4%、金环蛇38.5%（Fan，1999） 四川：泽蛙75%、黑斑蛙13.73～30%、双团棘胸蛙3.17%、沼蛙13.18%、菜花原头蝮25%、棕背伯劳33.3%、红尾伯劳25%（张同富，2002） 河南：黑斑蛙22.99%、泽蛙32.47%、棘腹蛙63.16%（邓艳，2012） 广西：黑斑蛙71.43～77.63%（谢文海，2003，2004）、泽蛙11.18%、眼镜蛇8.16%、滑鼠蛇29.52%（周庆安，2013） 贵州：黑斑蛙16.01～18.04%（蒋红涛，2008；毛家志，2009）、虎斑游蛇100%（赵慰先，1994） 辽宁：黑斑蛙37.39%（蔡子宣，1986）虎斑游蛇100%、猪17%（赵慰先，1994） 云南：猪43.96%、犬43.5%（兰国祥，1995） 湖南：黑斑蛙29.44%（黎建华，2012） 日本：牛蛙43%（Miyazaki，1991）

（续）

虫种	感 染 率
拟曼氏迭宫绦虫裂头蚴	美国佛州：野猪 4.96～6.9%（Gray，1999；Bengtson，2001） 美国路易斯安那州：浣熊 44.8%、牛蛙 1.69%、绿地蛙 4.93%、棕水蛇（*Natrix taxilota rhombifera*）4.76%、北方水蛇（*N. sipedon comfluens*）32.5%、平腹水蛇（*N. erythrogaster flavigaster*）45%、带蛇（*Thamnophis sauritus proximus*）35%、游蛇（*Coluber constrictor flavicentris*）72.7%（Corkum，1966）

蛙体裂头蚴的感染随季节变化。越南的调查显示，虎纹蛙感染欧猬迭宫绦虫裂头蚴，具有季节差异。3、5、7、11 和 12 月的阳性率分别为 80%、68%、83%、18%和 11%，以 12 月为低，3～7 月为高。同时，12 月感染度最多为 4 条，而 7 月则为 76 条（孙占锋，1992）。

（三）生活史

裂头科绦虫生活史基本一致，主要区别在迭宫属第二中间宿主为两栖类动物，裂头属、大复殖孔绦虫以鱼类为第二中间宿主。阔节裂头绦虫生活史见图 1－71。

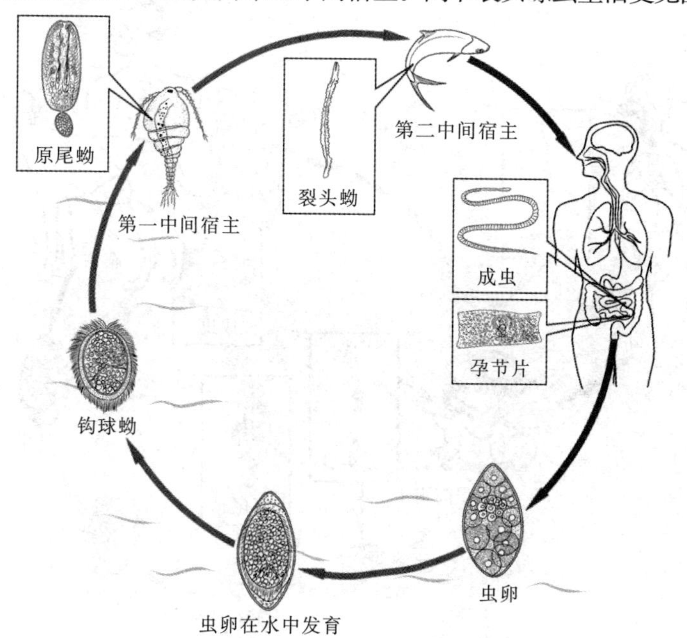

图 1－71 阔节裂头绦虫生活史（黄维义绘制）

阔节裂头绦虫成虫寄生在人，以及犬、猫、熊、狐、猪等动物的小肠内。虫卵随宿主粪便排出后，在 15～25℃的水中，经过 7～15 天的发育，孵出钩球蚴。钩球蚴能在水中生存数日，并能耐受一定低温。当钩球蚴被剑水蚤吞食后，即在其血腔内经过 2～3 周的发育成为原尾蚴。当受感染的剑水蚤被小鱼或幼鱼吞食后，原尾蚴即可在鱼的肌肉、性腺、卵及肝等内脏发育为裂头蚴，裂头蚴并可随着鱼卵排出。当大的肉食鱼类吞食小鱼或鱼卵后，裂头蚴可侵入大鱼的肌肉和组织内继续生存。直到终末宿主食入带裂头蚴的鱼时，裂头蚴方能在其肠内经 5～6 周发育为成虫。成虫在终末宿主体内估计可活 5～13 年。

欧猬迭宫绦虫的生活史（图 1－72）需要三个宿主。终末宿主主要是猫和犬，此外还有虎、豹、狐和豹猫等食肉动物。第一中间宿主为剑水蚤，第二中间宿主主要是蛙。蛇、鸟类和哺乳类等多种脊髓动物可作为其转续宿主。人可成为它的第二中间宿主或转续宿主，也可成为终末宿主。成虫寄生在终末宿主的小肠内。虫卵自子宫口产出，随宿主粪便排出体外，在水中不同温度下，经 2～5 周发育，孵出椭圆形或近圆形、周身披有纤毛的钩球蚴，钩球蚴直径为 80～90μm，常在水中做无定向螺旋式游动，当其碰到剑水蚤时即可被吞食，经 3～11 天的发育，长成原尾蚴。一个剑水蚤血腔里的原尾蚴数可达 20～25

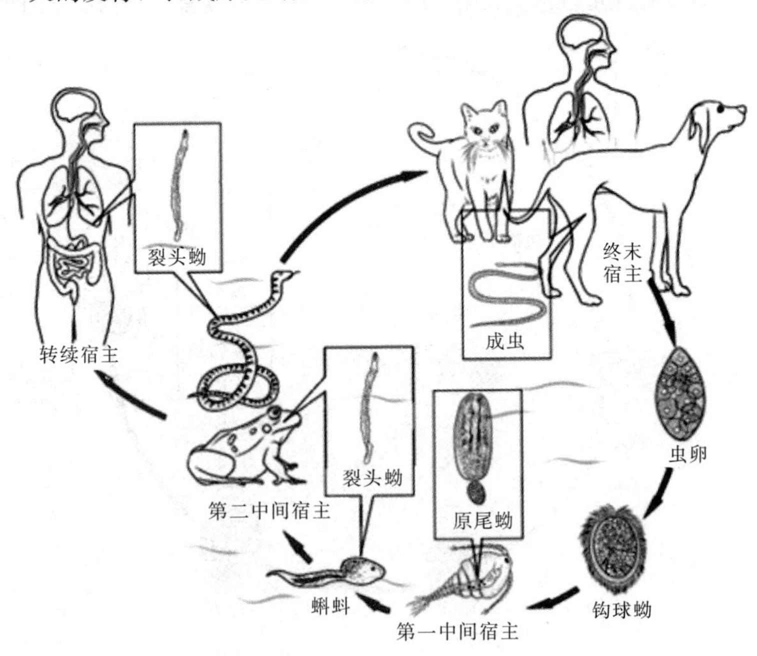

图 1－72　欧猬迭宫绦虫的生活史（黄维义绘制）

个。带有原尾蚴的剑水蚤被蝌蚪吞食后，失去小尾球，随着蝌蚪长成成蛙，原尾蚴也发育为裂头蚴。裂头蚴具有很强的移动能力，常迁移到蛙体各部肌肉间隙，尤以腿部内侧肌肉多见。虫体多蜷曲穴居在肌肉间隙的小囊内，或游离于皮下。当感染有裂头蚴的蛙被蛇、鸟、猪等非正常宿主吞食后，裂头蚴不能在肠道发育成成虫，而穿过肠壁，移居至腹腔、肌肉或皮下等处继续生存，但不能继续发育，蛇、鸟、猪等这些动物成为转续宿主。带有裂头蚴的第二中间宿主或转续宿主被终末宿主犬、猫吞食后，经过3周左右，裂头蚴即可在宿主肠道内发育为成虫，并不断从粪便中排除虫卵（刘宇明，2013；中华人民共和国国家卫生和计划生育委员会，2013）。

（四）感染途径及危害

人感染裂头蚴主要有以下途径：

局部敷贴生蛙肉是我国居民主要感染方式。由于民间流传“传统秘方”以生蛙肉或蛙皮敷贴伤口或脓肿，以达到清热解毒的功效。若蛙肉或蛇皮中有裂头蚴即可经伤口或正常皮肤、黏膜侵入人体；人因生食或半生食含有裂头蚴的蛙、蛇、蝌蚪等而引起的裂头蚴病。我国民间有吞食活蛙治疗疥疮和疼痛的习惯。生食蛇肉、生饮蛇血、生吞蛇胆或其他未煮熟的畜禽等所致的感染在韩国、泰国也时有发生（Wiwanitkit，2005；Lee，2011；Lee，2002）；误食感染的剑水蚤饮用生水，或游泳时误吞湖塘水，而此时剑水蚤中感染有原尾蚴，则会导致人体感染，此途径为欧洲、美洲、非洲及澳洲和泰国居民最主要的感染方式。

裂头蚴对人和动物的危害程度主要取决于寄生部位。裂头蚴可寄生于人体的四肢躯体皮下、眼、口腔颌面部、脑、内脏和睾丸等部位。在这些部位可形成嗜酸性肉芽肿囊包，使局部肿胀，甚至发生脓肿。囊包直径1～6cm，具囊腔，腔内盘曲的裂头蚴可有1～10条不等。严重感染时可见发炎、水肿、化脓、坏死和中毒反应等。

迭宫属裂头蚴可寄生全身，根据其寄生部位，导致相对应的裂头蚴病，如在脑部则为脑裂头蚴病。临床表现差异很大，可分为无症状、轻中度症状和重度症状等3类。在中国，裂头蚴病的临床表现，眼部占44.74%、口腔颌面部占21.03%、躯体占16.29%。在美国，最常见的是皮下包块或结节。

阔节裂头蚴侵入人体后，可发育为成虫，成虫在肠内寄生，一般不引起特殊病理变化，多数感染者无明显症状，少数人有疲倦、乏力、四肢麻木、腹泻或便秘及饥饿感，嗜食盐等较轻微症状。但因虫体长大，有时虫体可扭结成团，导致肠道、胆道阻塞，甚至出现肠穿孔。另外，曾有在人体肺部和腹膜外被阔节裂头蚴寄生各 1 例的报道。

大复殖孔绦虫是人类的寄生虫之一，日本在过去的一百年中有 200 多例病例报道（Kamo，2003），其他地区仅有 3 例病例报道，分别为韩国（Chung，1995）和西班牙（Clavel，1997）。腹泻是该病主要的症状，有时可伴有腹痛、发热、呕吐。

（五）寄生虫的抵抗力

裂头蚴在鱼的肌肉及性腺、卵、肝等内脏寄生，并常随气候改变，春季侵袭多种内脏，秋季多在肌肉。其发育不需要氧气，速度较缓，经 2.5～3.5 个月才能成熟，具感染性。对温度、酒精、调味品等有一定的耐受能力。冯义生等（1975）观察不同温度和时间的冰冻处理对猪肉内裂头蚴的影响，提示要将猪肉中的裂头蚴完全杀死，不仅与储藏的温度有关，还与肉块的种类和大小有关（吴观陵，2005）。

低温（−20℃）和高温（56℃）均对欧猬裂头蚴的感染性有较大影响。$1cm^3$ 含裂头蚴的蛙肉在−20℃的条件下放置 2h 或以上，能使裂头蚴对小鼠的感染性完全丧失；在 56℃的条件下放置 3h，具有感染性的裂头蚴减少 50%以上；在 4℃和 37℃条件下，对裂头蚴的感染性影响较小。随着乙醇浓度（20%、30%、40%、50%和 60%）的增加和处理时间（1、2 或 3 h）的延长，其对欧猬裂头蚴感染性的影响逐渐增大。但是需要 60%乙醇浸泡 2h 后，欧猬裂头蚴对小鼠的感染性才完全丧失，因此食生或半生肉类同时饮用白酒对预防裂头蚴感染作用有限。此外，生姜汁对裂头蚴感染性影响不大，而食用醋（总酸浓度 4.5%，pH 3.05）和食用酱油（含 19.3% NaCl）对其有一定影响。另外，将含裂头蚴蛙肉用搅拌机匀浆后，喂饲小鼠，1 周后在小鼠的组织内发现生长良好的裂头蚴，说明机械性处理不能使裂头蚴的感染性丧失（唐贵文，2011）。

（六）分布

英国医生万巴德（Patrick Manson）于 1882 年首次在我国厦门发现人体感染裂头蚴，经汤玛斯·斯宾塞·寇博（Thomas Spencer Cobbold）于 1883 年定名为曼氏裂头绦虫（*Spirometra mansoni*），此后在亚洲、非洲、欧洲及美洲陆续有本病发现，国内也不断有新的病例报道。到目前为止，中国大陆报道的病例有超过 1 000 例，广泛分布于 27 个省（自治区、直辖市）（裘明华，2009）。

欧猬裂头蚴病分布非常广泛，多见于东亚和东南亚及美洲、非洲及欧洲，包括朝鲜、日本、印度尼西亚、菲律宾、马来西亚、中国、韩国、泰国、越南、乌拉圭、巴拿马、哥伦比亚、厄瓜多尔、澳大利亚、英国等。据我国公开报道且记录较全的472例报道分析，病例分布于21个省（自治区、直辖市），按病例百分比顺序依次是：吉林（17.59%）、福建（13.98%）、广东（12.92%）、四川（9.96%）、湖南（8.05%）、海南（7.63%）、浙江（7.42%）、广西（4.45%）、湖北（3.39%）、贵州（2.97%）、江苏（2.54%）、云南（2.12%）、江西（1.27%）、新疆（1.27%）、安徽（1.06%）、辽宁（1.06%）、上海（1.06%）、河南（0.85%）、河北（0.21%）、山东（0.21%）、台湾（吴观陵，2005）。

坦桑尼亚、阿根廷、东帝汶、斯里兰卡（Wijesundera，1997）、法国、俄罗斯、捷克都有裂头蚴病报道。此外，在美国查见美籍菲律宾裔1例病例，很可能感染自菲律宾。还有在加拿大和捷克报道输入性裂头蚴病各1例（裘明华，2009）。

阔节裂头绦虫主要分布在欧洲、美洲和亚洲的亚寒带和温带地区，前苏联、波兰、捷克斯洛伐克、罗马尼亚、土耳其、芬兰、斯堪的纳维亚半岛诸国、英国、瑞士、意大利、德国、美国、加拿大、智利、阿根廷、日本、朝鲜、菲律宾、澳大利亚及我国均有报道。在人群中感染率最高的是北加拿大的爱斯基摩人（83%），其次是前苏联（27%）和芬兰（20%～25%）。我国仅在黑龙江和台湾省有数例报道（吴观陵，2005）。

拟曼氏迭宫绦虫主要分布于北美洲；矛形双腔裂头绦虫（*D. dendriticum*）分布于北欧北美；太平洋裂头绦虫（*D. pacificum*）分布于秘鲁及日本的太平洋海岸；日本海裂头绦虫（*D. nihonkaiense*）、克氏裂头绦虫（*D. klebanovskii*）分布于日本北太平洋；达勒裂头绦虫（*D. dalliae*）、矛形裂头绦虫（*D. lanceolatum*）、熊裂头绦虫（*D. ursi*）、阿拉斯加裂头绦虫（*D. alascense*）分布于北美（裘明华，2009）。

大复殖孔绦虫主要分布于日本、韩国、西班牙（裘明华，2009）。

（七）诊断及鉴定方法

1. 形态学鉴定　阔节裂头蚴大小为2～20mm×2～3mm，灰白色，体前端有凹陷，为吸槽裂，体不分节，但具横纹（图1-73）。

迭宫属裂头蚴外形近似成虫，带状，细而长，大小为0.5～80cm × 0.3～1cm。体呈白色，当虫体被围于出血区时可出现黄色。前端略粗，圆形或圆锥形为初生的头节，其顶端至中部可见有浅凹面，为原始吸槽或吸槽裂。体不分节而具横纹，末端钝平。裂头蚴体壁皮层表面密布许多微毛。微毛形状可区分

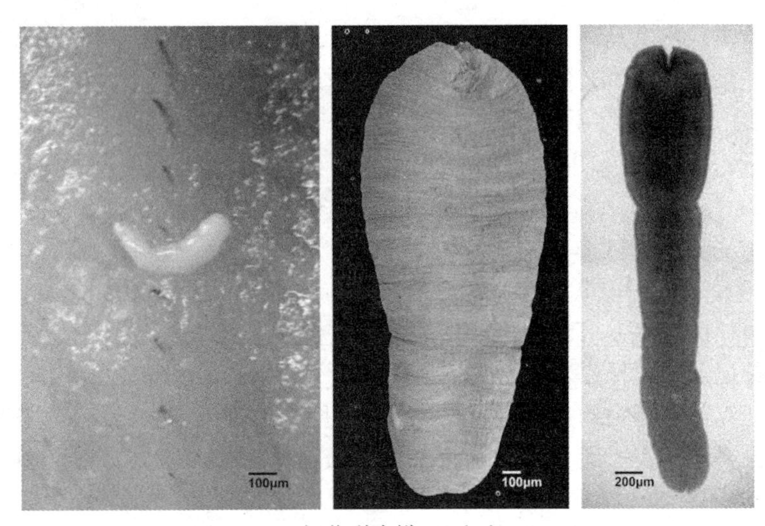

图 1－73　阔节裂头蚴（Scholz，2009）

左：鱼肌肉中的阔节裂头蚴；中：阔节裂头蚴电镜图（100μm）；右：阔节裂头蚴光镜图（200μm）

为两型，一类型是原尾蚴所固有的圆锥形微毛；另一类型是新生的指状形微毛，此毛更长，在顶端具有短的尖顶。随着裂头蚴的生长，至发育晚期时指状形微毛的数量也不断增加（图 1－74）。

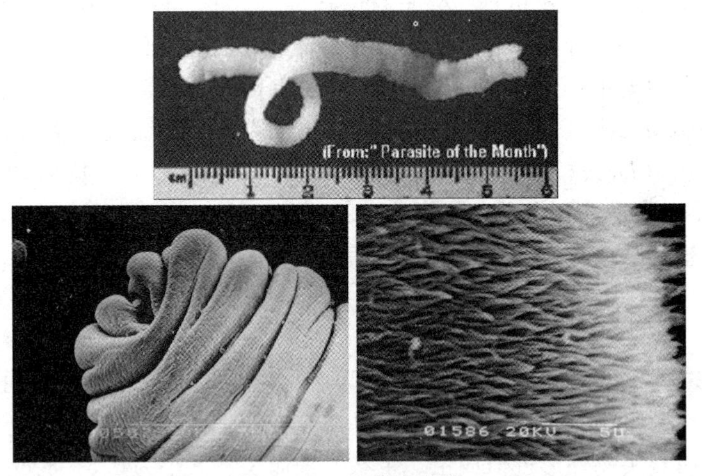

图 1－74　欧猬裂头蚴

（引自：pfs. med. stu. edu. cn；http：//www. yywsb. com/list，741930. html）

上：欧猬裂头蚴虫体　左下：欧猬裂头蚴电镜图，示前端　右下：欧猬裂头蚴电镜图，示体表微毛

2. 分子生物学诊断　COX1基因序列与ITS基因序列常被运用于分子发育种间及种内研究。资料显示，在欧猬迭宫绦虫裂头蚴分子种系发育关系研究中，运用ITS基因序列有可能更适合于做定种的分子标记，而COX1更适合于做种内遗传多态性研究。除了ITS与COX1基因序列是欧猬迭宫绦虫很好的分类鉴定的分子标记外，线粒体nad基因也是该种绦虫理想的遗传标记之一（李雯雯，2011）。

（1）基于裂头蚴的ITS、线粒体细胞色素c氧化酶第Ⅰ亚基（COX1）基因部分序列（pcox1）进行扩增测序，获得的序列经DNAstar软件处理和人工校正后，于NCBI网站进行比对，即可获得精确的鉴定结果（Bowles，1992；Zhu，2002）。

ITS（Bowles，1992）：

上游引物18S-DF1：5′-ACTTGATCATTTAGAGGAAGT-3′；

下游引物28S-DR4：5′-CTCCGCTTAGTGATATGCT-3′。

目的片段长度：约1400bp。

COX1（Bowles，1992）：

上游引物JB6：　5′-GATAGTAAGGGTGTTGA-3′；

下游引物JB5R：5′-CAAGTATCRTGCAAAATATTATCAAG-3′。

目的片段长度：约650 bp。

pcox1（Bowles，1992）：

上游引物JB3：5′-TTTTTTGGGCATCCTGAGGTTTAT-3′；

下游引物JB4.5：5′-TAAAGAAAGAACATAATGAAAATG-3′。

反应总体积为25μL：模板DNA为2μL；上下游引物（10μmol/L）各0.5μL；dNTPs为2μL；Mg^{2+}为2.5μL；10×Buffer为2.5μL，*Taq*酶（5U/μL）0.2μL，ddH_2O补至25μL。

反应条件为：94℃ 5min；94℃ 30s，55℃ 30s，72℃ 30s，30个循环；72℃ 5min。

（2）基于阔节裂头蚴的cob至nad4基因序列设计特异引物，可以建立特异性鉴定方法。如图1-75所示，扩增产物电泳出现428bp条带时判定为阔节裂头蚴（Kim，2007）。

上游引物Dl/Dn-1805F：5′-CAGTGGGAATGGTGCTTGTAATGT-3′；

下游引物Dl-2211R：5′-TAACCTTTACTTATAACTACT-3′。

目的片段长度：428bp。

反应总体积为25μL：模板DNA为100～200ng；上下游引物各10 pmol；

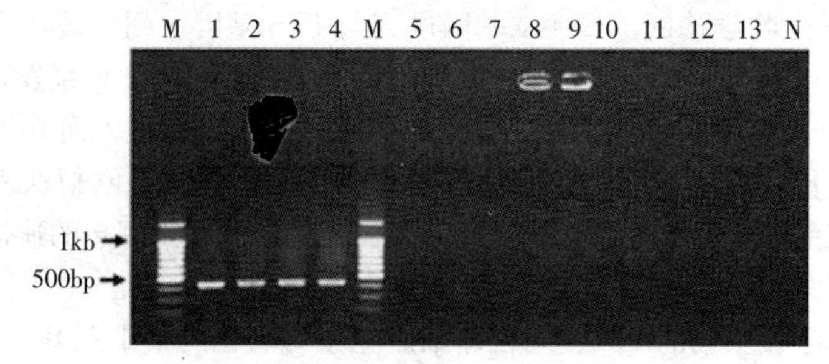

图 1-75 阔节裂头蚴 cob-nad4 基因（Kim，2007）

M：DNA 标志物 1～4. 阔节裂头蚴 5～13. 日本海裂头绦虫 N：空白对照

10×PCR Buffer；10 mmol/L dNTPs；25mmol/L Mg^{2+}；2.5 U *Taq* 酶（TaKaRa，日本）；ddH_2O 补至 25μL。

反应条件为：94℃ 3min；94℃ 30s，46℃ 40s，72℃ 1min，35 个循环；72℃ 10min。

（3）基于欧猬裂头蚴的 COX1 基因序列设计特异引物，可以建立特异性鉴定方法。扩增产物电泳出现 151bp 条带时判定为欧猬裂头蚴（Koonmee，2011）。

上游引物 F650：5′-CGGCTTTTTTGATCCTTTGGGTGG-3′；

下游引物 R800：5′-GTATCATATGAACAACCTAATTTAC-3′。

目的片段长度：152bp。

反应总体积为 25μL，采用 KOD 高保真酶（FX DNA polymerase，TOYOBO，Japan），具体操作按照说明书进行。

反应条件为：94℃ 15min；94℃ 30s，58℃ 40s，72℃ 1min，35 个循环；72℃ 5min。

（4）基于欧猬裂头蚴的线粒体 nad 4 基因序列设计特异引物，可以建立特异性鉴定方法。扩增产物电泳出现 640 bp 条带时判定为欧猬裂头蚴（伍慧兰，2010）。

上游引物 ND4F：5′-GAGTCTCCTTATTCTGAGCG-3′；

下游引物 ND4R：5′-ATAGTAGTAGGAAATGAACA-3′。

目的片段长度：640bp。

反应总体积为 25μL：模板 DNA 为 1μL；上下游引物（50pmol/μL）各 0.25μL；dNTPs（25 mmol/L）为 2μL；Mg^{2+} 为 4μL；10×PCR Buffer 为 2.5μL，*Taq* 酶（5U/μL）0.25μL，ddH_2O 补至 25μL。

反应条件为：94℃ 5min；94℃ 30s，57℃ 30s，72℃ 30s，37 个循环；72℃ 5min。

参 考 文 献

陈景礼，刘学家，张双生．1990. 裂头蚴对白眉蝮蛇的危害及防治［J］．特产研究，29（4）：29-30.

陈兴保．2002. 现代寄生虫病学［M］．第1版．北京：人民军医出版社：715-721.

邓艳，刘长军，陈伟奇，等．2012. 河南省蛙类曼氏迭宫绦虫裂头蚴感染情况调查［J］．中国血吸虫病防治杂志，24（1）：82-84.

冯义生，张德河．1975. 孟氏裂头绦虫裂头蚴的冷冻致死试验［J］．青岛大学医学院学报，1：004.

兰国祥，和伟凤．1995. 云南丽江高原猪孟氏裂头蚴的初步调查［J］．中国兽医杂志，21（7）：23-24.

黎建华，周德喜，王挺，等．2012. 郴州市黑斑蛙裂头蚴感染情况调查［J］．湖南畜牧兽医，（3）：30-31.

李雯雯，李健，李树清，等．2011. 桂林蛇源裂头蚴分离株的分子鉴定及种系发育关系分析．动物医学进展，32（10）：28-32.

蔺西萌，刘长军，颜秋叶，等．2008. 生食蝌蚪感染曼氏裂头蚴发病的发现与调查［J］．中国人兽共患病学报，24（12）：1173-1175.

刘国章，吴军杰，闽秀婷．　1984. 青蛙孟氏裂头蚴感染情况调查［J］．中华预防医学杂志，18（4）：253.

刘宇明，于迪，付洋，等．2013. 裂头蚴病研究进展［J］．现代畜牧兽医，10：20-25.

罗丽凤，刘怡谦，黄文达．1985. 湛江地区裂头蚴无尾两栖类宿主初步调查［J］．广东寄生虫学会年报，7：147-148.

潘长旺，张则云，金永国．1990. 温州地区曼氏迭宫绦虫第二中间宿主感染情况调查［J］．中国寄生虫病防治杂志，3（4）：324-324.

孙占峰，翟吞生．1992. 上饶地区蛙类孟氏裂头蚴感染情况调查［J］．兽医大学学报，12（2）：187-188.

唐贵文，陈艳．2011. 不同理化因素对曼氏裂头蚴感染性的影响［J］．中国寄生虫学与寄生虫病杂志，29（5）：368-371.

吴观陵，赵慰先．2005. 人体寄生虫学［M］．北京：人民卫生出版社：582-586.

吴可华，林文拾．2001. 闽侯县青口镇和甘蔗镇青蛙孟氏裂头蚴感染调查［J］．福建医药杂志，6：102-103.

伍慧兰．2010. 猬裂头蚴线粒体 nad4 基因的克隆及序列分析［J］．动物医学进展，31（12）：61-63.

袭明华，裘明德．2009. 人裂头蚴病和无头蚴病Ⅰ．病原学的过去和现在［J］．中国寄生虫学与寄生虫病杂志，27（1）：54-60.

谢文海，黎建玲，王晓平，等 . 2003. 玉林市黑斑蛙冬季感染曼氏迭宫绦虫裂头蚴情况调查［J］. 玉林师范学院学报，24（3）：70-72.

张瑞琳，曹爱莲，何蔼，等 . 2004. 虎纹蛙自然感染裂头蚴的调查及 7 例患者的感染特点分析［J］. 热带医学杂志，3（4）：466-466.

张同富 . 2002. 四川省野生动物曼氏裂头蚴感染调查［J］. 中国寄生虫学与寄生虫病杂志，20（5）：3-3.

赵慰先 . 1994. 人体寄生虫学［M］. 第 2 版 . 北京：人民卫生出版社：635-647.

中华人民共和国国家卫生和计划生育委员会 . 2013. 裂头蚴病的诊断［S］. 中华人民共和国卫生行业标准 .

周庆安，全琛宇，曾芸，等 . 2013. 广西南宁市市售蛙和蛇感染裂头蚴情况的调查［J］. 动物医学进展，34（11）：126-128

Beaver P C，Jung R C，Cupp E W，*et al*. 1984. Clinical parasitology［M］. 9th ed. Philadelphia：Lea & Febiger，499-504.

Beaver P C，Orihel T C，Jung R C. 1985. Animals agents and vectors of human disease［M］. 5th ed. Philadelphia：Lea & Febiger，125.

Bengtson S D，Rogers F. 2001. Prevalence of sparganosis by county of origin in Florida feral swine［J］. Vet Parasitol，97（3）：241-244.

Bowles J，Blair D，McManus D P. 1992. Genetic variants within the genus Echinococcus identified by mitochondrial DNA sequencing［J］. Mol Biochem Parasitol，54（2）：165-173.

Bray R A，Jones A，Andersen K I. 1994. Order Pseudophyllidea Carus，1863//Khalil L F，Jones A，Bray R A. eds. Keys to the cestode parasites of vertebrates［M］. Wallingford，UK：CAB International，238-241.

Chung D I，Kong H H，Moon C H，*et al*. 1995. The first human case of *Diplogonoporus balaenopterae*（Cestoda：Diphyllobothriidae）infection in Korea［J］. Korean J Parasitol，33（3）：225-230.

Clavel A，Bargues M D，Castillo F J，*et al*. 1997. Diplogonoporiasis presumably introduced into Spain：first confirmed case of human infection acquired outside the Far East［J］. Am J Trop Med Hyg，57（3）：317-320.

Corkum K C. 1966. Sparganosis in some vertebrates of Louisiana and observations on a human infection［J］. J Parasitol，444-448.

Gray M L，Rogers F，Little S，1999. Sparganosis in feral hogs（Sus scrofa）from Florida［J］. J Am Vet Med Assoc，215（2）：204-208.

John D T，Petri W A，Markell E K，*et al*. 2006. Markell and Voge's medical parasitology［M］. 9th ed. Philadelphia：W. B. Saunders Company，210-211.

Kassai T，Del Campillo M C，Euzeby J，*et al*. 1988. Standardized nomenclature of animal parasitic diseases（SNOAPAD）［J］. Vet Parasitol，29（4）：299-326.

Kim K, Jeon H, Kang S, *et al*. 2007. Characterization of the complete mitochondrial genome of *Diphyllobothrium nihonkaiense* (Diphyllobothriidae: Cestoda), and development of molecular markers for differentiating fish tapeworms [J]. Mol Cells, 23 (3): 379.

Koonmee S, Intapan P M, Yamasaki H, *et al*. 2011. Molecular identification of a causative parasite species using formalin-fixed paraffin embedded (FFPE) tissues of a complicated human pulmonary sparganosis case without decisive clinical diagnosis [J]. Parasitol Int, 60 (4): 460-464.

Lee J H, Kim G H, Kim S M, *et al*. 2011. A case of sparganosis that presented as a recurrent pericardial effusion [J]. Korean Circ J, 41 (1): 38-42.

Lee K J, Bae Y T, Kim D H, *et al*. 2002. A seroepidemiologic survey for human sparganosis in Gangweon-do [J]. Korean J Parasitol, 40 (4): 177-180.

Miyadera H, Kokaze A, Kuramochi T, *et al*. 2001. Phylogenetic identification of *Sparganum proliferum* as a pseudophyllidean cestode by the sequence analyses on mitochondrial COI and nuclear sdhB genes [J]. Parasitol Int, 50 (2): 93-104.

Miyazaki I, Yukiharu T. 1988. An illustrated book of parasitic zoonoses [M]. Fukuoka: Kyushu University Press, 435-445. (in Japanese)

Miyazaki I. 1991. An illustrated book of helminthic zoonoses [M]. Tokyo: Int Med Foundation Jap, 207-214, 221-223.

Morisita T, Kano R, Tanaka H. 1984. Human parasitology [M]. 10th ed. Tokyo: Nanzando Company, Limited, 128-130. (in Japanese) Diesing (1854)

Mueller J F. 1974. The biology of *Spirometra* [J]. J Parasitol, 60 (1): 3-14.

Scholz T, Garcia H H, Kuchta R, et al. 2009. Update on the human broad tapeworm (genus *Diphyllobothrium*), including clinical relevance [J]. Clin Microbiol Rev, 22 (1): 146-160.

Wardle R A, MacLeod J A. 1952. The zoology of tapeworms [M]. Minneapolis: The University of Minnesota Press, 70-71, 591-593.

Wiwanitkit V. 2005. A review of human sparganosis in Thailand [J]. Int J Infect Dis, 9 (6): 312-316.

Yamaguti S. 1958. Systema helminthum Vol. Ⅱ The cestodes of vertebrates [M]. New York: Interscience Publishers, Inc., 358-361.

Yamasaki H, Ohmae H, Kuramochi T. 2012. Complete mitochondrial genomes of *Diplogonoporus balaenopterae* and *Diplogonoporus grandis* (Cestoda: Diphyllobothriidae) and clarification of their taxonomic relationships [J]. Parasitol Int, 61 (2): 260-266.

Zhu X Q, Beveridge I, Berger L, *et al*. 2002. Single-strand conformation polymorphism-based analysis reveals genetic variation within *Spirometra erinacei* (Cestoda: Pseudophyllidea) from Australia [J]. Mol Cell Probes, 16 (2): 159-165.

十一、库道虫

库道虫（*Kudoa* sp.）是一类黏孢子虫，主要寄生于海水鱼的肌肉中，形成肉眼可见的白色孢囊，导致肌肉组织变为乳白色而失去弹性，鱼体快速液化。在一般情况下，库道虫病不会使鱼类死亡，但是可降低鱼的商品价值，从而带来巨大的经济损失（简纪常，2003）。最近，日本报道有人因生食未冷冻比目鱼而中毒，出现短暂但严重的腹泻和呕吐等消化道症状，最终鉴定病原为七星库道虫（*K. septempunctata*）。自从这种病原体被鉴定且重视后，这类事件的数量正在逐步上升（Grabner，2012）。截至2011年，共报道了33次事件、473例病例，可见该类疫情暴发很常见。目前，未冷冻的比目鱼只在东亚包括日本、韩国销售。但是，如果比目鱼贸易越来越受欢迎的话，库道虫会对食品贸易产生重大影响。

（一）病原分类

库道虫隶属于黏孢子虫门（Myxozoa），黏孢子虫纲（Myxosporea），多壳目（Multivalvulida），库道虫科（Kudoidae），库道虫属（*Kudoa* Meglitsch，1947）。目前，世界上发现的库道虫有70多种。

（二）宿主

库道虫宿主均为海水鱼类，除个别种类（如，杖库道虫 *K. thyrsites*）外，库道虫常常具有较强的寄主专一性。库道虫因种类不同，其寄生部位也不同，但多数寄生在肌肉中，如鲱库道虫（*K. cluperdae*）寄生在大西洋鲱的肌肉中，被结缔组织包围形成白色孢囊；杖库道虫成弥散状寄生在鲭鱼、杖鱼肌肉中；鲻鱼库道虫除寄生于肌肉外，还寄生于脑、围心腔和心脏（Moran，1999；简纪常，2003）。目前，比目鱼体内检获3种库道虫：杖库道虫、七星库道虫和鲈鱼库道虫（*K. lateolabracis*）（Yokoyama，2004；Matsukane，2010；Grabner，2012）。

（三）生活史

七星库道虫寄生于比目鱼体内，其孢子均匀分布于躯干肌内。目前，七星库道虫的生活史尚未明确，但认为寡毛纲或多毛纲环节动物参与其中（El-

Matbouli，1998；ohnishi，2013）。

（四）感染途径及危害

人摄入七星库道虫并引起中毒的途径是生食比目鱼。食用受感染的比目鱼，1～9h内出现呕吐、腹泻等症状；前3h，患病的症状较微，但频繁。七星库道虫引起的中毒类似金黄色葡萄球菌（Iwashita，2013）。

自2003年，日本报道因生食比目鱼导致中毒事件后，这类事件的数量正在逐步上升，平均每年可发生100例以上病例（Harada，2012）。数据显示，日本2009年6月至2011年3月发生的198例未明原因的食物中毒病例中，135例病患均食用过比目鱼，而流行病学研究表明135例中毒病例的致病原均为七星库道虫（Iwashita，2013）。因此，七星库道虫是食品卫生安全的潜在威胁，对比目鱼的贸易产生影响，值得重视。

（五）寄生虫的抵抗力

盐度对库道虫孢子存活率的影响：孢子在淡水中作用20 min后，全部死亡，在盐度为6的水体中作用12 h后，孢子存活率为87.4%，24 h后，孢子的存活率只有70%；在盐度为16、26和36的水体中，孢子的存活率均为100%。当盐度增加到46时，12 h和24 h后，孢子的存活率分别约为92%和84%（简纪常，2003）。

温度对库道虫孢子存活率的影响：在4～34℃时，温度对孢子的存活率无影响，存活率均为100%。但是在44℃时，8 h、12 h和24 h后，孢子存活率分别约为91%、80.5 %和66 %。表明库道虫孢子对低温有较强的耐受力，而对高温的耐受力较差（简纪常，2003）。在－15～－20℃冷冻3～4h或者在75℃加热5min，即可死亡（Iwashita，2013）。

（六）分布

目前，仅在韩国的比目鱼肌肉内检获七星库道虫（Iwashita，2013），生食含七星库道虫的比目鱼可引起食物中毒，未冷冻的比目鱼只在东亚包括日本、韩国销售，因此库道虫对这些地区的食品卫生安全产生重要影响（Kawai，2012）。

库道虫病在我国大陆海域引起的病害研究仅有零星报道。简纪常等（2003）在广东湛江海水网箱养殖的大黄鱼中发现了库道虫病（Kudoasis），检出率高达31%；并研究发现盐度在16～36，温度在4～34℃时，对库道虫孢子的存活率无影响。我国沿海海水鱼养殖区的盐度为10～40，且绝大多数养殖海区的海水常年温度在4～37℃，因而可认为海水鱼库道虫病可以在我国绝大部分海区常年发生。

（七）诊断及鉴定方法

1. 形态学鉴定 库道虫属的形态特征为孢子星形、十字形、四角形或圆四角形。孢子具4个壳瓣，每一壳瓣包含1个极囊，壳瓣或极囊等大或不等大（周杨，2008）。

七星库道虫孢子的顶面观呈不规则星形，孢子由6～7个不等大的壳瓣组成，每个壳瓣都含1个梨形的极囊。孢子量度（n＝10）：孢子长11.8（11.1～13.1）μm，厚9.4（8.9～10.0）μm，宽8.5（7.9～8.9）μm；极囊长4.6（3.7～5.3）μm，宽2.4（2.2～2.8）μm（图1-76，图1-77）。扫描电镜可见孢子的壳瓣呈不对称分布，无明确的中心，壳瓣的后端呈圆弧状，极囊极小，位于壳瓣的顶端（图1-78）。

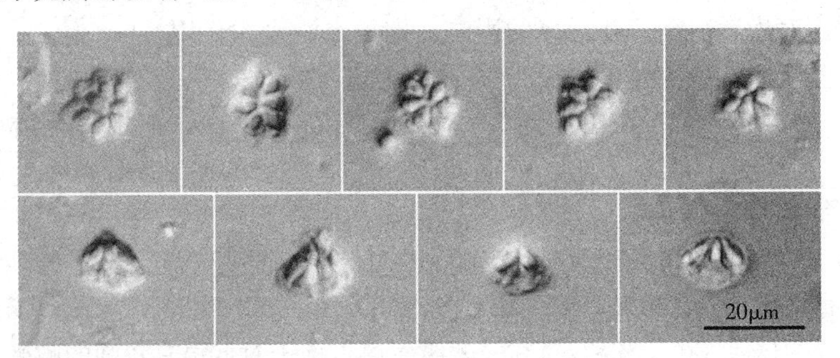

图1-76 七星库道虫孢子相位差显微镜图（Matsukane，2010）
上排为顶面观，下排为侧位观或斜视图

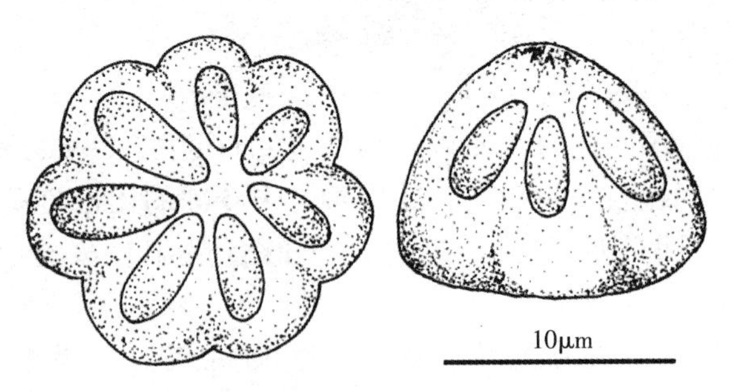

图1-77 七星库道虫孢子示意图（Matsukane，2010）
左图为顶面观、右图为侧位观

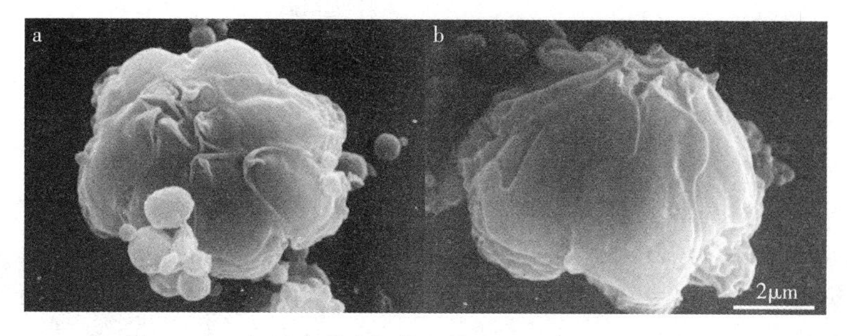

图1-78　七星库道虫扫描电镜图（Matsukane，2010）

2. 分子生物学诊断

（1）基于库道虫的SSU rDNA基因进行扩增测序、系统发育分析，并结合虫体的形态特征以鉴定虫种（Matsukane，2010）。

上游引物Ⅰ：5′-CTGGTTGATCCTGCCAGT-3′；

下游引物Ⅰ：5′-AAACACTCTTGGCGAATGCT-3′；

上游引物Ⅱ：5′-CGCGGTAATTCCAGCTCCA-3′；

下游引物Ⅱ：5′-TGATCCTTCYGCAGGTTCAC-3′。

PCR反应体系：按照PCR试剂盒说明完成，使用DNA聚合酶为Blend Taq® Plus-（TOYOBO，大阪，日本）。

两对引物分别扩增，反应条件均为：94℃ 3min；94℃ 45s，64℃ 1min，72℃ 1min，40个循环；72℃ 7min。

（2）基于七星库道虫（JQ302299）、杖库道虫（JQ302300）和鲈鱼库道虫（JQ302298）的28S rDNA序列设计引物，建立PCR法鉴别比目鱼体内检获的库道虫。扩增样本的核酸电泳出现356bp条带时判定为七星库道虫，出现260bp条带时判定为杖库道虫，出现401bp条带时判定为鲈鱼库道虫。该方法对七星库道虫、杖库道虫和鲈鱼库道虫最低检出量分别为0.06、0.001、0.1个孢子（Grabner，2012）。

七星库道虫：

上游引物KSf：5′-GTGTGTGATCAGACTTGATATG-3′；

下游引物KSr：5′-AAGCCAAAACTGCTGGCCATTT-3′。

目的片段长度：356bp。

杖库道虫：

上游引物KTOf：5′-GTGTGTGACTGGATAGAGTTGA-3′；

下游引物KTOr：5′-CCCCAAGTTAATTTGTTAATCA-3′。

目的片段长度：260bp。

鲈鱼库道虫：

上游引物 KLf：5′-ACTGGATAGTGAGTGGTGTCGA-3′；

下游引物 KLr：5′-CCAAATACGAATACTTGGGTGT-3′。

目的片段长度：401bp。

反应总体积为 20μL：上下游引物各 0.4μL；1×Ex*Taq* reaction buffer；dNTP 各 200μmol/L；0.5U Ex*Taq* DNA 聚合酶（TaKaRa）；模板 DNA 为 1μL；ddH_2O 补足至 20μL。

反应条件为：95℃ 4min；95℃ 35s，55℃ 30s，72℃ 30s，35 个循环；72℃ 5min。

（3）基于七星库道虫的 18S rDNA 序列（AB553293）建立的实时定量 PCR 方法（Kawai，2012）。

上游引物 Kudoa-F：5′-CATGGGATTAGCCCGGTTTA-3′；

下游引物 Kudoa-R：5′-ACTCTCCCCAAAGCCGAAA-3′。

TaqMan 探针 Kudoa-P：5′-FAM-TCCAGGTTGGGCCCTCAGTGAAAA-TAMRA-3′；

反应体系：使用 TaqMan 2×PCR Master Mix（Life Technologies），按照试剂说明完成。

反应条件：95℃ 10min；95℃15s，60℃ 50 s；共 45 个循环。

参 考 文 献

简纪常，吴灶和．2003. 大黄鱼库道虫病的初步研究［J］. 湛江海洋大学学报，23（1）：29-34.

周杨，赵元莙．2008. 厦门沿岸海水鱼类寄生库道虫属三新种的描述（黏体门，多壳目，库道虫科）［J］. 水生生物学报，32（增刊）：51-56.

El-Matbouli M，Hoffmann R W. 1998. Light and electron microscopic studies on the chronological development of *Myxobolus cerebralis* to the actinosporean stage in Tubifex tubifex［J］. Int J Parasitol，28（1）：195-217.

Grabner D S，Yokoyama H，Shirakashi S，*et al*. 2012. Diagnostic PCR assays to detect and differentiate *Kudoa septempunctata*，*K. thyrsites* and *K. lateolabracis*（Myxozoa，Multivalvulida）in muscle tissue of olive flounder（*Paralichthys olivaceus*）［J］. Aquaculture，338（1）：36-40.

Harada T，Kawai T，Jinnai M，*et al*. 2012. Detection of *Kudoa septempunctata* 18S ribosomal DNA in patient fecal samples from novel food-borne outbreaks caused by consumption of raw olive flounder (Paralichthys olivaceus) [J] . J Clin Microbiol, 50 (9): 2964-2968.

Iwashita Y, Kamijo Y, Nakahashi S, *et al*. 2013. Food poisoning associated with *Kudoa septempunctata* [J] . J Emerg Med, 44 (5): 943-945.

Kawai T, Sekizuka T, Yahata Y, *et al*. 2013. Identification of *Kudoa septempunctata* as the causative agent of novel food poisoning outbreaks in Japan by consumption of *Paralichthys olivaceus* in raw fish. [J] . Clin Infect Dis, 54 (8): 1046-1052.

Matsukane Y, Sato H, Tanaka S, *et al*. 2010. *Kudoa septempunctata* n. sp. (Myxosporea: Multivalvulida) from an aquacultured olive flounder (*Paralichthys olivaceus*) imported from Korea [J] . Parasitol Res, 107 (4): 865-872.

Moran D W, Whitaker D J, Kent M L. 1999. A review of themyxosporean genus Kudoa Meglitsch, 1947, and its impact onthe international aquaculture industry and commercial fisheries [J] . Aquaculture, 172 (1-2): 163-196.

Ohnishi T, Kikuchi Y, Furusawa H, *et al*. 2013. *Kudoa septempunctata* invasion increases the permeability of human intestinal epithelial monolayer [J] . Foodborne Pathog Dis, 10 (2): 137-142.

Yokoyama H, Whipps C M, Kent M L, *et al*. 2004. *Kudoa thyrsites* from Japanese flounder and *Kudoa lateolabracis n*. sp. from Chinese sea bass: causative myxozoans of post-mortem myoliquefaction [J] . Fish Pathol, 39 (2): 79-85.

第二章　水产品分类及其可能携带的重要食源性寄生虫

任何携带危害性寄生虫的水产品被彻底煮熟，都没有风险。只有生的或者不熟的水产品被人食用才有感染的风险。根据风险分析的结果，第一章列出的11类寄生虫可能寄生于水产品中，且大部分存在于可食部位，人类通过水产品接触活的寄生虫，从而被感染。为方便检疫、检疫处理及监管，本章将水产品进行分类，列出每类水产品可能携带的寄生虫，具体见表2－1。

表2－1　各类水产品可能携带的寄生虫

水产品种类	潜在的寄生虫	寄生虫主要的致病属（种）
海鱼类脊椎动物	异尖线虫	异尖线虫属、伪新地线虫属、对盲囊线虫属
	裂头绦虫	裂头属、大复殖孔属
	库道虫	七星库道虫
淡水鱼类脊椎动物	颚口线虫	颚口线虫属
	毛细线虫	菲律宾毛细线虫
	后睾吸虫	支睾属、后睾属、次睾属
	裂头绦虫	裂头属
	异形吸虫	异形属、后殖属、单睾属、棘带吸虫属、星隙吸虫属、原角囊属、拟异属、肾形属、斑皮属
	棘口吸虫	棘口属、棘缘属、棘隙属、低颈属
甲壳类节肢动物（蟹、虾）	并殖吸虫	并殖吸虫属
腹足类软体动物（螺，蛞蝓）	管圆线虫	广州管圆线虫、美国鼠肺蠕虫
	棘口吸虫	
双壳类软体动物（牡蛎、贝）	徐氏拟裸茎吸虫	裸茎属
头足类软体动物（乌贼、章鱼）	异尖线虫	

（续）

水产品种类	潜在的寄生虫	寄生虫主要的致病属（种）
两栖类和爬行类脊椎动物	裂头条虫	迭宫属
	管圆线虫	
水生哺乳类（海象、鲸鱼、海豹）	旋毛虫	本地旋毛虫（*Trichinella native*）
	弓形虫	刚地弓形虫（*Toxoplasma gondii*）

注：旋毛虫和弓形虫已有专门的介绍，因此本书不再详述。

每种寄生虫有一定的分布范围，表 2－2 列出了水产品中涉及的重要寄生虫的主要分布范围及易感中间宿主及终末宿主，检疫人员可以根据这些寄生虫的分布范围决定进出口的水产品是否进行寄生虫检疫。

表 2－2 水产品中重要的寄生虫分布及宿主

寄生虫种类	主要的分布范围	易感水产品种类
异尖线虫	世界各地海域，主要在北大西洋、北太平洋、日本海等 20 多个国家或地区有报道，流行国家有日本、美国、挪威、新西兰及澳洲、欧洲（尤其是英国、法国和西班牙）	鲱鱼、鳕鱼、岩鱼、鲑鱼、鲭、沙丁鱼、凤尾鱼、金枪鱼、鳀鱼、鲇鱼、真鲷、竹夹鱼、鱿鱼等；头足类（乌贼和章鱼）
颚口线虫	世界各地，尤其亚洲，如泰国、日本、越南、老挝、柬埔寨、缅甸等	鳝鱼、泥鳅、乌鱼等
菲律宾毛细线虫	主要在菲律宾、泰国，其次日本、韩国、印度尼西亚、伊朗、埃及，中国台湾	本虫中间宿主特异性低，多种淡水鱼、微咸水鱼可受感染，如鲤鱼、康氏双边鱼、银无须鲃、天竺鲷、银无须鲃、黑塘鳢、印度金龙鲹、大扣扣鱼、短塘鳢
管圆线虫	世界各地，主要分布于热带、亚热带地区。流行于泰国、越南、马来西亚、日本、美国、夏威夷、新赫布里底群岛、中国等	主要腹足类，其他还有甲壳类、两栖类、爬行类。最易感为福寿螺、东风螺、非洲大蜗牛、皱疤坚螺、同型巴蜗牛、短梨巴蜗牛、中国圆田螺、牡蛎、海洋蛤、足襞蛞蝓及双线嗜黏液蛞蝓等

（续）

寄生虫种类	主要的分布范围	易感水产品种类
裂头绦虫	世界各地	淡水鱼、海鱼、两栖类。鱼类最易感的有：梅花鲈、白斑狗鱼、江鳕、河鲈、三文鱼、山女鳟、粉红鲑鱼、大马哈鱼、梭鱼、白眼鲈、溪红点鲑、鲈鱼、虹鳟鱼、红眼鱼、圆头鱼、留香鱼、鲤鱼、黄条鱼、鲤鱼、餐条鱼、凤尾鱼、沙丁鱼
后睾吸虫	亚洲、东欧、中欧及西伯利亚，主要分布中国（包括香港、台湾）、韩国、日本、越南、泰国、德国等	多为淡水鱼，主要鲤科，其次鰕虎鱼科、鲶科等，以及淡水虾；易感品种白亚口鱼、小眼须雅罗鱼、麦穗鱼、克氏鲦鱼、短无须鲃、爪哇鲃、无须鲃，细足米虾、巨掌沼虾
并殖吸虫	世界各地，主要分布于中国、日本、朝鲜、俄罗斯、菲律宾、马来西亚、印度、泰国，以及非洲、南美洲等，其中亚洲报道的种类最多	淡水蟹和蝲蛄等甲壳动物
异形吸虫	世界各地，主要在亚洲，如菲律宾、日本、朝鲜以及中国台湾等	鲶科、鲤科、婢鲈科、鲻科和慈鲷科等鱼类，以及两栖类
徐氏拟裸茎吸虫	韩国	牡蛎，易感的为长牡蛎
棘口吸虫	世界性分布，人体感染多见于亚洲，如韩国、中国、泰国、印度尼西亚、菲律宾和印度	淡水鱼、螺、贝类、蛙等，易感为鲤科鱼类，麦穗鱼 田螺、牛蛙等
库道虫	东亚，主要分布于韩国、日本、中国	比目鱼、大黄鱼
本地旋毛虫	北极和近北极地区	水生哺乳类，海象、鲸鱼、海豹
弓形虫	世界各地	水生哺乳类，海象、鲸鱼、海豹

第三章　水产品寄生虫检疫技术

一、水产品中寄生虫常用检查方法

(一) 直接检查法

适用范围：本方法适用于多种水产品中寄生虫的初步筛查，如异尖线虫、裂头绦虫（裂头蚴）及某些鱼类肌肉中囊蚴的检查等。

方法：直接解剖鱼类。观察皮表、皮下、肌肉、脏器及其他部位有无异常的囊包或虫体。用组织剪将可疑组织剪下，或用镊子挑出虫体，放入平皿，放在解剖显微镜下检查；若目标为较小的虫体，可将组织剪成小块，或切成薄片，用两张载玻片将样本夹在中央，尽可能地将样本压成薄片，在低倍显微镜下，从压片一端的边沿开始观察，直到另一端为止。图 3－1 为三文鱼鱼肉中的异尖线虫，图 3－2 为蛙腿肉中的裂头蚴。

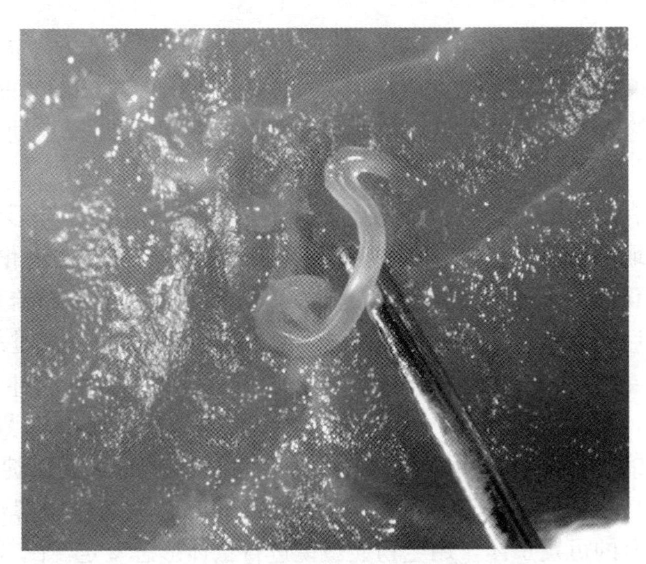

图 3－1　直接检查法检出鱼肉中异尖线虫 L3
（李树清，李雯雯）

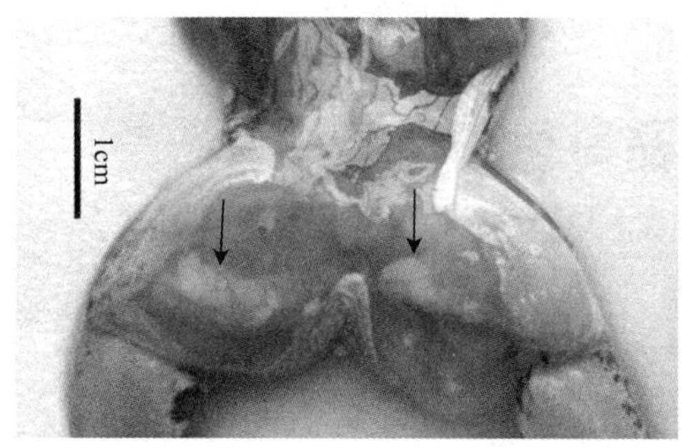

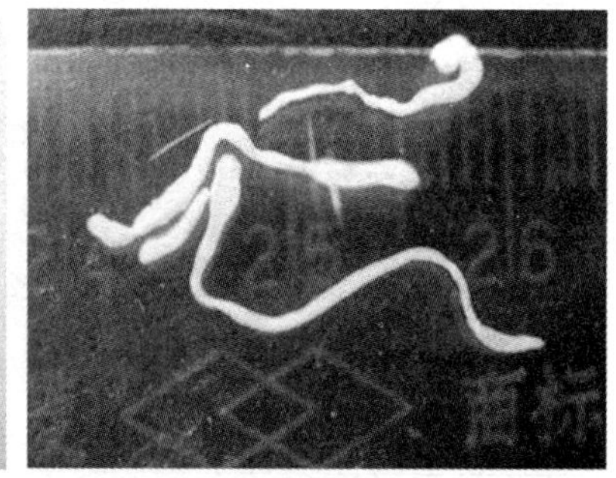

图 3－2　直接检查法检出蛙腿部肌肉中裂头蚴（见白点），右图为分离出的虫体
（李健，黄维义，2015）

广州管圆线虫推荐用肺检法（刘和香，2007）。将螺压碎剔壳，沿外套膜的左侧至后侧的基部剪开，将外套膜向右翻开取外套膜的后半部分的一个大小约为 24mm×14mm 椭圆形的囊状结构（肺囊），然后剪开囊袋两边沿，翻开囊袋呈单层后铺平直接光镜下观察其有无幼虫结节。若囊袋层壁较厚，尽量拉平，或用解剖针拨动等手段观察囊壁组织的幼虫结节。

（二）消化检查法

适用范围：本方法适用于多种水产品中寄生虫的检查，方便检查寄生在较深层肌肉或组织内较难发现的寄生虫，同时可对组织中散布存在的寄生虫进行富集，便于检查，如异尖线虫、颚口线虫幼虫、广州管圆线虫幼虫及吸虫囊蚴等。

方法：消化法所用器具包括磁力搅拌器、铜筛、烧杯、锥形量筒等，将鱼分尾解剖取内脏或肌肉分别撕成小块后，按照样本与人工消化液 1∶5 的比例加入消化液，置于磁力搅拌机上 37 ℃消化过夜，以组织恰好完全消化为度。消化后的悬液用 10 目铜筛（铜筛型号换算见表 3－1）过滤至 500mL 或 1 000mL 尖底量筒（即沉淀杯），滤液体积至少占 2/3 沉淀杯体积，可用蒸馏水补足，沉淀时间为 15～30min，倾倒上层液体，小心保留下层沉渣，再次添加蒸馏水检测吸虫囊蚴时最好添加生理盐水进行水洗沉淀，重复 3～5 次后直至上层液体澄清。全部沉渣分次吸入玻璃平皿，用解剖显微镜观察，挑出所有的可疑虫体，用生物显微镜进行虫体形态鉴定。图 3－3，图 3－4 为消化法检查出的颚口线虫和吸虫囊蚴。

表 3-1 分样筛直径与型号换算表

筛孔直径（mm）	目数	筛孔直径（mm）	目数
4.0	5	0.60	30
3.2	6	0.56	32
2.5	8	0.50	35
2.0	10	0.45	40
1.6	12	0.40	45
1.43	14	0.355	50
1.25	16	0.315	55
1.00	18	0.300	60
0.90	20	0.250	65
0.80	24	0.220	70
0.71	26	0.200	80
0.63	28		

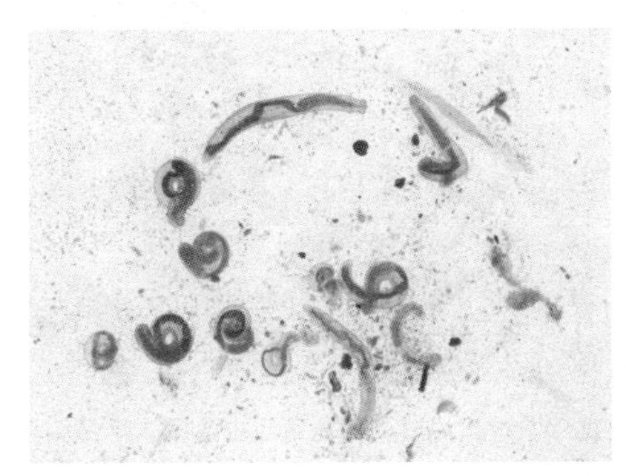

图 3-3 消化后在体视镜下检出的颚口线虫（4×10）（李雯雯，李树清）

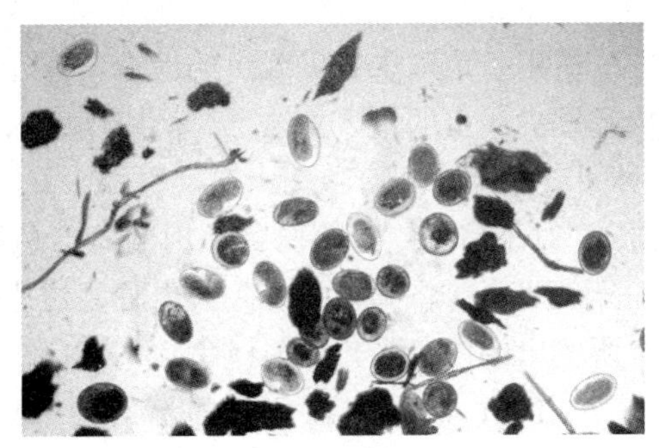

图 3-4 消化后在体视镜下检出的多种吸虫囊蚴（4×10）（李雯雯，李树清）

(三) 机械捣碎法

适用范围：本方法适用于甲壳类水产品中寄生虫囊蚴的检查，如并殖吸虫囊蚴等。

方法：将甲壳类水产品（如溪蟹、喇蛄）用竹筒和木棒捣碎。用 40 目铜筛过滤去除蟹壳，置 500mL 或 1 000mL 尖底量筒水洗沉淀 4～5 次，每次沉淀 5～10min，全部沉渣分次吸入玻璃平皿，用解剖显微镜观察，收集囊蚴，用生物显微镜进一步进行形态学鉴定。图 3－5 为捣碎法检出溪蟹中的并殖吸虫囊蚴。

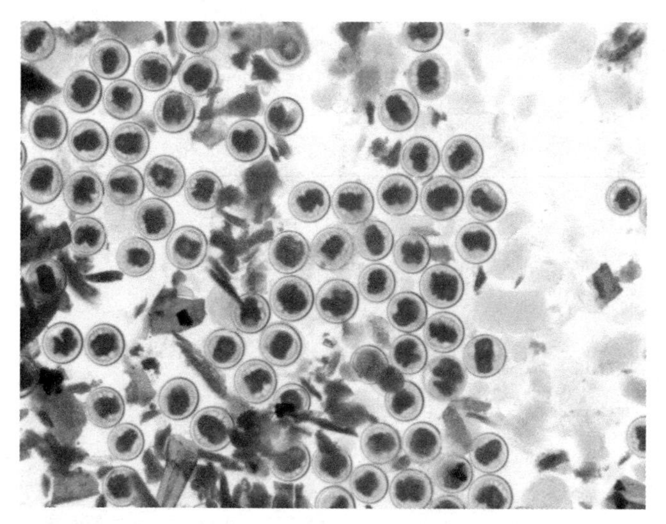

图 3－5　捣碎法检出溪蟹中的并殖吸虫囊蚴（李雯雯，李树清）

(四) 烛光法

适用范围：本方法适用于鱼肉中异尖线虫的检查。紫外灯烛光法和白光灯烛光法是工厂在线检查异尖线虫的主要方法，广泛应用于水产品领域的在线检查（Valdimarsson，1985；Pippy，1970）。

1. 白光灯烛光法　对于诸如鳕鱼等白色鱼肉的海产鱼类，白光灯烛光法可检出鱼片样品中的异尖线虫。将鳕鱼去皮、去内脏、切片后，放置于灯检台上。灯检台中白光灯所发出的白色光，透射过鱼片，使存在于鱼片表面的异尖线虫呈现出红棕色或乳白色；而镶嵌在鱼片内部的异尖线虫则表现为深色阴影。

烛光台要求：坚固工作架，工作台为半透明的丙烯酸塑料，下置“白色冷光”白炽温度 4 200K 的光源，建议至少用 2 只 20W 的荧光灯管。工作面积为 30cm×60cm，厚 5～6mm。工作面上方平均光强度应为 1 500～1 800lx。照度分布的比率应为 3∶1∶0.1，即光源正上方的亮度是照区外侧的 3 倍；可见视野外侧的亮度应不大于内视野的 0.1 倍，烛光台附近上方的光照强度（间接光）应大于等于 500lx。图 3－6 为白光灯烛光法检查出的鱼肉中的异尖线虫。

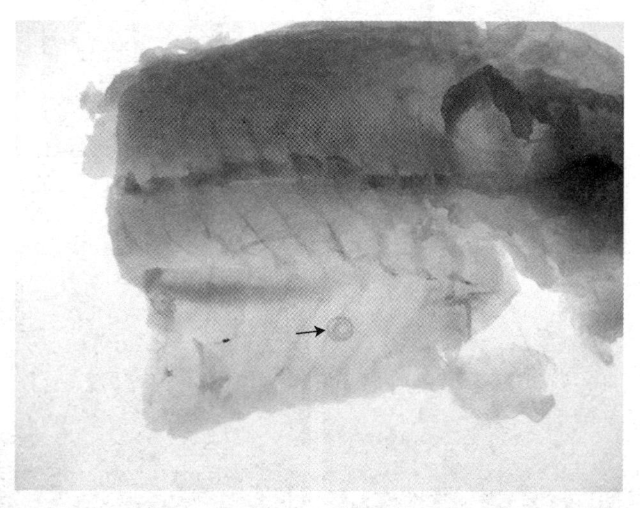

图 3－6　鱼肉中的异尖线虫（周君波，黄维义，2011）

2. 紫外灯烛光法　大马哈鱼等海产鱼类为红色鱼肉，透光率低，因此无法使用白光灯烛光法检测。检测红色鱼肉中的异尖线虫主要原理为：在中心波长为 360 nm 的紫外线照射下，异尖线虫会被激发出白色荧光。利用这一性质，将红色鱼片放置于暗室内，即可明显观察到异尖线虫被激发出的荧光（杨贤林，2013）。可将异尖线虫虫体挑出，放置于显微镜下进行观察，通过形态学特征进行鉴定。

烛光法作为一种在线无损检测方法，能耗较低、简便快捷，并且在检测过程中即可随时将异尖线虫挑出，极大地满足了水产加工厂高通量的加工要求，因此广泛应用于工厂在线检测。但是，烛光法也存在着固有的缺陷：对工人经验和专注度要求苛刻；无法保证高检出率；耗费大量人工。根据文献报道，烛光法的检出率仅为 50%～70%（Levsen，2005；Jenks，1996；周君波．2011）。图 3－7，图 3－8 为紫外灯烛光法检出异尖线虫。

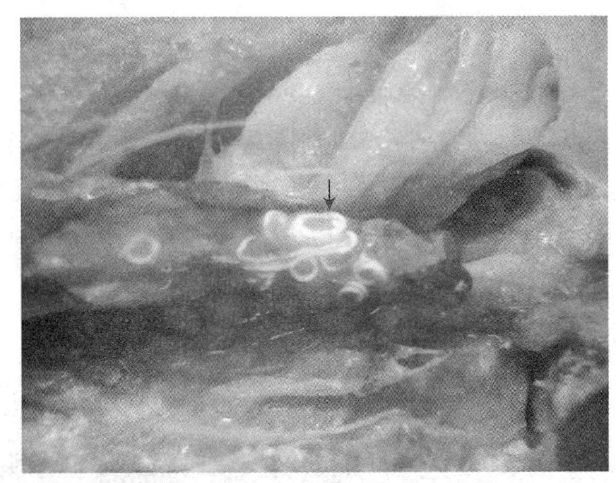

图 3－7　紫外灯烛光法检测大马哈鱼肌肉中的异尖线虫（周君波，2011）

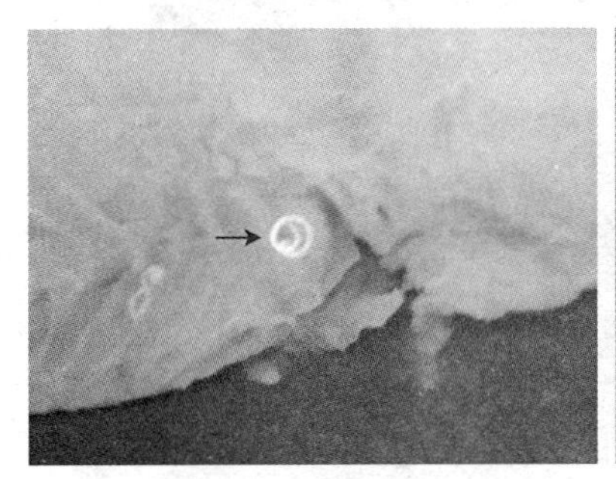

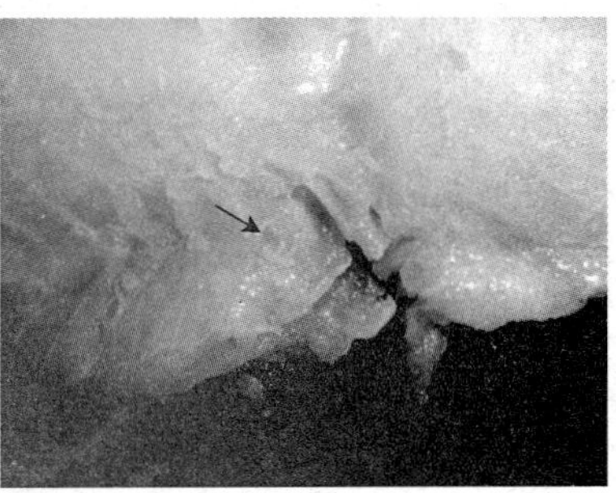

图 3－8　左：紫外灯烛光法检测鳕鱼肌肉中的异尖线虫（周君波，2011）
右：相同位置普通光线下见到的异尖线虫（周君波，2011）

二、虫体的采集、固定与保存方法

（一）线虫的采集、固定与保存方法

线虫的采集：一般用极细毛笔或标本针轻轻挑出虫体，置于盛有生理盐水的平皿或托盘中，应避免用器具夹取，造成虫体体表损坏。取出的虫体要在生理盐水中（线虫对渗透压敏感，在清水中易死亡）清洗干净，可将虫体放于半满的试管或瓶内振荡清洗，清洗时注意勿使虫体损坏。

线虫的固定与保存方法：线虫成虫水洗时间不宜过长，除去口腔内及交合伞上的附着物后，即将虫体放入加热至 70℃的 70％乙醇（v/v）中获得伸直的虫体（酒精加热至有小气泡升起时约为 70℃）。待冷却后，将虫体移入 70％乙醇中保存。标签应用较硬的纸，用铅笔书写，内容应包括标本编号、采集地点、宿主及其产地、寄生部位、虫名、保存液种类和采集时间，将以上内容一式两份书写，一份与虫体一起放入瓶中，一份贴于瓶外。

70%乙醇保存线虫的方法，适用于后续的分子生物学试验，但在70%乙醇保存液中，虫体容易皱缩。如果后期主要进行形态观察，可使用巴氏液（福尔马林3mL与97mL等渗生理盐水混合）保存虫体。

（二）吸虫的采集、固定与保存方法

吸虫的采集：同线虫的采集方法，对特别小的吸虫（如异形吸虫）需要将寄生部位肠道剪下，置于盛有生理盐水的平皿或托盘中37℃温育2h后，用毛笔将虫刷洗下来。

吸虫的固定与保存方法：吸虫、绦虫均需压片固定，以备染色制片。将新鲜的虫体置于两张载玻片中，以线或橡皮筋固定玻片，使虫体压平、压薄（适用于中小型虫体），在5%福尔马林液中固定4～5h，也可在70%酒精中固定，但应优先选择5%福尔马林液。特别小的吸虫可以用吸管吸取，置于载玻片上，用盖玻片盖住虫体，再从盖玻片一边缝隙中逐滴加入固定液。固定后的虫体如暂不做检查，可移入10%福尔马林液中长期保存。

（三）绦虫的采集、固定与保存方法

绦虫的采集：同线虫的采集，有些绦虫成虫头节深埋于肠黏膜中，为保持其完整性，可将含有头节的肠壁剪下，连同所附的整个虫体浸入自来水中数小时，每隔半小时换水一次，共换水3～4次。使绦虫肌肉松弛，头节自行与肠壁脱离。将整条绦虫仍置于自来水之中1～2h，使其清净，肌肉松弛，注意避免虫体扭团成结。

绦虫的固定与保存方法：对较长的虫体可平整地缠在试管或圆筒上，浸入5%福尔马林液中保存。如要鉴定虫种制作染色玻片标本，须将虫体按厚、薄分段置于两载玻板中加压后放入5%福尔马林液中24～48h，在操作过程中切勿损坏虫体。

（四）用于分子生物学研究的样本处理方法

（1）活体标本准备开展分子生物学研究的生物材料，如现场采集的蠕虫（活虫）成虫、幼虫或虫卵，可选用以下固定方法进行保存：

（1）固定于20%二甲基亚砜（DMSO）饱和盐水溶液中（其中DMSO 20

份、饱和盐水 80 份）存放 4℃冰箱。

（2）直接固定于 100％无水乙醇。

（3）可将活虫体直接保存于－70℃冰箱中。如果需要兼顾分子生物学鉴定和形态学鉴定，可将标本保存于 70％的乙醇中，放 4℃冰箱短期保存。

三、寄生虫鉴定方法

（一）形态学观察方法

1. 线虫：乳酚液透明法

大部分线虫样本需要透明。先将固定的虫体移入乳酚液与水 1∶1 等量混合液中 15～30min，再移入乳酚液中数分钟后，透明虫体即可放在载玻片上，盖上盖玻片在显微镜下观察。较小的虫体可直接放在载玻片上加乳酚液，盖上盖玻片在显微镜下观察，以免虫体在液体中移动时丢失。虫体观察后，用 70％乙醇清洗后，再放入 70％乙醇中保存。

2. 吸虫、绦虫染色法

已压片固定于福尔马林液内的虫体标本应先取出水洗 1～2h，而后循序通过 30％、50％、70％的酒精各 0.5～1h，再投入盐酸卡红染色液中。若标本已保存于 70％酒精中，将标本回水（逐步通过 50％、30％、10％酒精和水），再压片并用 5％的福尔马林液固定 4～5h。而后再同上步逐步过酒精之后染色。虫体在染色液中过夜使之染成深红色。

自染色液中取出的虫体放入酸酒精（70％酒精 100mL 加浓盐酸 2mL）中褪色，使虫染颜色深浅分明，即虫体外层呈淡红色，内部构造呈深红色；虫体移入 80％、95％酒精和 100％酒精中各 0.5～1h；移入二甲苯或水杨酸甲酯（推荐使用水杨酸甲酯）中透明；已透明的虫体，移置载玻片上加一滴中性树胶，加盖玻片封固。注意此步应在干燥、通风的环境下迅速操作。封片干后即可在显微镜下观察，（图 3－9，图 3－10）。

（二）扫描电镜观察处理方法

前处理：取保存于 70％酒精溶液中的寄生虫标本，用 pH 7.4 0.1mol/L 的磷酸盐溶液（PBS）清洗 3 次，每次 15min（用 5％福尔马林液固定的标本直接进入下一步）；戊二醛（浓度 2.5％）溶液 4℃避光固定 3h，或过夜；用 pH 7.4 0.1mol/L 磷酸盐缓冲液（PBS）冲洗 3 次，每次 15min；锇酸（浓度 1％）溶液固定 1.5h；用 pH 7.4 0.1mol/L 磷酸盐缓冲液（PBS）冲洗 3 次，

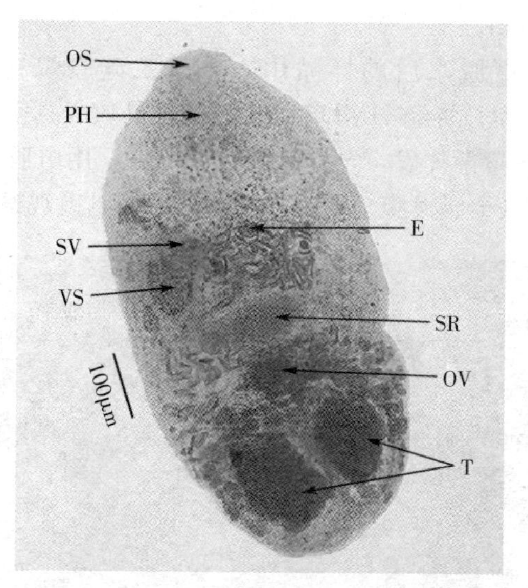

图 3-9　横川后殖吸虫成虫卡红染色图（100×，黄腾飞，2014）
OS：口吸盘　PH：咽　VS：复吸盘　SV：贮精囊　OV：子宫　SR：受精囊　T：睾丸　E：虫卵

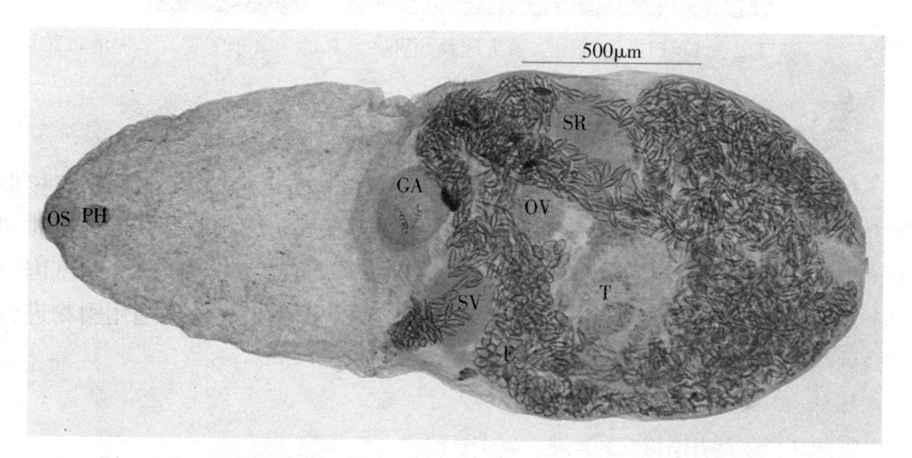

图 3-10　钩棘单睾吸虫吸虫成虫卡红染色图（100×，黄腾飞，2014）
OS：口吸盘　PH：咽　GA：腹殖吸盘复合器　SV：贮精囊　OV：子宫　SR：受精囊　T：睾丸　E：虫卵

每次 15min；乙醇梯度脱水：30%、50%、70%、80%、90%、100%（2次），每次脱水 15min。

真空干燥：梯度脱水后的样品用六甲基二硅胺烷（Hexamethyl disilazane，HMDS）干燥；将经 HMDS 处理过的样品放入真空干燥瓶中，在低真空状态下使 HMDS 逐渐挥发，至样品彻底干燥后，用电胶将样品固定在专用的样品台上；喷金（金属镀膜）离子溅射金；扫描电镜观察拍照，见图3-11。

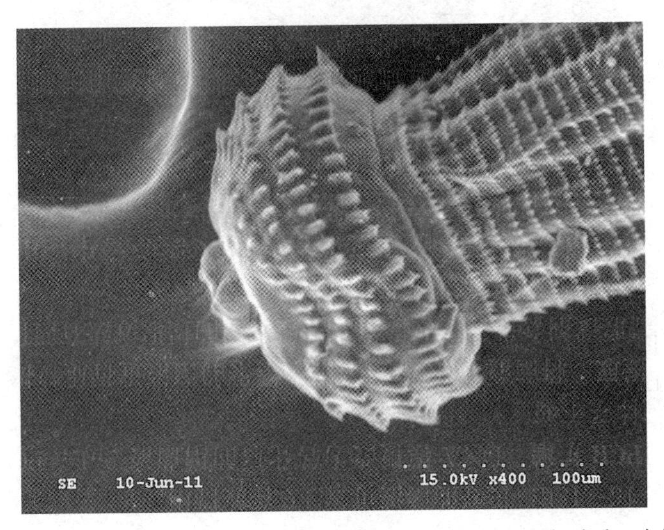

图 3-11 颚口线虫 L3 扫描电镜图（示头球及颈乳突，400×）（李雯雯，李树清，2011）

（三）分子生物学鉴定

1. 引物的选择 目前广泛应用于寄生虫分类鉴定的分子标记主要有核糖体 DNA 第一内转录间隔区（ITS1）、第二内转录间隔区（ITS2）和线粒体细胞色素 c 氧化酶第Ⅰ亚基（COX1）。用于虫种鉴定的引物可根据这 3 种基因序列来进行设计。在虫种无法进行初步形态鉴定的情况下，可使用通用引物进行扩增后测序比对。

部分寄生虫常用的通用引物：

吸虫 ITS2 通用引物（李健，2013）：

基于复殖目吸虫 rDNA ITS2 区设计引物，可扩增多数复殖目吸虫 ITS2 区域，适用于大部分吸虫。

上游引物 primer A：5'-GGTACCGGTGGATCACTCGGCTCGTG-3'；

下游引物 primer B：5'-GGGATCCTGGTTAGTTTCTTTTCCTCCGC-3'。

目的片段长度：约 500bp。

颚口线虫属 ITS2 引物（Almeyda - Artigas RJ，2000）：

基于颚口线虫属的 ITS2 基因设计的颚口线虫属通用引物，适用于所有颚口线虫 ITS2 基因扩增。

上游引物 primer A：5' - TGTGTCGATGAAGAACGCAG - 3'；

下游引物 primer B：5' - TTCTATGCTTAAATTCAGGGG - 3'。

目的片段长度：约 600bp。

裂头科绦虫 ITS 通用引物（李雯雯等，2011）：

基于裂头科绦虫 rDNA ITS 区序列设计引物（扩增的 ITS 区包括部分 18S 基因，ITS - 1，5. 8S 基因，IT2 和部分 28S 基因），可扩增大部分裂头科绦虫。

上游引物 primer A：5' - ACTTGATCATTTAGAGGAAGT - 3'；

下游引物 primer B：5' - CTCCGCTTAGTGATATGCT - 3'。

目的片段长度：约 1 300bp，见图 3 - 12，图 3 - 13。

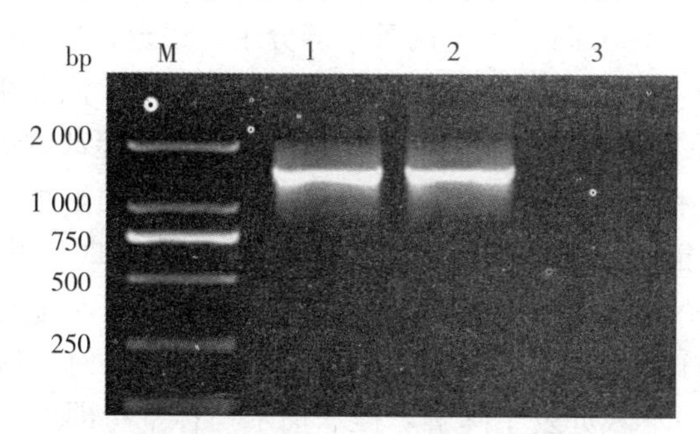

图 3 - 12　欧猥迭宫绦虫 ITS 基因 PCR 电泳图

M. 2000bp Marker　1～2. 欧猥迭宫绦虫　3. 空白对照

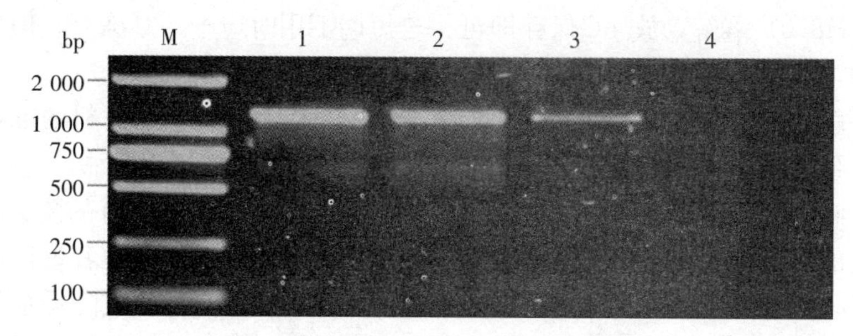

图 3 - 13　阔节裂头绦虫与日本海裂头绦虫 ITS 基因 PCR 电泳图

M. 2000bp Marker　1. 日本海裂头绦虫人体分离株　2. 日本海裂头绦虫人体分离株　3. 阔节裂头绦虫　4. 空白对照

2. DNA 提取

(1) 固定剂及固定方法对 DNA 的影响　固定剂的类型直接影响提取 DNA 的质量。目前大多数实验室常用的中性缓冲福尔马林固定剂固定的标本，DNA 保存完好，可以获得高分子量 DNA。乙醇被认为是保存核酸的最佳固定剂。用无水乙醇固定标本 48h，最长达 2 年，均可得到中量的高分子 DNA。

组织固定时间太短或太长均会导致 DNA 的降解，不同标本对不同固定剂所需的最佳固定时间应摸索选定。常规组织固定应在 12～110h。福尔马林保存的标本基因组 DNA 的破坏程度与保存时间没有直接的关系，主要与保存液是否被暴露于空气中发生氧化有关（Banerjee，1995），这是福尔马林保存的标本所提取的基因组 DNA 电泳检测的结果始终为弥散带的主要原因。

固定温度等其他因素对 DNA 的影响，核酸与固定剂的反应由反应成分、浓度、酸碱度及温度等因素的调节，其中温度效应显得特别重要。室温下 DNA 双股螺旋链表现为两条由氢键连接的互补多聚核苷酸；加热到 65℃时，氢键开始断裂；约 90℃时，产生两条单链分子。最近，Koshiba 等发现福尔马林固定过程中的 DNA 降解，是由于固定温度高、pH 低及甲酸的存在所致。通过应用缓冲福尔马林和低温下固定（4℃），可以明显改善 DNA 保存。酸性环境中 DNA 的降解已有过深入的研究。一般认为，强酸可导致 DNA 的完全解聚，而弱酸也能引起一些结构改变。当 pH2.5 以下时，几乎所有碱基之间氢键解离，使 DNA 双链断裂而产生不可逆的变性；加入盐或降低温度可稳定氢键，因而可防止酸性条件下的 DNA 变性。然而，既使福尔马林被氢氧化钠中和，在室温下 DNA 亦发生降解，提示福尔马林本身即可降解 DNA。此外，在 DNA 释放出来以后的提取过程中，应尽可能轻柔操作，避免过多地移管。若必须移管时应选用大口吸管。尽可能避免人为的 DNA 剪切。纯化 DNA 用 TE（pH8.0）溶解，放 4℃保存即可。若短期不用时应－20℃冻存，但切忌反复冻融，以免 DNA 降解。

一般从福尔马林保存的标本中提取 DNA 的基本步骤包括材料的准备、前处理、蛋白质消化、酚氯仿抽提和酒精沉淀。在提取过程中由于福尔马林对蛋白质水解酶的抑制作用，以及福尔马林诱导的蛋白交联本身固有的耐火性，蛋白消化的效果被大大降低。大部分 DNA 在酚氯仿抽提过程中随着蛋白质一同丢失了，从而使提取的 DNA 含量显著降低。因此，如何避免或降低福尔马林对标本的影响是标本 DNA 成功提取和扩增的关键。从中性福尔马林缓冲液保存标本中提取的 DNA 质量要优于没有缓冲液的标本（Goelz，1985）。甲醛溶于水可以生成水合甲醛，因此可以用水冲洗标本，为了置换出标本中的福尔马林，在消化之前，用缓冲液长时间地浸泡标本。但由于此反应是可逆的，随着甲醛的减少，部分甲醛始终残留在标本中，造成下一步实验的障碍。因此，引入乙醇与标本中的甲醛反应，生成半缩醛和缩醛，再通过酒精的更换被清除出标本。对标本进行适度加热（95 ℃左右）会促使某些交联松解（Wu，2002），从而提高蛋白酶 K 的消化效果；在一定范围内，蛋白酶 K 加入量与 DNA 的产量成正比，加入过量的蛋白酶 K 会增加 DNA 产量（Kösel，1994；Diaz - cano，1997；Savioz，1997），而适量加入还原剂（DTT）也有利于提高 DNA 产量（Houze，1996）。Sato 等认为较高的退火温度会减少福尔马林保存标本 DNA 扩增产物中的非特异性条带的产生（Sato，2001）。

（2）样本 DNA 提取前处理

①新鲜虫体直接进行 DNA 提取。

②乙醇固定的虫体标本先用 0.01mol/L 灭菌 PBS 浸泡洗涤 3 次后进行 DNA 提取。

③浸泡于福尔马林中标本，用 PBS 溶液冲洗，放在灭菌的吸水纸上将其揩干，于超净工作台内用无菌剪刀将材料剪成 50 mg 的小块，放入 PBS 液浸泡 12 ～ 24 h 后转入 70 %的乙醇中处理 12 ～ 24 h 。依次换入下列梯度酒精中处理：80 %乙醇 2 h，重复一次；90%乙醇 2 h，重复一次；95%乙醇 2 h，重复一次；100 %乙醇 1 h，重复一次。然后将材料放入 1/2 倍的 PBS 液中浸泡 12h，其间更换一次溶液。

（3）样本 DNA 提取步骤　样本 DNA 的提取可使用商品化试剂盒，也可使用传统的方法。前者提取的 DNA 一般纯度较高，后者一般含量较高。传统的 SDS 酚氯仿抽提 DNA 步骤如下：

①样品中加入 150μL SDS buffer（配制方法见后），匀浆。若提取的是吸虫囊蚴，需先加入少量玻璃珠振荡 5～10min，使其脱囊。

②加入 350μL SDS buffer 和 5μL 蛋白酶 K（20mg/ml），50 ℃孵育 1～3h 至消化完全。

③ 在混合液中加入 240μL 苯酚∶氯仿∶异戊醇（25∶24∶1）混匀，12 000g 离心 10min。

④ 吸上清液（约 500μL）入新的 1.5ml 离心管，加入 500μL 预冷的无水乙醇（－20 ℃），充分混匀，放入－20 ℃ 1h 沉淀，冷冻离心 12 000g，15min。

⑤弃上清液，加入 500μL 70%乙醇洗涤 2 次，每次冷冻离心 12 000g，3min。

⑥倒干乙醇 37 ℃干燥后加入 10×TE 溶解 DNA，于－20 ℃冰箱保存备用。

3. PCR 扩增及电泳

PCR 常用扩增体系（总体积 25μL）：

ddH_2O	13.8μL
10×Buffer	2.5μL
$MgCl_2$（25mmol/L）	2.5μL
dNTPs（2.5mmol/L）	2.5μL
上游引物（10μmol/L）	0.5μL
下游引物（10μmol/L）	0.5μL
模板 DNA	2.5μL
Taq 酶（5U/μL）	0.2μL

PCR 常用扩增条件：

94℃变性	3min	
94℃变性	30sec	35 个循环
56℃复性	30sec	
72℃延伸	30sec	
72℃延伸	7min	

延伸时间可根据扩增片段的长度进行调节，一般按照 1min 扩增 1kb 计算。复性温度可根据引物设计的最佳退火温度调节。

琼脂糖凝胶电泳：

用 1×TAE 缓冲液配制 1.5%的琼脂糖凝胶，加入 10mg/mL E.B. 至终浓度为 1μg/mL。电泳时，取 10μL PCR 产物与 0.5μL 20 倍加样缓冲液混合均匀，加到琼脂糖凝胶孔中，以 DNA Marker（如 DL2000）做对照，双蒸水为模板的 PCR 产物作空白对照。用 120V 电压进行电泳 30min，取凝胶在紫外凝胶成像系统下观察，拍照并记录结果。PCR 产物进行琼脂糖凝胶电泳并观察后，将符合预期目的条带切下，按普通琼脂糖凝胶 DNA 回收试剂盒说明书进行胶回收纯化。

4. 纯化的 PCR 产物连接质粒载体 连接步骤通常如下：

pMD18－T vector	0.8μL
Solution Ⅰ	5.0μL
胶回收 PCR 产物	4.5μL

总体系为 10.3μL，混匀瞬离后于 16℃连接 12h。

5. 感受态细胞的制备　从 DH5α 平板上取一单菌落，接种 5mL LB 液，37℃ 200r/min 振摇过夜；从接有 DH5α 的 LB 液体培养基中取出 1%的菌液接种于另一 LB 试管，37℃ 200r/min 振摇 3h，以便大量扩增 DH5α，使其处于对数生长期，保证转化后的质粒能大量增殖。

取出 LB 试管，在超净台内将 LB 液分装于 1.5mL Eppendorf 管中，每管 1mL，在冰盒中冰浴 10min，4℃ 5 000r/min 离心 1min；弃上清液，倒尽，倒置于滤纸上 1min，稍干燥后，加入用冰预冷的 0.1mol/L 的 $CaCl_2$ 200μL 重悬菌体，冰浴 30min（不能剧烈吹打，否则会破坏菌体）。4℃ 5 000r/min 离心 1min，弃上清液，倒置于滤纸上 1min，稍干燥后，加入用冰预冷的0.1mol/L 的 $CaCl_2$ 80μL 重悬菌体。将做好的感受态细胞保存在 4℃，8～10h 内可用于转化。

6. 转化　将 10μL 连接产物加入 DH5α 感受态细胞悬液中混匀，冰浴 30min；热休克，42℃，90s，立即轻移至冰浴 2min。

加 LB 液 800μL，在 37℃摇床上，200r/min 振摇 1h，4 000r/min 离心 5min，弃一半上清液后重悬。

取 50～100μL 菌体均匀涂布于含氨苄（ampicillin，Amp）的 LB 板上，37℃培养过夜（16～18h）；从 Amp 板上挑取单菌落接种于 5mL 氨苄 LB 液，200rpm 振摇 16～18h；长好的菌液可置 4℃存放待用。

7. 菌液 PCR 扩增　DNA 模板改为转化后的增菌液 2μL；PCR 反应条件及 PCR 反应体系不变。

8. 质粒提取　将菌液 PCR 鉴定为阳性结果的菌液进行质粒提取。质粒提取可用质粒提取试剂盒进行提取操作。一般常用的提取方法有两种，即碱裂解法和煮沸法，以下介绍用碱裂解法小量制备质粒 DNA。

（1）将 1～5mL 振摇培养过夜的菌液倒入离心管中，用 4℃离心机 12 000r/min离心 1min，尽量吸除上清液（菌液较多时可以通过多次离心将菌体沉淀收集到一个离心管中），剩余的菌液可贮存于 4℃。

（2）碱裂解法

①将细菌沉淀重悬于 250μL 用冰预冷的溶液Ⅰ（见常用试剂配制）中，剧烈振荡。须确使细菌沉淀在溶液Ⅰ中完全分散，将两个离心管的管底部互相接触震荡，可使沉淀迅速分散。

②加 250μL 新配制的溶液Ⅱ（见常用试剂配制）。盖紧管口，快速颠倒离心管 6～8 次，以混合内容物。应确保离心管的整个内表面均与溶液Ⅱ接触。不要振荡，将离心管放置于冰上。

③加 350μL 用冰预冷的溶液Ⅲ（见常用试剂配制）。盖紧管口，立即温和地上下翻转 6～8 次，充分混匀，此时将出现白色絮状沉淀。之后将管置于冰上 3～5min。

④用离心机 4℃ 12 000r/min 离心 10min，将上清液转移到另一新的离心管中。

⑤加入 2 倍体积的无水乙醇于室温沉淀双锭 DNA。振荡混合，于室温放置 2min。

⑥用微量离心机于 4℃以 12 000r/min，离心 5min。

⑦小心吸去上清液，将离心管倒置于一张纸巾上，以使所有液体流出。再将附于管壁的液滴除尽。

⑧用 1mL70％乙醇于 4℃洗涤双链 DNA 沉淀，去掉上清液，在空气中使核酸沉淀干燥 10min。

⑨待沉淀干燥后，溶于 0.05mLTE 缓冲液中。

9. 测序分析 PCR 产物可直接送测序公司测序，如果 PCR 产物不能直接成功测序，需将扩增产物连接质粒载体克隆后将菌液或克隆质粒送测序公司测序。测序获得的序列经 Lasergene 7 序列处理软件校正处理后，使用 NCBI 的 BLAST 在线工具（http：//blast. ncbi. nlm. nih. gov/Blast. cgi）进行序列的同源性比对。

常用序列分析工具：

NCBI：http：//www. ncbi. nlm. nih. gov/；

(GenBank 序列获取：http：//www. ncbi. nlm. nih. gov/nuccore；BLAST 序列比对：http：//blast. ncbi. nlm. nih. gov/Blast. cgi)；

Lasergene 7（序列处理软件）；

ClustalW2：http：//www. ebi. ac. uk/Tools/clustalw2/index. html（多重序列分析软件）；

MEGA 6.0（系统发育分析软件）。

10. 阳性克隆载体的保存 克隆菌液的保存：取 50％甘油（已高压）与菌液按 1∶1 比例混匀，－70℃保存。

克隆质粒的保存：抽提好的质粒，可直接放入－20℃或－70℃冰箱保存。

（四）动物感染实验

在食源性寄生虫检验中，大多数虫体是处于幼虫阶段。有些可以通过形态鉴定出种类，有些幼虫阶段的形态特征不足，难以区别，需要通过动物接种发育到成虫阶段以便准确鉴定，或因研究目的需要培养到成虫阶段。用动物接种方法培养成虫，要根据不同寄生虫的生活史决定用何种动物。一般要基本了解采到的虫体大致是什么寄生虫，其终末宿主有哪些，哪些实验动物可以感染等。如果是囊蚴，也可根据采集的生物种类、寄生部位，初步判断寄生虫的种类及其终末宿主。终末宿主为水禽的可用鸭子，终末宿主为哺乳动物的可用小鼠、大鼠或兔等其他实验动物，也可用其他终末宿主动物如犬、猫。感染量可参考相关文献自行调整，如需较多虫体可以适当加量。以下介绍一些方法供参考。

1. 螺蛳中的棘口吸虫囊蚴　可以将阳性螺直接饲喂阴性雏鸭，每鸭各 20 颗。从感染后第 8 天开始进行粪便检查，至发现粪便中有虫卵排出时，收集虫卵进行拍摄测量。以蠕虫学完全解剖法收集虫体，活体观察后保存，制备成染色标本观察鉴定（杨磊，2015）。

2. 溪蟹中的并殖吸虫囊蚴　按常规法解剖螺蛳、溪蟹，分离并殖吸虫尾蚴、囊蚴。选择阴性雄性猫、犬用作动物试验。每只家猫饲喂并殖吸虫囊蚴 50 个，每只家犬饲喂并殖吸虫囊蚴 200 个，饲养 100 天后取粪便查找并殖吸虫卵，对虫卵阳性动物剖杀检查肺脏，查找并殖吸虫成虫（傅广华等，2012）。

3. 徐氏拟裸茎吸虫　牡蛎中收集到的后尾蚴可以培养到成虫用于鉴定或其他研究。用 NCTC109 培养液加 20%胎牛心血，在 41℃（37℃不成功），含 5%～8%的二氧化碳条件下体外培养或用后尾蚴人工感染小鼠可以得到成熟排卵的虫体（Kook et al.，1997）。

4. 鱼体内的囊蚴　鱼体内的囊蚴种类较多，有华支睾吸虫、后睾吸虫、次睾吸虫、棘口吸虫、异形吸虫等。如能初步分辨出种属（详见各病原部分），可按其终末宿主作为实验动物。如华支睾吸虫、棘口吸虫、异形吸虫、后睾吸虫可用猫、犬感染，次睾吸虫用鸭子感染。

后睾科的吸虫（华支睾吸虫、后睾吸虫、次睾吸虫）：取感染有吸虫囊蚴的鱼肉压片或研细、水洗、沉淀，直接镜检，分离囊蚴初步鉴定并计数。每只动物可用 120 个吸虫囊蚴感染，或直接喂含同等量囊蚴的麦穗鱼。至发现粪便中有虫卵排出时或在感染后 30 天剖法收集虫体。

棘口吸虫中日本棘隙吸虫囊蚴参考感染量：犬 3 600 个、猫 1 000 个、豚鼠 500 个、小鼠和金色仓鼠 100 个。感染后 5～9 天达到成虫期。福建棘隙吸虫感染犬（2 000 个囊蚴），虫体回收率最高，也可感染豚鼠和鸡（均 1 000 个囊蚴）（林金祥等，1985；林金祥，郭忠福，1994）。

异形吸虫多个种类用大鼠、仓鼠、鸽子、猫、犬都能感染。因虫体极小很难找到，感染量越大越好，一周内剖检找虫，需将肠道内容物仔细清洗查找（Sommerville，Christina，1982；Díaz，MT Hernandez，2008；张鸿满等，2006）。

四、常用试剂的配制

1. 人工消化液（1%胃蛋白酶）

胃蛋白酶	10.0g
浓盐酸	10mL
去离子水	1 000mL

搅拌溶解，现配现用

2. 乳酚液（Lactophenol solution）**配制**（线虫透明液）

苯酚	50mL
乳酸	50mL
甘油	100mL
蒸馏水	50mL

3. 盐酸卡红染色液的配制 蒸馏水 15mL 加盐酸 2mL，煮沸趁热加入卡红染粉 4g，再加 85%的酒精 95mL，再滴加浓氨水中和，等出现沉淀，放凉、过滤，滤液即为盐酸卡红染色液，配制溶液置于阴暗处保存。

4. 0.1mol/L 磷酸盐缓冲溶液（PBS）

NaCl	8g
KCl	0.2g
Na_2HPO_4	1.44g
KH_2PO_4	0.24g

双蒸水溶解定容至 100 mL，调 pH7.4

5. 饱和盐水的配制 取所需体积的水，然后向水中加氯化钠，一边加一边搅拌，一直到不能再溶解为止，然后用滤纸和漏斗将得的固液两相溶液过滤。通常在室温下 100mL 水可溶解 36.5g 氯化钠左右，它随温度的变化影响不明显。

6. SDS 缓冲液的配制

0.5% SDS

200mmol/L Tris

25mmol/L EDTA

250mmol/L Nacl

7. TE（pH8.0）**的配制**

1 mol/L Tris. HCl（pH8.0）5mL

0.5mol/L EDTA（pH8.0）1mL

定容至500mL。

8. Tris-乙酸电泳缓冲液（TAE）**的配制**

50× TAE的配制：

三（羟甲基）氨基甲烷（Tris碱） 242 g

冰乙酸 57.1 mL

0.5 mol/L EDTA（pH 8.0） 100 mL。

加蒸馏水定容至1 000 mL，混匀4 ℃保存备用。临用前做50倍稀释。

1× TAE使用液的配制：

50× TAE 20 mL

加蒸馏水定容至1 000 mL，混匀备用。

9. 1.5%琼脂糖凝胶的配制 琼脂糖1.5 g，加1×TAE定容至100 mL，完全融化后，溶液冷却至60℃，加10 mg/mL EB 5μL（终浓度0.5μg/mL），轻轻混匀后，倒板。

10. 碱裂解法质粒提取 溶液Ⅰ

50mmol/L 葡萄糖

25mmol/L Tris. HCl（pH8.0）

10mmol/L EDTA（pH8.0）

溶液Ⅰ可成批配制，每瓶约100ml，在121℃高压蒸气灭菌15min，贮存于4℃。

11. 碱裂解法质粒提取 溶液Ⅱ

0.2mol/L NaOH（临用前用10mol/L贮存液现用现稀释）

1% SDS

12. 碱裂解法质粒提取 溶液Ⅲ

5mol/L 乙酸钾 60mL

冰乙酸 11.5mL

水 28.5mL

所配成的溶液对钾是3mol/L，对乙酸根是5mol/L。

13. LB液体培养基的配制

胰蛋白胨（Tryptone） 10g/L

酵母提取物（Yeast extract） 5g/L

氯化钠（NaCl）　　　　　　　5g/L

加 1 000mL 去离子水，121℃高压灭菌 20min。

14. LB 固体培养基的配制　在 LB 液体培养基中加入琼脂，使之浓度为 1.5%，高压灭菌后，至适温后倒板。

15. 100mg/mL 氨苄青霉素配制　取 5g 氨苄青霉素（Ampicillin）移入 50mL 容量瓶，加入 40mL 蒸馏水，充分混合溶解后定容至 50mL，用 0.20μm 滤膜过滤除菌分装到 1.5mL 离心管，−20℃保存。

16. 氨苄青霉素培养基的配制　LB 液体或固体培养高压后冷却至适温，加入 0.1%（100mg/mL）氨苄青霉素使终浓度为 100μg/mL。

参 考 文 献

傅广华，邓文强，刘巧．等．2012. 粤北山区并殖吸虫流行分布现状初步研究［J］．中国人兽共患病学报，28（11）：1120－1125.

李健，全琛宇，石云良，等．2013. 食蟹猴体内瓦氏瓦特松吸虫 ITS 序列测定及其种系发育分析［J］．国际医学寄生虫病杂志，40（6）：305－310.

李雯雯，李健，李树清，等．2011. 桂林蛇源裂头蚴分离株的分子鉴定及种系发育关系分析［J］．动物医学进展，10：28－32.

林金祥，程由注，梁崇真，等．1985. 日本棘隙吸虫的流行病学调查与实验感染［J］．中国寄生虫学与寄生虫病杂志，2：89－91

林金祥，郭忠福．1994. 福建棘隙吸虫流行病学调查与感染实验［J］．寄生虫与医学昆虫学报，3：10－15.

刘和香，张仪，吕山，等．2007. 三种方法检测福寿螺肺囊内广州管圆线虫效果的比较研究［J］．中国寄生虫学与寄生虫病杂志，25（1）：53－56.

杨磊．2015. 小土蜗螺中食源性吸虫种类调查［D］．广西南宁：广西大学动物科学技术学院．

杨文远．1983. 寄生虫标本的采集保存及制作技术［M］．武汉：武汉医学院出版，2－52.

杨贤林．2013. 基于成像技术的海产鱼片中异尖线虫检测［D］．青岛：中国海洋大学．

姚永政．1974. 常见人体寄生虫学实验技术手册［M］．北京：人民卫生出版社，138－211.

张鸿满，黎学铭，谭裕光，等．广西淡水鱼携带异形科吸虫囊蚴的调查研究［J］．中国人兽共患病杂志，2006，22（2）：111－113.

郑思明，王云芳．1980. 卫生防疫检验［M］．上海：科学出版社：169－182.

周君波．2011. 海洋鱼类中异尖线虫的感染情况调查和灯检技术研究［D］．广西南宁：广西大学动物科学技术学院．

[J]. Biochem, 8: 3214－3218.

Almeyda3－Artigas R J, Bargues M D, Mas－Coma S. 2000. ITS－2 rDNA sequencing of *Gnathostoma* species (nematoda) and elucidation of the species causing human Gnathostomasis in the Amercas [J]. J Parasitol, 86 (3): 537－544.

Banerjee S K, Makdisi W F, Weston A P, *et al*. 1995. Microwave－based DNA extraction from paraffin－embedded tissue for PCR amplification [J]. *Biotechniques*, 18 (5): 768－770.

Brutlag D, Schlehuber C, Bonner J. 1969. Properties of formaldehyde treated nucleohistone

Chaw Y F M, Crane L E, Lange P, *et al*. 1980. Isolation and identification of cross links from formaldehyde treated nucleic acids [J]. Biochem, 19: 5525－5531.

Diaz－cano S J, Brady S P. 1997. DNA extraction from formalin－fixed, paraffin－embedded tissues: protein digestion as a limiting step for retrieval of high－quality DNA [J]. Diagn Mol Pathol, 6: 342－346.

Douglas M P, Rogers S O. 1998. DNA damage caused by common cytological fixatives [J]. Mutation Res, 401: 77－88.

Dubeau L, Chandler L A, Gralow J R, *et al*. 1986. Southern blot analysis of DNA extracted from formalin－fixed pathology specimens [J]. Cancer Res. 46 (6): 2964－2969.

Díaz M T, Hernandez L E, Bashirullah A K, 2008. Studies on the life cycle of Haplorchis pumilio (Looss, 1896) (Trematoda: Heterophyidae) in Venezuela [J]. Revista Científica, 18 (1): 35－42.

Freese M. 1970. Distribution of Triaenophorus crassus parasites in whitefish flesh and its significance to automatic detection of the parasites with ultrasound [J]. J Fish Res. Bd Canada, 27: 271－279.

Goelz S E, Hamilton S R, Vogelstein B. 1985. Purification of DNA formaldehyde fixed and paraffin embedded human tissue [J]. Biochem Biophys Res Commun, 130: 118－126.

Hafsteinsson H, Parker K, Chivers R, *et al*. 1989. Application of ultrasonic waves to detect sealworms in fish tissue [J]. J Food Sci, 54 (2): 244－247, 273.

Hafsteinsson H, Rizvi S S H. 1987. A review of the sealworm problem: biology, implications and solutions [J]. J Food Prot, 50 (1): 70－84.

Houze T A, Gustavsson B. 1996. Sonification as a means of enhancing the detection of gene expression levels from formalin－fixed, paraffin－embedded biopsies [J]. Biotechniques, 21: 1074－1082.

Jenks W G, Bublitz C G, Choudhury G S, *et al*. 1996. Detection of parasites in fish by superconducting quantum interference device magnetometry [J]. J Food Sci, 61: 865－869.

Kösel S, Graeber M B. 1994. Use of neuropathological tissue for molecular genetic studies: parameter s affecting DNA extraction and polymerase chain reaction [J]. Acta Neuropathol, 88: 9-25.

Kook J, Lee S H, Chai J Y. 1997. In vitro cultivation of Gynvriophalioides seoi metacercariae (Digenea: Gymnophallidae) [J]. Korean J Parasitol, 35 (1): 25-29.

Levsen A, Lunestad B R T, Berland B R. 2005. Low detection efficiency of candling as a commonly recommended inspection method for nematode larvae in the flesh of pelagic fish [J]. J Food Prot, 4: 828-832.

Pippy J H C. 1970. Use of ultraviolet light to find parasitic nematodes *in situ* [J]. J Fish Res Bd Can, 27: 963-965.

Sato Y S, Sugie R, Tsuchiya B, *et al*. 2001. Comparison of the DNA extraction methods for polymerase chain reaction amplification from formalin fixed and paraffin-embedded tissues [J]. Diagn Mol Pathol, 10: 265-271.

Savioz A, Blouin J L, Guidi S, et al. 1997. A method for the extraction of genomic DNA from human brain tissue fixed and stored in formalin for many years [J]. *Acta Neurpathol*, 93: 408-413

Sivertsen A H, Heia K, Stormo S K. 2010. Automatic nematode detection in cod fillets (*Gadus Morhua*) by transillumination hyperspectral imaging [J]. J Food Sci. 76: 77-83.

Sommerville C. 1982. The life history of *Haplorchis pumilio* (Looss, 1896) from cultured tilapias [J]. Journal of Fish Diseases, 5 (3): 233-241

Stormo S K, Sivertsen A H, Heia K, *et al*. 2007. Effects of single wavelength selection for anisakid roundworm larvae detection through multispectral imaging. J Food Prot. 70: 1890 - 1895.

Valdimarsson G, Einarsson H, King F J. 1985. Detection of parasites in fish muscle by candling technique [J]. J Assoc Off Anal Chem, 68: 549-551.

Wu L, Patten N, Yamashiro C, *et al*. 2002. Extraction and amplification of DNA from formalin fixed, paraffin embedded tissues [J]. Appl Immunohistochem Mol Morphol, 10: 269-274.

第四章　国家及组织对水产品中寄生虫的管理规定

一、联合国粮农组织/世界卫生组织

（一）食源性寄生虫排序及管理（FAO，WHO，2014）

由寄生虫引起的食源性疾病通常被称为被忽略的疫病。从食品安全方面来说，寄生虫没有得到与生物源性和化学源性食品污染同等水平的关注。然而，寄生虫导致了人类严重的疾病。寄生虫感染可能持续、严重，有时甚至引起死亡，从而给食品安全、社会安全、生活质量及民生方面带来巨大的危害。

食源性寄生虫可通过摄取被环境、动物（通常为其粪便）或者人群（通常由于卫生条件差）污染有寄生虫的感染阶段（孢子、囊蚴、卵囊、虫卵、幼虫及包囊阶段）的新鲜或加工食品而传播。食源性寄生虫也可因食入含有寄生虫感染阶段的饲养动物、野生动物及鱼等生的或未充分煮熟的，或加工不完全的肉及肉屑而传播。尽管寄生虫在宿主体外不能繁殖，但常规食品加工可人为地扩大食品污染数量，增加感染人数（如不同来源肉品生产的香肠）。

值得注意的是，公共卫生权威机构对大多数寄生虫性疾病没有进行强制管理。因此，官方的报道不能如实地反映寄生虫病的流行或事件（漏报）。由于数据的缺乏，全球食源性寄生虫病对公共卫生的影响存在许多不确定情况，但世界卫生组织（WHO）食源性疫病流行病学参考组（FERG）评估了由寄生虫引起的疾病负担。FERG 估测 2005 年全球有 5 620 万人通过食物感染吸虫，其中 780 万有严重后遗症，死亡 7 158 人。

每种寄生虫的生活史及流行病学的复杂性在食源性寄生虫病风险因素的鉴定、预防和控制起着关键的作用。由于潜伏期长、亚临床症状的特性及认识不清，以及慢性后遗症使得寄生虫病的监测非常复杂。人类行为、人口特征、环境、气候的变化，土地的使用和贸易及其他因素的改变，使食源性寄生虫病的传播加快。全球化的食品贸易为此类病的传播提供了新的机会，食品的偏好和消费方式的差异，如在未来的 20 多年全球新兴国家对肉的消费大幅增加，食生的、未充分煮熟的、烟熏的、腌制的、风干的肉、鱼或海鲜及外来食物如野味的趋势增加。气候变化对寄生虫生活史的影响主要表现在几个方面，如寄生虫传播中的宿主数量（一个、两个或者多个）、中间宿主或媒介的存在与否、自由生活阶段及保虫宿主的种类。气候改变可能潜在的影响寄生虫宿主的栖息地，由于极端天气的出现及某些食物来源出现新的压力而导致食品受污染的可能性大大升高。

食品卫生法典委员会（the Codex Committee on Food Hygiene，CCFH）在2010年举行的第42次会议上，要求联合国粮农组织（FAO）和世界卫生组织（WHO）总结目前食源性寄生虫的现状及对公共卫生和贸易的影响，为CCFH就寄生虫相关产品的突出问题提供指导和建议，以便风险管理机构在遇到相关问题时能够找到可行的方案。在此基础上，CCFH将决定制定的通用指导方针作为法典附件的可行性。应此要求，2012年FAO和WHO在FAO总部意大利罗马召开了专家会议，形成“基于多指标打分为基础的食源性寄生虫排序及风险管理报告”。

1. 对寄生虫的识别、排序 根据“征集数据”（2011年7月）以及相关专家提供的资料，最终确定了一份包含92种寄生虫的综合表格。该表的目的在于掌握全球人类通过消费食品而感染寄生虫病的相应途径。2012年7月相关专家发出的就每种寄生虫对全球和地区的重要性给予“不重要”到“非常重要”的在线问卷调查，最终认为对92种寄生虫进行评分超出了会议的范围。因此，将这些评分的结果用于创建了一个寄生虫初始优化的三级的评分体系。该体系随后被专家用于会议的筛选管理，在会议主席及副主席的领导下，专家们通过纳入和排除标准减少了列表中寄生虫的种类。首先根据寄生虫种或属进行了分组；然后，在适用的情况下，根据传播途径、临床表现和食源性食品的来源进行划分。当食源性疾病的比例被忽略或寄生虫仅仅局限于有限的地理区域时这类寄生虫就被排除。因此，最终排名表仅有24种寄生虫被列入其中。

最终评分的标准为：①全球食源性疾病的病例数（发病）；②全球分布（地区的数量）；③急性发病的严重程度（死伤权重）；④慢性发病的严重程度（死伤权重）；⑤慢性疾病的比例（%）；⑥病死率（%）；⑦增加人类负担的可能性；⑧国际贸易中该食源性寄生虫的相关程度；⑨对经济弱势群体的影响范围。在这一评分体系当中，每一参数都有相应的权重，但其中的3个与发病严重程度参数（急性发病的严重程度、慢性发病的严重程度、慢性疾病的比例）被合并成一个单一调整参数，即表示发病严重程度的权重参数。因此，用于计算每种寄生虫计分的指标最终为7个权重指标，反映出每个指标对总分的相对重要性。

表 4-1　寄生虫分级表

50%以上的专家认为是全球重要的食源性寄生虫		
Anisakis simplex 简单异尖线虫	*Echinococcus granulosus* 细粒棘球绦虫	*Toxocara canis* 犬弓首蛔虫
Anisakis spp. 异尖线虫	*Echinococcus multilocularis* 多房棘球绦虫	*Toxocara cati* 猫弓首蛔虫
Ascaris lumbricoides 人蛔虫	*Entamoeba histolytica* 溶组织内阿米巴	*Toxoplasma gondii* 刚地弓形虫
Clonorchis sinensis 华支睾吸虫	*Fasciola gigantica* 巨片形吸虫	*Trichinella britovi* 布氏旋毛虫
Cryptosporidium hominis 人隐孢子虫	*Fasciola hepatica* 肝片形吸虫	*Trichinella pseudospiralis* 伪旋毛虫
Cryptosporidium parvum 微小隐孢子虫	*Giardia lamblia* 篮氏贾第鞭毛虫	*Trichinella spiralis* 旋毛虫
Cryptosporidium spp. 隐孢子虫	*Taenia saginata* 牛带绦虫，	*Trichuris trichiura* 毛首鞭形线虫
Diphyllobothrium latum 阔节裂头绦虫	*Taenia solium* 猪带绦虫	*Trypanosoma cruzi* 克氏锥虫
Diphyllobothrium spp. 裂头绦虫		
40%以上的专家认为是全球重要的食源性寄生虫		
Ancylostoma duodenale 十二指肠钩虫	*Gnathostoma spinigerum* 棘颚口线虫	*Sarcocystis* spp. 肉孢子虫属
Balantidium coli 结肠小袋纤毛虫	*Hymenolepis nana* 微小膜壳绦虫	*Taenia asiatica* 亚洲带绦虫
Cyclospora cayetanensis 卡耶塔环孢子虫	*Metagonimus* spp. 后殖吸虫属	*Trichinella nativa* 乡土旋毛虫
Enterobius vermicularis 蠕形住肠线虫	*Necator americanus* 美洲钩虫	*Opisthorchis felineus* 猫后睾吸虫
在全球或者地区具有较高得分重要食源性寄生虫		
Angiostrongylus cantonensis 广州管园线虫	*Opisthorchis viverrini* 麝猫后睾吸虫	*Sarcocystis hominis* 人肉孢子虫
Blastocystis spp. 芽囊原虫属	*Paragonimus heterotremus* 异盘并殖吸虫	*Strongyloides stercoralis* 粪类圆线虫
Capillaria philippinensis 菲律宾毛细线虫	*Paragonimus* spp. 并殖吸虫	*Trichinella murrelli* 穆氏旋毛虫
Fasciolopsis buski 布氏姜片吸虫	*Paragonimus westermani* 卫氏并殖吸虫	

（续）

其余的寄生虫		
Alaria alata 有翼翼状吸虫	*Echinostoma revolutum* 卷口棘口吸虫	*Nanophyetus salmincola* 鲑隐孔吸虫
Alaria americana 美洲翼状吸虫	*Echinostoma* spp. 棘口属吸虫	*Paragonimus kellicotti* 克氏并殖吸虫
Alaria spp. 翼状吸虫属	*Gastrodiscoides hominis* 人拟腹盘吸虫	*Pseudoterranova decipiens* 迷惑伪新地线虫
Ancylostoma ceylanicum 锡兰钩口线虫	*Gnathostoma binucleatum* 双核颚口线虫	*Sarcocystis fayeri* 法氏肉孢子虫
Angiostrongylus costaricensis 哥斯达管圆线虫	*Gnathostoma hispidium* 刚刺颚口线虫	*Sarcocystis suihominis* 猪人住肉孢子虫
Baylisascaris spp. 贝蛔属蛔虫	*Haplorchis pumilio* 钩棘单睾吸虫	*Spirometra erinaceieuropaei* 欧猬迭宫绦虫
Blastocystis hominis 人芽囊原虫	*Haplorchis* spp. 单睾吸虫属	*Spirometra mansoni* 曼氏迭宫绦虫
Capillaria hepatica 肝毛细线虫	*Haplorchis taichui* 扇棘单睾吸虫	*Spirometra mansonoides* 拟曼氏迭宫绦虫
Centrocestus spp. 棘带吸虫属	*Heterophyes* spp. 异形吸虫属	*Spirometra ranarum* 蛙迭宫绦虫
Contracaecum（*Phocascaris*）对盲囊线虫	*Hymenolepis diminuta* 长膜壳绦虫	*Spirometra* spp. 迭宫绦虫属
Cystoisospora belli 贝氏（囊）等孢球虫	*Kudoa septempunctata* 七星库道虫	*Taenia multiceps* 多头带绦虫
Dicrocoelium dendriticum 枝双腔吸虫	*Lecithodendriid flukes* 枝腺吸虫	*Taenia serialis* 锯齿状带绦虫
Dientamoeba fragilis 脆双核阿米巴	*Linguatula serrata* 锯齿舌形虫	*Trichinella papuae* 巴布亚旋毛虫
Dioctophyme renale 肾膨结线虫	*Mesocestoides lineatus* 线形中殖孔绦虫	*Trichinella zimbabwensis* 津巴布韦旋毛虫
Diplogonoporus grandis 大复殖孔绦虫	*Mesocestoides variabilis* 变异中殖孔绦虫	*Trichostrongylus* spp. 毛圆线虫属

表 4-2　全球最重要的 24 种食源性寄生虫

综合排序	寄生虫名称		包含的种	次要寄生食品
1	猪带绦虫	*Taenia solium*		
2	细粒棘球绦虫	*Echinococcus granulosus*		
3	多房棘球绦虫	*Echinococcus multilocularis*		

（续）

综合排序	寄生虫名称		包含的种	次要寄生食品
4	刚地弓形虫	*Toxoplasma gondii*		新鲜果蔬，海产品，奶制品
5	隐孢子虫	*Cryptosporidium* spp.		
6	溶组织内阿米巴	*Entamoeba histolytica*		
7	旋毛虫	*Trichinella spiralis*		马，野生动物
8	后睾科吸虫	*Opisthorchiidae*	*Opisthorchis felineus* 猫后睾吸虫 *Opisthorchis viverrini* 麝猫后睾吸虫	
9	蛔虫	*Ascaris spp.*		
10	克氏锥虫	*Trypanosoma cruzi*		
11	蓝氏贾第鞭毛虫	*Giardia duodenalis*		软体动物，甲壳类动物
12	片形吸虫	*Fasciola* spp.		
13	圆孢子虫	*Cyclospora cayetanensis*		
14	并殖吸虫	*Paragonimus spp.*	*Paragonimus* spp. 并殖吸虫属 *Paragonimus heterotremus* 异盘并殖吸虫 Paragonimus westermani 卫氏并殖吸虫 *Paragonimus kellicotti* 克氏并殖吸虫	
15	毛首鞭虫	*Trichuris trichiura*		
16	旋毛虫 （除 *Trichinella spiralis*）	*Trichinella* spp.	*Trichinella britovi* 布氏旋毛虫 *Trichinella pseudospiralis* 伪旋毛虫 *Trichinella nativa* 乡土旋毛虫 *Trichinella murrelli* 穆氏旋毛虫 *Trichinella papuae* 巴布亚旋毛虫 *Trichinella zimbabwensis* 津巴布韦旋毛虫	猪肉

（续）

综合排序	寄生虫名称		包含的种	次要寄生食品
17	异尖线虫科	*Anisakidae*	Anisakis spp. 异尖线虫 *Anisakis simplex* 简单异尖线虫 *Pseudoterranova decipiens* 迷惑伪新地线虫	
18	结肠小袋纤毛虫	*Balantidium coli*		
19	牛带绦虫	*Taenia saginata*		
20	弓首蛔虫属	*Toxocara* spp.		
21	肉孢子虫属	*Sarcocystis* spp.		
22	异形科	*Heterophyidae*	*Metagonimus* spp. 后殖属 *Centrocestus* spp. 棘带属 *Heterophyes* spp. 异形属 *Haplorchis* spp. 单睾属 *Haplorchis pumilio* 钩棘单睾吸虫 *Haplorchis taichui* 扇棘单睾吸虫	
23	裂头科绦虫	*Diphyllobothriidae*	*Diphyllobothrium latum* 阔节裂头绦虫 *Diphyllobothrium* spp. 裂头属绦虫 *Diphlogonoporus grandis* 大复殖孔绦虫	
24	迭宫属绦虫	*Spirometra* spp.	*Spirometra* spp. 迭宫绦虫 *Spirometra erinaceieuropaei* 欧猥迭宫绦虫 *Spirometra mansonoides* 拟曼氏迭宫绦虫 *Spirometra ranarum* 蛙迭宫绦虫	

根据调查问卷结果将所列寄生虫根据其相关性分为三级。一级为50%以上的专家归为“非常重要或较重要”寄生虫。二级为40%以上的专家归为“非常重要或较重要”寄生虫。三级包括全球或地区最重要的，得分最高的寄生虫，四级包含余下的寄生虫（表4-1）。

专家们进一步细化这四级寄生虫，合并寄生虫的属或科，同时考虑其传播途径、临床表现和食源性感染源，并对这些寄生虫根据以上的标准，评估打分，综合排序列出了24种全球最重要的食源性寄生虫（表4-2）。有些重要寄生虫没有列入24种食源寄生虫中，因为这些寄生虫分布非全球性的，或者感染人的概率很少等原因，这些寄生虫见表4-3。

表4-3　未列入最重要的寄生虫及原因

大类	未列入的寄生虫	未列入的原因
肉源性的	*Taenia asiatica* 亚洲带绦虫	地区性分布
	Taenia serialis 锯齿状绦虫	人感染机会少
鱼源性和贝源性的	*Capillaria philippinensis* 菲律宾毛细线虫	地区性分布——菲律宾
	Contracaecum spp. 对盲囊线虫 *Phocascaris* spp. 豹蛔虫属	发生食源性的概率小
	Echinostoma spp. 棘口吸虫	地区性分布——东南亚
	Gnathostoma spp. 颚口线虫	地区性分布——东南亚
	Kudoa septempunctata 七星库道虫	地区性分布——东南亚
	Lecithodendrid flukes 枝腺吸虫	地区性分布——东南亚
植物（水果和蔬菜源性，包括浆果和果汁）	*Blastocystis* spp. 芽囊原虫属	食源性感染的概率可以忽略
	Strongyloides stercoralis 粪类圆线虫	食源性感染的概率可以忽略
	Ancylostoma spp. 钩虫	食源性感染的概率可以忽略
	Necator americanus 美洲钩虫	食源性感染的概率可以忽略
其他	*Angiostrongylus cantonensis* 广州管圆线虫	地区性分布——亚太地区
	Hymenolepis spp. 膜壳绦虫	食源性感染的概率可以忽略

本次排名给出了当今全球重要食源性寄生虫的一个概览，并创造了一种一目了然且可重复运用的有用工具。该工具可以通过强调不同指标和是否进行加权得到各种不同的运用。而至关重要的是，将来对该排名工具及策略的应用是以透明的方式进行的。通过使用这种方法，人们可以重复计分流程并对结果进行比较。

专家们使用多指标分析方法对最重要的寄生虫进行了排名，该方法明确界定了那些高排名的寄生虫和那些被认为是低级别的寄生虫。显然猪带绦虫的重要性位列榜首，而有意见认为排在第二、第三和第四的寄生虫之间的差异并不太明显。同样地，排在第五、第六和第七位的寄生虫彼此得分非常接近。这表明就食源性寄生虫的整体情况而言，个体之间的排名并不太重要。而通过对这些指标所占权重的解释可知，公共健康重要性是确定排名次序的主要因素，几乎与该寄生虫造成的疾病及其严重程度对排名有同等的重要性。正因为考虑到了这个因素的重要性，因此细粒棘球绦虫排名高居第二位，其次是多房棘球绦虫。

弓形虫排名第四。这种寄生虫病的疾病负担主要在于对未出生婴儿以及免疫功能受损人群（如：HIV/AIDS，器官移植病人）造成严重的威胁。然而，获得性弓形虫病也同样可能成为额外的重要的疾病负担，还存在许多不确定因素。其排序受有效的数据的影响；数据缺乏或当数据有限的时候，对寄生虫/食品的分类会更加困难。而新的数据也可能会影响排名。例如，越来越多揭示弓形虫病与慢性疾病和精神疾病之间联系的论文可能使其排名在不久的将来进一步上升。因此，寄生虫的排名并非是绝对的或不变的；为了保持它的时效性和适用性，必须定期进行更新，这一方法同样适用于优先区域和国家的政策或研究活动。从国家或区域水平来看可能会有更多特定数据，由于不同参数的重要性也会导致不同的判断，从而导致地域层次的不同排名。

值得风险管理人员注意的是，异尖科线虫在整体重要性中排名较低（第17位），而它的贸易指标分较高，并且在一些国家的报道中被当作是一类重要的寄生生物。这些国家可能是鱼类贸易或鱼类消费的较大的国家。

相反，在整体排名较高的寄生虫，可能在贸易方面的关注度并不高。其中一个例子是刚地弓形虫，它可能在肉制品中普遍存在，但它极为微小，并不影响产品的外观，且缺乏快速、廉价和准确的检测方法。因此，对于贸易而言，它的排名低于那些肉眼可见和容易检测的寄生虫。

在报道中，FAO/WHO具体列出的鱼源和贝源寄生虫引起的寄生虫病有：异尖线虫病（异尖线虫）、毛细线虫病（菲律宾毛细线虫）、肝吸虫病、颚口线虫病、棘口吸虫病、库道虫感染、后睾吸虫病、并殖吸虫病、异形吸虫病、裂头蚴病。

异尖线虫病（包括伪新地线虫属）：异尖线虫病在东亚国家和地区流行，包括日本、韩国、中国大陆和台湾。随着寿司和生鱼片越来越受欢迎，其在全球的广泛分布可能与目前FAO/WHO正进行的讨论有一定程度的相关性。该类寄生虫对人类感染影响最大的是简单异尖线虫。在日本，在2001～2005年，一共有2 511个病例报道。基于对健康保险索赔收据的调查估计，日本每年有几个至几千个病例。异尖线虫病目前还没有在东南亚和南亚国家，包括印度、泰国和越南地区报道。迷惑伪新地病例仅报道于日本和中国台湾。

毛细线虫病：菲律宾毛细线虫在菲律宾、日本、泰国、中国台湾、印度尼西亚和印度都有报道，截至2012年，一共有三起报道。

肝吸虫病：东方肝吸虫、华支睾吸虫，在东亚和东南亚，包括中国大陆及台湾、越南、韩国，对社会经济有重要影响，对日本影响程度较轻。估计全球一共有3 500万人被感染，其中接近1 500万分布在中国的27个省（自治区、直辖市），相比上个10年翻了3倍。在韩国有200万人感染，流行率为1.4%～21%。在日本，1960年流行率为1.0%～54.2%，1961年为10.9%～66%，但是现在几乎消失了。在越南，北部64省中15省流行率为19.5%（0.2%～40%）。在中国台湾，流行率为10%～20%。印度很少有病例报道。值得注意的是，这些流行率的统计是基于血清学调查，因此可能因交叉反应而得到错误的结果。另外，由于这些病原主要发生在国内，而不是国际贸易中的肉类，所以目前这些疾病在亚洲没有当作严重的事情。

颚口线虫病：颚口线虫主要分布在东南亚国家。2000～2011年日本一共有40个颚口线虫病例报道，中国有86例，其他亚洲国家有34例。截至2012年，已经有14病例报道，分别是中国、泰国、越南、印度、老挝、缅甸、柬埔寨、孟加拉国、马来西亚、印度尼西亚、菲律宾和印度。

棘口吸虫病：据报道，棘口吸虫在泰国流行率为0.04%～55.3%，在中国为1.5%～20.1%，在越南只有1例，在印度有几例。

库道虫感染：最近仅日本有报道，食用未冷冻的生比目鱼（Hirame）导致库道虫感染（病原是七星库道虫），但自从这种病原体被鉴定且重视后，这种事件的数量正在逐步上升。截至2011年，已报道33次事件，包含473个病例，疫情暴发很常见。比目鱼消费中毒事件其实可以避免，通过在−20℃冷冻4h或者在90℃加热5min，即可杀死病原。然而，考虑到活鱼的高市场价值，渔业机构正在想办法研究无库道虫的渔业养殖。目前，未冷冻的比目鱼只在东亚包括日本、韩国销售，但是如果比目鱼贸易越来越受欢迎的话，库道虫会对食品贸易产生重大影响。

后睾吸虫病：后睾吸虫病主要局限于东亚国家，那些地方人们常食生的鱼。在泰国，后睾吸虫病的流行率为15.7%。在老挝，后睾吸虫病的流行率为37%～86%。在柬埔寨，后睾吸虫病就发现过几例。在越南南部64个省份的9个省份中，后睾吸虫病流行率为1.4%～37.9%。在马来西亚，报道过1例后睾吸虫病。在印度，还没有报道。

并殖吸虫病：卫氏并殖吸虫局限于一些东南亚国家和中国，有着重要的社会经济影响。这个寄生虫是通过蜗牛传染给生的虾蟹，然后再传染给人或其他哺乳动物，比如猫和犬，引起并殖吸虫病。因而，并殖吸虫病主要分布于吃生蟹肉的国家和地区，有地域性。在中国，有医学影响的种类主要包括卫氏并殖吸虫、四川并殖吸虫、异盘并殖吸虫、会同并殖吸虫（*Paragonimus hueitungensis*）、斯氏并殖吸虫。卫氏并殖吸虫在中国大陆的24个省（自治区、直辖市）已经被报道过，流行率在4.1%～5.1%，大约有1亿9千5百万人有感染卫氏并殖吸虫病的风险。在越南，根据血清学调查，64个省中的10个省份，感染率为0.5%～15%。成虫主要发现于犬和猫，通过形态学和分子学鉴定为异盘并殖吸虫。在泰国，68省中有23省报道。日本曾经有200例报道，最近只有几例。菲律宾部分地区通过血清学调查，流行率为27.2%～40%。在印度，主要限于东南部几个地区，包括曼尼普尔邦、那加兰邦和阿鲁纳恰尔邦，这些地区主要是异盘并殖吸虫，血清流行率高达50%。值得注意的是这些流行率的统计是基于血清学调查，因此可能因交叉反应而得到错误的结果。另外，这些感染通常发生在国内，而不是国际贸易的肉类，所以目前这些疾病在亚洲没有当作严重的事情。

小型肠吸虫：小型肠吸虫包括异形科（扇棘单睾吸虫属、钩棘单睾吸虫属、横川后殖吸虫属、后殖吸虫属、棘带吸虫属）、棘口科（棘口属、棘隙属），韩国报道过许多小型肠吸虫病例，鉴定出19个种。在越南，小型肠吸虫广泛分布，具有较高流行率（一些地区超过50%），发现感染人的有6个种。吸虫在泰国很常见。中国、日本、印度也有病例报道。

裂头蚴病：日本报道过一例人感染欧猬迭宫绦虫引起裂头蚴病（输入性病例），越南和印度也有一些报道。

2. 对得分较高的寄生虫的风险管理方案 在表4-2中寄生虫排名次序的确定不仅基于现有的科学证据（包括已发表和未发表的数据），而且也是基于专家的经验和意见，主要是专家对公共卫生问题的评分。寄生虫总体重要性的排名是食品卫生法典委员会的风险管理人员的基本数据，然后考虑其他相关优先事项和行动。

此排序方法可以应用在国家层面，基于数据的可用性及不同国情或风险管理方面对不同指标的侧重，计分结果可能会有所改变。

风险管理者需要确保，在决策过程中除了专家最初的排名以外，也应以证据为基础，并尽可能以透明的方式进行。

（1）风险管理一般需要考虑的方面　对许多寄生虫病，特别是那些在症状出现之前需要经历一段潜伏期（可能长达数年）才出现临床症状（如棘球绦虫属），或是那些慢性进程的疾病（蛔虫属、克氏锥虫和毛首线虫）来说，从各层面——全球、区域和地方——严重缺乏食品对许多寄生虫病的贡献方面的信息的认知是至关重要的。食品可能是重要的传播媒介，但并不是这些寄生虫病的传播唯一途径。例如，食品可能不是棘球绦虫的主要传播媒介；然而，将这些寄生虫视为是食源性疾病的潜在风险，并主张进一步收集证据来证实这一空白。细粒棘球绦虫和多房棘球绦虫分别位列第二和第三，主要就是依据其疾病的潜在严重性。

（2）通用风险管理方案　与其他食源性生物危害一样，对于控制相应的食源性寄生虫病方面有一些良好的通用实践经验，但不是控制寄生虫病的唯一措施。这些良好措施的重要性可能已经在现有的各种风险管理文件中提出过。然而，相关的防控措施和管理方案在对寄生虫的认识上从某种程度上被忽略了。

①初级生产及其收获前　尽管许多受关注的寄生虫是由肉类或鱼类传播的，然而其他的寄生虫则是它们通过水或土壤进入食物链，或者两者兼有。例如，蛔虫、隐孢子虫、环孢子虫、棘球绦虫和贾第虫主要是通过粪—口途径传播的，但是也可以在诸如新鲜农产品的初级生产过程中通过受污染的水传播。因此，在食物链的初级生产和收获前阶段对于控制许多寄生虫是至关重要的，有人认为，寄生虫在《良好农业规范》（GAPs）中可能未得到充分的考虑。下面列出了一些需要考虑的重要因素。

A. 通过粪—口途径传播的寄生虫

由于某些寄生虫经粪—口途径传播的重要性，对新鲜农产品尤其是生食的农产品种植区域，需要对来自野生动物、农场动物、家畜及人类的粪便污染的风险进行评估，并且对已知的风险所采取的必要措施也应进行评估，从而适当安装和应用相应的设施。例如，功能性的农场厕所、充足的洗手设备等。使用有机肥料，特别是在生产过程中，使用前应进行密切监测，以确保感染阶段的寄生虫被消灭。然而，应该指出的是，堆肥对消灭/灭活寄生虫的效力是不确定的，这属于相关知识的缺乏。

B. 人兽共患寄生虫

对于那些间接发育的寄生虫，尤其必须考虑在中间宿主的环节切断其生活史。例如，在水产养殖中通过控制螺（中间宿主）从而达到切断吸虫的生活史。犬和猫（家养或野生）在某些寄生虫的传播过程中的作用需要加以重视，要教育农民和其他利益相关者学习良好农业规范。例如，不要用生的或未经处理的家畜和鱼的尸体或下水喂养家养的犬和猫，不要允许野生犬科及猫科动物接触到家畜尸体或流产的胚胎等，以及鱼类制品；对在养殖场/养殖池塘附近的半驯化或流浪/野生猫、犬进行种群数量控制。

大量处理保虫宿主，如家畜，以持续的频繁间隔方式处理，确保减少感染阶段对环境的污染。这种方法用于由细粒棘球绦虫引起的犬包虫病的处理。

C. 水

水是一些食源性寄生虫病传播的重要媒介。因此，关注整个食品链，从初级生产到加工直至消费的过程当中的水质是非常重要的。

尽管不是特有的，但监测和监督还是被认为是初级生产阶段控制寄生虫的重要工具，而要完全有效地控制寄生虫可能需要在收获前期就着手进行。例如，如果能够对受感染的动物溯源到屠宰场层级，那么就可以鉴定出“高风险”的动物/鱼类种群或地区，并有助于资源的配置和定点控制。此外，如果能够溯源新鲜农产品到乡村，甚至农场来源，将能够鉴定出“高风险”地区用于后续风险管理决策。监测和监视方案可以识别潜在的新兴趋势和区域入侵（在不断扩大的城市环境中流离失所的森林动物/宿主）的风险。

②收获后的管理　在收获后控制寄生虫的机会取决于所涉及的商品，当前的 GHP 或是 HACCP 等质量管理体系，还没有足够关注寄生虫的危害。

就食品加工而言，肉品及鱼类中的许多不同期的寄生虫能在加工和消费过程中通过冷冻处理及可控的烹饪方式来处理。当然，时间/温度结合很重要，某些寄生虫，例如多房棘球绦虫卵，在家里用较低的冷冻温度不足以将其杀灭。放射线辐照能作为控制弓形虫和旋毛虫有效的控制措施和指南。而其他控制措施如食品加工、盐腌、干燥和高压处理则需要针对特定的寄生虫和相关食品进行评估。真空包装和冷却不会改变肉中寄生虫的活力（如肉中弓形虫包囊）。

③教育　教育和意识的增强是控制食源性寄生虫的一个重要组成部分，在某些情况下可能是唯一可行的方案。教育应直接面向整个食物链中的各个角色，从农场和屠宰场工人到食品加工者（消费者和食品零售人员），并应在畜牧业生产整个过程中采取卫生措施。而在消费者尤其是孕妇或是免疫功能低下者（如艾滋病毒携带者/艾滋病患者）教育方面，对高风险食品如新鲜农产品和块茎类、胡萝卜等的处理及食用，肉品和鱼类食用前的充分烹饪，以及强调个人卫生的重要性比如餐前洗手，都是至关重要的。

（3）风险管理中一些需要特别考虑的因素　对每个重要寄生虫要根据其宿主、传播途径、食物链、引起疫病的严重程度等，制定有针对性的风险管理措施。

3. 风险管理活动　食品法典委员认识到食源性寄生虫的控制需要多学科跨部门合作，通过与 OIE、FAO 和 WHO 的紧密合作，找出寄生虫独特的生活史及流行病学特点，建立特定寄生虫的风险管理指导方针。然而，法典的目的是建立通用的方式应对食源性寄生虫，以及对重要危害寄生虫提供特别的指导，基于风险标准的趋势，并适于食物链方法，食品法典委员会需要 FAO 和 WHO 提供额外信息来协助完成。这份报告旨在至少给 CCFH 提供一些优先考虑的食源性寄生虫的信息。图 4－1 显示在寄生虫的优先排名及涉及其主要的媒介时可供 CCFH 或其他风险管理者使用的决策树式的方法。有关的基本步骤如下（图 4－1）。

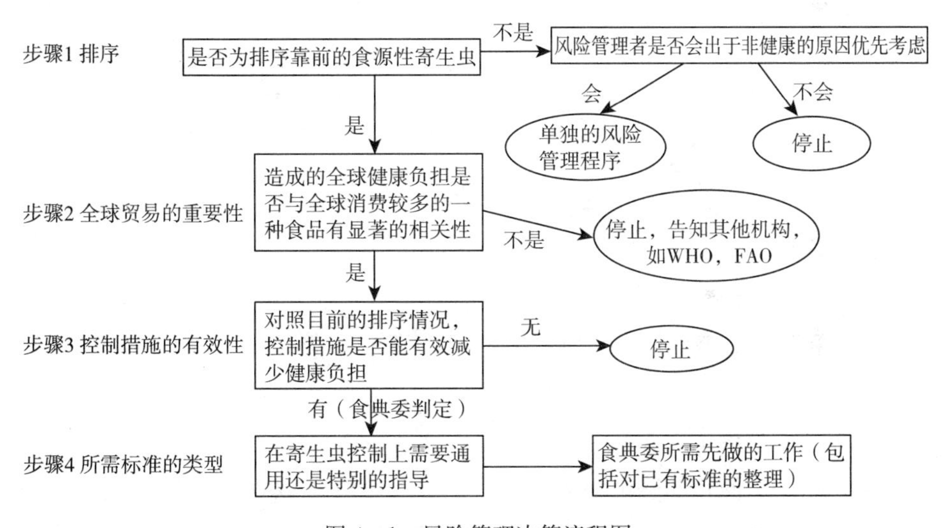

图 4－1　风险管理决策流程图

（二）海产品安全和质量评价及管理（FAO，2014）

全球人感染主要鱼源寄生虫数量估计有：感染肝吸虫（华支睾吸虫、后睾吸虫）1 700 万人，感染小型肠吸虫无估计（因最近才鉴别出广泛的分布和普遍存在），感染裂头绦虫 900 万～2 000 万人，感染异尖线虫 33 万人。FAO 在 2014 年海产品安全和质量评价及管理文件中，将寄生虫列入为水产品中的生物危害因素之一，并提出在 HACCP 体系中加以控制。该文件列出的寄生虫包括吸虫、绦虫和线虫。

1. 吸虫　基于感染宿主的部位为肝/胆、肠，分两个主要的群：肝吸虫和肠吸虫。肝吸虫主要有华支睾吸虫（*Clonorchis sinensis*,）、泰国肝吸虫（*Opisthorchis viverrini*）和猫后睾吸虫（*O. felineus*）。肠吸虫主要有异形异形吸虫（*Haplorchis heterophyes*）、异形后殖吸虫（*Metagonimus heterophyopsis*）、星隙属吸虫（*Stellantchasmus*）、斑皮属吸虫（*Stictodora*）、棘隙属吸虫（*Echinochasmus*）。

控制肝吸虫：鱼的养殖过程中如何控制肝吸虫，目前还没有进行过深入研究，但图4-2中标出了切断感染的关键点，包括：防止污染肝吸虫卵的水进入鱼池；对家庭成员及宠物（潜在的保虫宿主）进行治疗，以消除虫卵污染源；清除或控制鱼池中的媒介螺等。

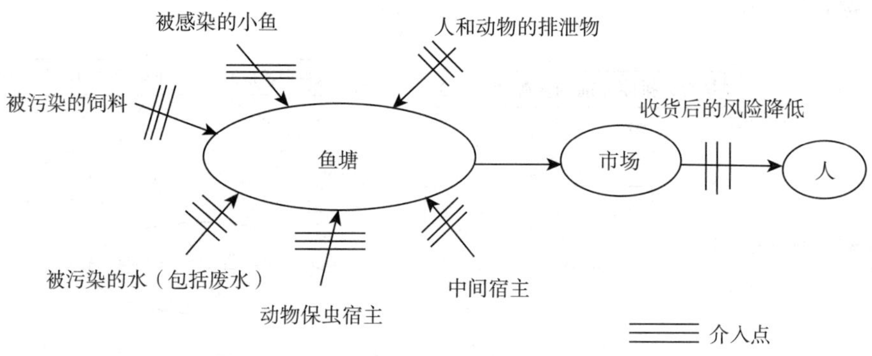

图4-2　水产养殖系统中鱼源人兽共患寄生虫传播的主要风险点及可能的控制介入点

泰国曾经报道了一个基于HACCP为基础的控制养殖鱼中的泰国肝吸虫控制试验，第一年使鱼的感染显著下降，但没有继续采取这些控制措施的连续报道，因此长期的效果未知。同样，对鱼及鱼产品中囊蚴的灭活方法仅有有限的研究，被评估的方法与保存条件（如温度、酸碱度及在盐水中的活力）有关，还需要进行更多的热处理灭活吸虫的研究 。冷冻是灭活生鱼中大多数寄生虫的有效措施。但资料表明，自然感染鱼中的华支睾吸虫囊蚴在－20℃时冷冻7天对其生存能力没有抑制作用。比较而言，在Fattakhov研究的基础上，前苏联卫生部推荐用－28℃ 32h或－40℃ 7h灭活猫后睾吸虫囊蚴。泰国肝吸虫保存在盐水中4℃，保存5周没有影响，吸虫的灭活条件具体见表4-4。

表 4-4 吸虫灭活条件

	寄生虫	处理条件	时间	备注	参考文献
盐腌	发酵鱼中后睾吸虫囊蚴	13.6%	24h		Kruatrachue *et al*. (1982)
	自然感染鱼中华支睾吸虫	30%（重量比）	8d		Fan (1998)
	发酵鱼中泰国肝吸虫囊蚴	20%	5h	发育能力显著减弱，但尚未完全被抑制	Tesana (1986)
冷冻	自然感染鱼中的华支睾吸虫	−12℃	20d	10 天无灭活作用，18 天仅边缘有灭活作用	Fan (1998)
	自然感染鱼中的华支睾吸虫	−20℃	3～4d	10 只感染大鼠−20 ℃冷冻 7 天无抑制作用，但−20 ℃冷冻 3 天后，解冻、再冷冻 4 天，有 100%的抑制作用。	Fan (1998)
	鱼中的猫后睾吸虫	−28℃	32h	发育能力显著减弱，但尚未完全被抑制	Recommendation, Ministry of Health, USR (1990)
	鱼中的猫后睾吸虫	−40℃	7h	发育能力显著减弱，但尚未完全被抑制	Recommendation, Ministry of Health, USR (1990)
	鱼中的猫后睾吸虫	−28℃	20h	发育能力显著减弱，但尚未完全被抑制	Fattakhov (1989)
	鱼中的猫后睾吸虫	−35℃	8h	发育能力显著减弱，但尚未完全被抑制	Fattakhov (1989)
	鱼中的猫后睾吸虫	−40℃	2h	发育能力显著减弱，但尚未完全被抑制	Fattakhov (1989)

控制肠吸虫：肠吸虫和肝吸虫有许多共同的生物学和流行病学特征，占主导地位的鱼源性肠吸虫为异形吸虫科（据报道，有 35 种以上为人兽共患寄生虫），这些吸虫常称为小型吸虫，因为体积小（通常成虫长度小于 2.5mm），异形吸虫科与肝吸虫都属于后睾总科。其他重要的吸虫有棘口科的棘口吸虫（如棘隙吸虫、棘口吸虫）。虽然这些肠吸虫人兽共患的种类少（大约 10 种），

但有非常广泛的鱼类宿主（至少 45 个属），与肝吸虫共同感染这些宿主。然而，其主重性不及肝吸虫。肠吸虫也感染许多吃鱼的哺乳动物和吃鱼的鸟类。而且，可利用更多的螺类宿主。

虽然肠吸虫没有肝吸虫重要，但异形吸虫有几个种，包括星隙吸虫、后殖吸虫、单睾吸虫、原角囊吸虫，对人类心、脑、脑干具有显著的致病性，甚至是致命的（比较罕见）。致病的准确机理还不清楚，可能与虫卵侵入循环系统有关。疫病通常与蠕虫的感染量有关，在有些病例，感染非常严重。另一重要的问题是，检查人粪便时，异形吸虫虫卵和肝吸虫虫卵很难区分，致使对两种吸虫的流行率不能准确的估计。

在海鱼/半咸水鱼及淡水鱼中，肠吸虫感染和流行程度非常高，特别在亚洲。因此，人感染肠吸虫比肝吸虫多，而以前认为肝吸虫流行率更高。因为肠吸虫和肝吸虫生态学和流行病学的相似性，这两种虫的防控措施相同。

2. 绦虫　裂头绦虫是人体最重要的绦虫，因食入烹饪不彻底的鱼而感染，已有 12 种以上的虫种被认定为人兽共患寄生虫，主要分布于北美洲和南美洲及欧洲，海鱼和淡水鱼，特别是狗鱼、三文鱼、鳟鱼、梅花鲈、白鱼、鲈鱼。食用未煮熟、烟熏、风干或盐渍鱼是主要的风险因素；在流行地区野生动物是其储存库，人类进入水生动物的栖息地增加被感染的机会，在野外人类排泄物未充分处理，是鱼、动物和人感染的主要因素，鱼的进口和储存是增加传播的重要因素。

裂头绦虫的防治与推荐的吸虫防治相似，最重要的是防止未处理的人类排泄物进入水体，因为中间和终末宿主主要发现在自然界的野生动物中，要阻止鱼感染是不切实际的。对消费者而言，恰当的准备鱼类菜肴尤其重要。

裂头蚴（在鱼中具有感染性），可以加热 56℃，5～10min 灭活或－23℃冷冻 7 天 或－35℃冷冻 15h。在某些情况下，有些国家和地区，如加拿大、美国和欧盟，政府委托对鱼肉用烛光法进行检疫。

3. 线虫　异尖线虫（最常见的是简单异尖线虫）、伪新地线虫及颚口线虫，感染风险主要来源于食用生的、未煮熟、盐腌的、盐渍或烟熏的鱼或乌贼，通过煮熟或冷冻所有的食物源可有效灭活。

由于宿主（野生动物）栖息地的多样性，要从流行区的食物链中除去这种寄生虫是不可能的。鱼捕获后尽快去除内脏可减小危害，因三期幼虫可以从内脏移行出来进入鱼肉中。捕获的鱼放冰上或冷藏几天，幼虫更易移行。然而，鱼死后幼虫移行的范围没有充分全面评估。加热 60℃ 10min 以上可以有效杀灭鱼中的幼虫。许多国家立法要求检疫鱼中的人兽共患寄生虫，要求灭活出现的任何线虫。然而，不同国家控制措施和处理方法在某些细节上可能有差异。

如按照美国 FDA 推荐，生食鱼和头足类置于－20℃冷冻 7 天或－35℃冷冻 15h 是安全的，烟熏必须达到 65℃，盐渍不是灭活寄生虫可靠的方法。欧盟（91/493/EEC and Commission Decision 93/140）规定，所有生食或几乎生食的所有部位的鱼及鱼产品必须在－20℃冷冻至少 24h，温度低于 60℃加热的鱼产品（如热熏）必须首先按照标准冷冻。一些众所周知的鱼产品是不安全的：如冷烟熏鱼（小于 5% NaCl 盐渍）、腌鱼、酒汁鲱鱼，低盐鱼子酱、酸橘汁腌鱼及其他几种地方传统产品。FDA 和欧盟法规中包括用烛光法检疫鱼片。

颚口线虫病是人兽共患病，病原颚口线虫可以被多种中间宿主传播，包括淡水鱼，人感染病例报道主要在东南亚和拉丁美洲。感染的特征是幼虫移行症，幼虫不仅在皮下组织中移行，严重的可以在中枢神经及眼移行。颚口线虫是最常报道的感染人的虫。

总结：随着对鱼及其产品的营养价值认识的增加，许多偏向于选择生食或简单加工后食用的发达和发展中国家因增加了对鱼类的养殖、运输及从高流行区域的出口，而导致增加了鱼源寄生虫进入人类食物链的风险。城市人群的感染风险也随之增加，因为一些出口商空运新鲜（非冷冻）的鱼类来获得市场优势。但城市不良的卫生条件（如没有恰当处理污水）以及大雨会导致水生环境的粪便污染。同时，世界范围的水产品就是伴随着这种水生环境下养殖量增长。一个基于 HACCP 的集成方法包含对人类、动物寄生虫卵污染的预防控制，对动物和螺等中间宿主的控制，以及良好的水产养殖管理都是对人兽共患的鱼源性寄生虫的持续性控制所必须的。

寄生虫出现在大量的某些野生捕获鱼中，以及一些使用了未加热的废料或捕获鱼作为饲料的养殖鱼中是必然的。因此，寄生虫应该被考虑作为应该重要的危害因素，在特定鱼产品的加工过程中必须使用消除寄生虫的预防措施，具体风险见表 4－5。

表 4－5　鱼的养殖和加工各阶段寄生虫的风险分析及控制

各个阶段	潜在的危害		危害分析		控制			备注
	污染	严重性	发生率	重要性	政府监测项目	必检项目	包含在 HACCP 计划中	
收获前及原料	有	低	高	高	否	否	是	
鱼及甲壳类冷冻后再烹饪	有	低	低	低				寄生虫普遍存在鱼中，但家庭烹饪会杀死，因此，他们不是重要的危害因素，不需要采取措施

（续）

各个阶段	潜在的危害		危害分析		控制			备注
	污染	严重性	发生率	重要性	政府监测项目	必检项目	包含在HACCP计划中	
鱼简易处理和保存	有	低	高	高	否	否	是	寄生虫普遍存在于世界各地众多种类的鱼中，简单处理鱼产品的过程和简易的保存条件不足以杀灭寄生虫。因此，这些类型产品的加工过程中必须包括“安全加工”的步骤来对寄生虫的危害加以控制
发酵鱼	有	低	高	高	否	否	是	
半成品的加工鱼	有	低	高	高	否	否	是	
适度的热加工鱼	有	低	低	低				不需要采取措施
灌装热灭菌鱼	有	低	低	低				不需要采取措施
风干、熏制及重盐制备的鱼	有	低	低	低				不需要采取措施

二、欧盟

供人类食用鱼类产品中寄生虫的处理方法

（The European Commission，2011）

2011 年 12 月 8 日欧盟通过的欧盟委员会条例（EU）No 1276/2011，修订了欧洲议会和欧洲理事会条例（EC）853/2004 附件Ⅲ，关于供人类食用的鱼类产品中寄生虫的处理方法。

（1）（EC）853/2004 规定了动物源性食品经营者的食品卫生具体规则。它规定，除其他事项以外，食品经营者要在欧盟市场上销售动物源性产品，还必须依据条例附件Ⅲ的相关要求准备和设立专门的机构。

此外，还规定食品从业人员在动物源性产品投放欧盟市场之前，必须将产品按照法规附件Ⅲ的要求进行专门处理。

（2）（EC）853/2004 附件Ⅲ第八节第三章 D 部分规定了食品经营者必须确保生的或半生的水产品经过冷冻处理来杀死可能危及消费者健康的活体寄生虫。

（3）2010 年 4 月，欧洲食品安全局采纳了水产品寄生虫风险评估的科学观点（代表欧洲食品安全局的意见），该观点既考虑了水产品中存在活寄生虫可能危害健康的诸多案例，也分析了不同处理方式在杀灭鱼类寄生虫的效果。

（4）虽然欧洲食品安全局认为，所有捕获的野生海鱼和淡水鱼被生食或者半生食都必须考虑其中寄生虫危害健康的风险，但如果流行病学数据显示鱼场没有危害健康的寄生虫，主管当局可以制定本国措施，批准捕获的鱼类产品不进行冷冻处理，并将采用的措施通报欧盟委员会。

（5）欧洲食品安全局的主张是：那些饲养在浮笼或陆上水池内的大西洋鲑鱼，饲喂的复合饲料不太可能携带活体寄生虫，感染异尖线虫幼虫的风险可以忽略不计，除非改变养殖方式。虽然来源于充足的监测数据得出的这个观点无法用于其他的养殖鱼类，但欧洲食品安全局已设置养殖标准，使鱼类水产品中不含危害健康的寄生虫。

（6）因此，如果按照上述相同的标准养殖程序，除了大西洋鲑鱼外，其他养殖水产品携带和感染危害人类身体健康的活体寄生虫的风险也应被视为忽略不计。

因此，这样养殖的鱼类产品可以免除冷冻要求，同时仍能确保高水平的健康保护。

（7）考虑到新的科学的建议，包括食品安全局的观点和得到的实践经验，因此对于理事会条例2004年第853号附件Ⅲ的第八节第三章D部分进行适当修改。

（8）本条例中的措施是依据欧盟食品链和动物健康委员会的意见提出的。

附　件

理事会条例No 853/2004附件III的第八节第三章D部分修订如下：

D. 有关寄生虫的要求

1. 食品经营者将有鳍鱼或头足纲软体动物制备的下述水产品投放市场：

（a）用于生食的水产品；或者

（b）腌制的、盐制的以及其他采用不能保证杀灭活体寄生虫的处理方法的水产品；

必须确保原材料或制成品经过冷冻处理来杀灭可能危害人类身体健康的活体寄生虫。

2. 对寄生虫（除了吸虫）进行冷冻处理，包括产品的所有部位必须进行冷冻至少：

（a）－20℃，不少于24h；或者

（b）－35℃，不少于15h。

3. 如有以下情况，食品经营者不需要对第1点列出的水产品进行冷冻处理：

（a）经过加热，或者在消费前准备进行加热以杀灭寄生虫的水产品，如杀灭寄生虫（除了吸虫），将产品的中心温度加热到60℃以上至少1min；

（b）已经冷冻保存足够长的时间来杀灭活体寄生虫的水产品；

（c）野生捕捞的，但提供有：

（1）流行病学数据表明该水产品的原产地渔场没有危害人类身体健康的活体寄生虫；并且

（2）经过主管机关授权的；

（d）水产养殖的，须从卵开始养殖，饲喂专门的不含有危害健康的寄生虫的饲料，并且符合以下任一要求的；

（1）在没有寄生虫的专门环境中饲养；或者

（2）食品经营者通过主管机关认可的程序证实，该批水产品没有危害健康的寄生虫。

4.（a）第1点列明的水产品在市场上销售时，除了向消费者提供产品外，还应随附一份由食品经营者签署的文件，证明该批水产品经过冷冻处理并说明冷冻处理的类型；

（b）第3点（c）和（d）提及的没有经过冷冻处理的或者没有打算在消费前进行杀灭寄生虫处理的水产品，食品经营者应确保这些水产品来自符合上述具体要求的渔场和养殖场。这些条款都应包括在商业文件的信息内或者该批水产品随附的任何信息内。”

三、美国

1. 鱼及渔业产品危害及控制指南（U. S. Department of Health and Human Services Food and Drug Administration Center for Food Safety and Applied Nutrition，2011）

（1）美国FDA在“鱼及渔业产品危害及控制指南”（第4版，2011）第三章：确定潜在相关物种和处理危害中，列出潜在的可感染寄生虫的鱼类脊椎动物品种209种（表4－6），潜在的无脊椎动物可感染寄生虫的种类16种（表4－7）。

表4－6　潜在的可感染寄生虫的鱼类脊椎动物品种209种

商品名称	拉丁名称	序号
海鲈	*Acanthistius Brasilianus*	1
	Centropristis spp.	2
	Dicentrarchus labrax	3
	Lateolabrax japonicus	4
	Paralabrax spp.	5
	Paranthias furcifer	6
	Polyprion americanus	7
	Polyprion oxygeneios	8
	Polyprion yanezi	9
毛鳞鱼及卵	*Mallotus villosus*	10
军曹鱼	*Rachycentron canadum*	11
鳕科	*Arcogadus* spp.	12
	Boreogadus saida	13
	Eleginus gracilis	14
	Gadus spp.	15
鳕科或阿拉斯加鳕	*Gadus Macrocephalus*	16
深海鳕科	*Lotella rhacina*	17
	Mora pacifica	18
	Physiculus barbatus	19
	Pseudophycis spp.	20

（续）

商品名称	拉丁名称	序号
石首鱼	*Cilus montii*	21
	Micropogonias opercularis	22
绵鳚科	*Macrozoarces americanus*	23
	Zoarces viviparus	24
鲽	*Ancylopsetta dilecta*	25
	Arnoglossus scapha	26
	Atheresthes evermanni	27
	Bothus spp.	28
	Chascanopsetta crumenalis	29
	Cleisthenes pinetorum	30
	Colistium spp.	31
	Cyclopsetta chittendeni	32
	Hippoglossoides robustus	33
	Limanda ferruginea	34
	Liopsetta glacialis	35
	Microstomus achne	36
	Paralichthys albigutta	37
	Paralichthys oblongus	38
	Paralichthys olivaceus	39
	Paralichthys patagonicus	40
	Paralichthys squamilentus	41
	Pelotretis flavilatus	42
	Peltorhampus novaezeelandiae	43
	Platichthys spp.	44
	Pseudorhombus spp.	45
	Rhombosolea spp.	46
	Samariscus triocellatus	47
	Scophthalmus spp.	48
养殖鲽	*Ancylopsetta dilecta*	49
	Arnoglossus scapha	50

（续）

商品名称	拉丁名称	序号
养殖鲽	*Atheresthes evermanni*	51
	Bothus spp.	52
	Chascanopsetta crumenalis	53
	Cleisthenes pinetorum	54
	Colistium spp.	55
	Cyclopsetta chittendeni	56
	Hippoglossoides robustus	57
	Limanda ferruginea	58
	Liopsetta glacialis	59
	Microstomus achne	60
	Paralichthys spp.	61
	Pelotretis flavilatus	62
	Peltorhampus novaezeelandiae	63
	Pseudorhombus spp.	64
	Rhombosolea spp.	65
	Samariscus triocellatus	66
	Scophthalmus spp.	67
鲽	*Pleuronectes limanda*	68
	Pleuronectes proboscidea	69
	Pleuronectes punctatissimus	70
鲽或比目鱼类	*Paralichthys dentatus*	71
	Paralichthys lethostigma	72
	Paralichthys microps	73
	Platylichthys flesus	74
美洲箭齿鲽	*Atheresthes stomias*	75
石斑鱼	*Caprodon schlegelii*	76
	Cephalopholis spp.	77
	Diplectrum formosum	78
	Epinephelus spp.	79
	Mycteroperca spp.	80

（续）

商品名称	拉丁名称	序号
鼻鲈	*Mycteroperca microlepsis*	81
细斑石斑鱼	*Epinephelus guttatus*	82
石斑鱼	*Epinephelus itajara*	83
康鲽属	*Hippoglossus* spp.	84
养殖康鲽属	*Hippoglossus* spp.	85
北美牙鲆	*Paralichthys californicus*	86
鲱科	*Etrumeus teres*	87
	Harengula thrissina	88
	Ilisha spp.	89
	Opisthopterus tardoore	90
	Pellona ditchela	91
	Alosa spp.	92
鲱属	*Clupea* spp.	93
石斑鱼属	*Epinephelus guttatus*	94
	Epinephelus adscensionis	95
	Epinephelus drummondhayi	96
石鲈	*Lachnolaimus maximus*	97
鲹科	*Caranx* spp.	98
	Oligoplites saurus	99
	Selene spp.	100
	Seriola rivoliana	101
	Urapsis secunda	102
鲹或 BLUERUNNER	*Caranx crysos*	103
长吻丝鲹	*Alectis indica*	104
鲹或纺锤鰤	*Elagatis bipinnulata*	105
丝帆鱼	*Nematistius pectoralis*	106
叉尾鲷属	*Aphareus* spp.	107
	Aprion virescens	108
	Pristipomoides spp.	109
澳鲈属	*Arripis* spp.	110

（续）

商品名称	拉丁名称	序号
鲭	*Gasterochisma melampus*	111
	Grammatorcynus spp.	112
	Rastrelliger kanagurta	113
	Scomber scombrus	114
单鳍多线鱼	*Pleurogrammus monopterygius*	115
鲭属	*Scomber* spp.	116
竹荚鱼属	*Trachurus* spp.	117
马鲛属	*Scomberomorus* spp.	118
	Scomberomorus cavalla	119
鮟鱇属	*Lophius* spp.	120
鲻科	*Agonostomus monticola*	121
	Aldrichetta forsteri	122
	Crenimugil crenilabis	123
	Mugil spp.	124
	Mullus spp.	125
	Neomyxus chaptalii	126
	Xenomugil thoburni	127
巴塔哥尼亚齿鱼或智利海鲈	*Dissotichus eleginoides*	128
海鲈科	*Sebastes* spp.	129
鲽鱼	*Hippoglossoides*	130
	Platessoides	131
	Pleuronectes platessa	132
	Pleuronectes	133
	quadrituberculatus	134
青鳕	*Pollachius pollachius*	135
	Pollachius virens	136
青鳕和阿拉斯加鳕	*Theragra chalcogramma*	137
岩鱼	*Helicolenus papillosus*	138
	Scorpaena cardinalis	139
	Sebastes spp.	140

（续）

商品名称	拉丁名称	序号
裸盖鱼	*Anoplopoma fimbria*	141
大麻哈鱼	*Oncorhynchus* spp.	142
	Salmo salar	143
大麻哈鱼、玫瑰鱼（野生）（海水）	*Oncorhynchus* spp.	144
竹荚鱼	*Caranx mate*	145
	Decapterus spp.	146
	Selar crumenophthalmus	147
	Trachurus spp.	148
SEATROUT	*Cynoscion* spp.	149
红鳍笛鲷	*Pristipomoides* spp.	150
鳎或鲽形目	*Aseraggodes* spp.	151
	Austroglossus spp.	152
	Buglossidium luteum	153
	Clidoderma asperrimum	154
	Embassichthys bathybius	155
	Eopsetta exilis	156
	Eopsetta jordani	157
	Errex zachirus	158
	Glyptocephalus spp.	159
	Gymnachirus melas	160
	Hippoglossina spp.	161
	Lepidopsetta bilineata	162
	Microchirus spp.	163
	Microstomus kitt	164
	Microstomus pacificus	165
	Pleuronectes americanus	166
	Pleuronectes vetulus	167
	Psettichthys melanostictus	168
	Solea vulgaris	169
	Synaptura orientalis	170
	Trinectes spp.	171
	Xystreurys liolepis	172

（续）

商品名称	拉丁名称	序号
养殖鳎或鲽形目	*Aseraggodes* spp.	173
	Austroglossus spp.	174
	Buglossidium luteum	175
	Clidoderma asperrimum	176
	Embassichthys bathybius	177
	Eopsetta exilis	178
	Eopsetta jordani	179
	Errex zachirus	180
	Glyptocephalus spp.	181
	Gymnachirus melas	182
	Hippoglossina spp.	183
	Lepidopsetta bilineata	184
	Microchirus spp.	185
	Pleuronectes americanus	186
	Pleuronectes vetulus	187
	Psettichthys melanostictus	188
	Solea vulgaris	189
	Synaptura orientalis	190
	Trinectes spp.	191
	Xystreurys liolepis	192
鲱	*Sprattus* spp.	193
棘头鱼	*Sebastolobus* spp.	194
大西洋小鳕	*Microgadus* spp.	195
舌鳎属	*Cynoglossus* spp.	196
黄尾鲹	*Caranx sexfasciatus*	197
绿绵鱼或硬头鳟	*Oncorhynchus mykiss*	198
金枪鱼科（小的）	*Allothunnus fallai*	199
	Auxis spp.	200
	Euthynnus spp.	201
	Katsuwonus pelamis	202

（续）

商品名称	拉丁名称	序号
金枪鱼科（小的）	*Thunnus tonggol*	203
箭齿鲽	*Hypsopsetta guttulata*	204
	Pleuronichthys spp.	205
	Psettodes spp.	206
	Reinhardtius hippoglossoides	207
	Scophthalmus maximum	208
狼鱼	*Anarhichas* spp.	209

表 4-7　潜在的无脊椎动物可感染寄生虫的种类

商品名称	拉丁名称	序号
日本淡水蟹	*Geotbelpbusa debaani*	1
章鱼	*Eledone* spp.	2
	Octopus spp.	3
非洲大蜗牛	*Achatina fulica*	4
乌贼	*Alloteuthis media*	5
	Berryteuthis magister	6
	Dosidicus gigas	7
	Illex spp.	8
	Loligo spp.	9
	Lolliguncula spp.	10
	Nototodarus spp.	11
	Ommastrephes spp.	12
	Rossia macrosoma	13
	Sepiola rondeleti	14
	Sepioteuthis spp.	15
	Todarodes sagittatus	16

（2）美国 FDA 在鱼及渔业产品风险控制指南的第 5 章寄生虫部分，从了解潜在的危险，对寄生虫的控制、判断是否有显著危害，确定预期用途，确定关键控制点，建立管理方法，建立监控程序等方面进行了规定。

①了解潜在的危害　生食或食未煮熟的水产品时，其中的寄生虫（幼虫阶

段）对人体健康是有害的。在所有寄生虫中，线虫或蛔虫（异尖线虫、伪新地线虫、膨结线虫、颚口线虫）、绦虫（裂头绦虫）和吸虫（华支睾吸虫、后睾吸虫、异形吸虫、横川后殖吸虫、鲑隐孔吸虫、并殖吸虫）对水产品是最需要关注的。这其中多数寄生虫会引起轻度到中度的疾病，但有时也会出现严重的症状。线虫可能会钻入肠壁而导致恶心、呕吐、腹泻，严重的腹痛，有时能引起肠穿孔。绦虫可以引起腹部肿胀和腹部绞痛而导致消瘦和贫血。肠吸虫（异形吸虫、后殖吸虫和鲑隐孔吸虫）可能引起腹部不适和腹泻。一些肠吸虫也会移行至心脏并损害心脏和中枢神经系统。肝吸虫（华支睾吸虫和后睾吸虫）和肺吸虫（并殖吸虫）能移行到肝和肺，有时会在其他重要器官导致严重的问题。

某些与人类寄生虫感染密切相关的产品包括：酸橘汁腌鱼（鱼和香料腌泡在酸橙汁中）、lomi lomi（在柠檬汁、洋葱和西红柿中腌泡的三文鱼）、生鱼（在柑橘汁、洋葱、西红柿和椰奶中腌泡的鱼）、鲱鱼子；鱼块（生鱼段）、寿司（大米和其他原料配合在一起的生鱼片）、绿鲱（轻度盐腌制的鲱鱼）、醉蟹（用葡萄酒和胡椒腌泡的螃蟹）、冷薰鱼和未充分烤熟的烤鱼。美国胃肠病学家的一个最近的调查确认出现在美国的来自海产品的寄生虫感染有足够高的频率，建议对用于生食的含寄生虫的鱼类，其加工过程应采取预防性措施。

②对寄生虫的控制　用加热生鱼来杀灭病原细菌的方法同样也能杀灭寄生虫。

利用低温冷冻杀灭寄生虫的效果依赖于几个因素：包括冷冻过程的温度、鱼组织冷冻所需时间的长短、鱼保持冷冻时间的长短、鱼的品种和来源，以及寄生虫的种类。其中冷冻过程的温度、鱼保持冷冻的时间长短和寄生虫的类型显然是最重要的因素。例如，绦虫比线虫更易受冷冻的影响。吸虫比蛔虫更强的抗冻能力。冻存在－4℉（－20℃）或更低的温度下 7 天（全部时间），或在－31℉（－35℃）以下冷冻并保存在－31℉（－35℃）或更低条件下 15h，或在－31℉（－35℃）以下冷冻后保存在－4℉（－20℃）以下 24h，能充分杀灭寄生虫。值得注意的是，这些条件可能不适用于大鱼（如厚度超过 15cm 的鱼）。

腌制和酸泡可以减少鱼体内的寄生虫危害，但是并不能消灭寄生虫，也不能将其降低到可接受的水平。线虫幼虫能在盐度 80^0（21%盐溶液）中存活 28 天。

鱼肉中含有寄生虫的鱼，其卵袋中也可能含有寄生虫，但通常来说，其卵里面不会有虫。因此，鱼卵从卵袋内取出并冲洗干净后通常不太可能含有寄生虫。

去除鱼腹部的皮瓣（鱼腩），或照光及物理方法去除寄生虫是有效减少寄生虫数量途径。但不能完全地消除这类危害，也不能将其降低到可接受的水平。

③判断其危害是否显著

1）在收购环节带入寄生虫的可能性（如寄生虫随原料引入）。上述表 4－

6 和表 4－7 中列出了 FDA 认为有潜在寄生虫危害的种类。通常，对于消费者不进行充分的烹饪就食用的产品，必须在那些具有严重寄生虫危害的产品的接收环节标明或提醒消费者不充分烹饪可能会带来的风险。

通常具有寄生虫危害的鱼种，当在养殖场用颗粒饲料喂养时，也不需要考虑水产养殖鱼的寄生虫危害。同样，给养殖的鱼喂食下脚料或鲜鱼或浮游生物，甚至那些野生的通常不含寄生虫的鱼，也可能有寄生虫的危害。那些用饲料喂养的鱼有时会补充一些野外捕获的食物，这也可能会带来寄生虫危害。此外，那些淡水养殖的鱼会受到吸虫的危害，因为这些寄生虫不是通过食物而是通过皮肤进入鱼体。在采取措施消除严重的寄生虫危害之前，必须掌握你的水产品的饲养方式。

如果成品鱼籽是从卵袋取出并进行了冲洗的，不可能含有寄生虫，不必认为这种产品有寄生虫危害。然而，没有冲洗的鱼籽或保留在卵袋的鱼籽，如果是在表 4－6、表 4－7 中确定有寄生虫危害的鱼种，通常会有寄生虫危害。

如果收到冻鱼且具有文件保证鱼是按照能够杀死寄生虫的方法来冷冻的，就不必考虑这种产品有寄生虫危害。

寄生虫是不太可能在其他加工步骤中被带入的。

2）寄生虫的危害能否早期被消除或降低到可接受的水平。如果早期采取预防措施能消除（或降低到可接受的水平）可能随原料而进入的寄生虫，就应在加工步骤中把“寄生虫”确定为显著危害。“寄生虫”的预防措施应包括：加压处理、烟熏、煮、巴氏消毒和冷冻。

④确定预期用途　如果消费者在食用前要对水产品进行彻底的烹饪，那么即使这些种类在表 4－6、表 4－7 列为有潜在的寄生虫危害，也不必考虑寄生虫有显著的危害。当不能确定产品的食用方式时，为了消除寄生虫的危害，需要获得相关的文件确保后续的加工者、餐馆、机构（如监狱、疗养院）在加工过程中能杀灭寄生虫。

如初级加工者收购整条马哈鱼，再用冰盖在鱼上发送给二级加工者。第二个加工者将鱼屠宰后卖作寿司原料。第一个加工者提供文件确保第二个加工者在出售前对鱼进行冷冻处理，那么第一个加工者就不必鉴定寄生虫是否为造成显著危害。

⑤确定关键控制点　以下指南将有助于判定某一加工步骤是控制寄生虫的关键点（CCP）：

1）加工过程是否包括加热步骤，如蒸煮或巴氏杀菌用于杀灭细菌。如果有，可以确定加热步骤为 CCP 点而不是接收步骤为 CCP 点。例如，热熏马哈鱼应将寄生虫的关键控制点放在热熏步骤，就不必将接收步骤确定为此危害的关键控制点。

2）如果加工不包括加热步骤，应将冷冻步骤作为CCP点而不是将接收步骤确定为此危害的关键控制点。例如：销售生食的成品马哈鱼的加工者应把冷冻步骤作为控制寄生虫的关键控制点。加工者就不必将收购步骤为此危害的关键控制点。

⑥建立管理机制　选择的方法和建议应符合食品安全法规的要求。如冷冻，设立临界范围现推荐冷冻温度和时间为：冷冻和贮存在－4 ℉（－20℃）以下7天（总时间）；或在－31 ℉（－35℃）以下至冻硬并在－31 ℉（－35℃）以下贮存15h；或在31 ℉（－35℃）以下至冻硬并在－4 ℉（－20℃）以下贮存24h。

注：这些条件有可能不适用于特别大的鱼（如厚度超过15cm的鱼）。有必要进行研究，以确定有效的冷冻控制参数如鱼厚度、鱼的种类、烹饪方法和靶向寄生虫。

⑦建立监控程序　完整的监控程序包括：监控什么、怎样监控、监控频率、谁来监控。

监控什么：冷冻温度和酌情控制鱼在冷冻室或固冻的时间。

7天的冷冻临界极限：从冷冻开始到结束的整个时期。

或15和24h的冷冻临界极限：所有鱼固冻至冷藏结束的整个时期。

如何监控：使用一个连续的温度记录装置（如温度记录仪），酌情进行目视检查及物理检查产品的冷冻状态。

监控频率：对于温度，持续监测，在每一次冷冻或冷藏期间，至少对记录的数据进行一次确认，并且每天不少于一次。

对于时间，每批，在冷冻开始和冷冻或保存结束的时间是否恰当。

谁来监控：设备本身进行监控。任何了解控制原理的人可以对装置记录的数据进行检查确保临界极限符合要求。

⑧建立纠偏程序　采取以下纠正措施，以重新获得对操作过程的临界极限偏差的控制：修理或调整冰箱温度或将冰箱中部分或全部产品转移至另一个冰箱。

⑨建立记录保存系统　连续的温度监控记录，目视检查的记录数据，冷冻开始和结束时间的记录，以及鱼冷冻至硬的记录。

⑩建立验证程序　温度记录装置投入使用之前，检查设备的精确度确保不受厂家校准因素的影响。这项检查可以通过以下方法实现：

如使用制冷温度上下使用则可将传感器浸在冰浆（32℉（0℃））中，或比较设备的显示温度和另一相同温度范围且其精确度明确的装置之间的温度（如符合美国国家标准与技术中心 NIST 标准的温度计）。

设备一旦使用，在正式使用前每天检查温度记录设备。如果设备制造商推荐，或者你装置使用的历史表明该装置较长时间使用保持准确，校准频率可以减少。除用上述方法检测设备的准确性外，还应眼观检查传感器和其他附属电线是否有损坏，必须确保设备运行正常，有充足的墨水和纸。

每年用一个已知准确的参考设备（如符合 NIST 标准的温度计）对温度记录设备进行至少一次校准，或根据厂家推荐的频率进行校准。最好的校准的频率取决于设备的类型、环境条件、过去的使用状况和设备的使用情况。在检查或者校准的过程中发现设备的温度与实际的温度有差异时，可能需要更加频繁的进行校准或者需要更换设备（比如更加耐用的设备）。校准时需要在这个设备的使用温度范围内取两个温度点进行校准。

在使用前一周内审查监控、整改措施和验证记录以确保其完整性，临界极限偏差得到妥善的处理。表 4－8 给出了冷冻控制寄生虫的实例。该表是危害分析关键控制点计划的一个实例，这个例子阐述了加工者如何用冷冻方法控制去骨三文鱼中的寄生虫，加工后的成品鱼分配给其他人员进行冷冻。这里仅提供说明。寄生虫只是几个危害因子之一。

表 4－8　控制策略实例—冷冻

1	2	3	4	5	6	7	8	9	10
关键控制点	显著危害	每项预防措施的临界范围	监控				纠正措施	记录	验证
			监控什么	怎么监控	监控频率	监控者			
冷冻	寄生虫	在－31℉或以下急冻，然后在－4℉或以下储存 24h	急冻和储存的冰箱温度	记录人员温度计	持续的，肉眼检查每次冷冻结束的记录数据	冷冻人员	调整与修缮冰箱，重新冷冻	肉眼核查温度、冻结的时间以及冻存结束的时间的表格	使用前确保温度计的精确度、无损坏，确保使用前能正常工作，使用初期每天进行检查，每年校准一次，审查监控、纠偏措施，前一周的准备期核查记录
			肉眼检查鱼全部冻结的时间及冻存结束的时间	肉眼急物理检查	每批，储藏开始和结束的时间				

2. 符合性政策指南（U. S . Food and Drug Administration，CPG Sec. 540. 590，2014）

FDA 在《符合性政策指南》（Compliance Policy Guides，CPG）CPG Sec. 540. 590 Fish 中，对如下所列新鲜和冷冻鱼含有寄生虫，规定发现下列情况，产品直接扣押。产品中寄生虫具有或超过下列限度：

（1）白鲑鱼、加拿大白鲑、白北鲑、白鲑及白鱼，每 100 磅（整条鱼或鱼片）有 50 包囊则表明被检鱼 20%被感染。

（2）蓝鳍及其他淡水鲱鱼

平均重 1 磅或 1 磅以内的鱼，每 100 条鱼有 60 个包囊表明被检鱼感染率为 20%。

平均重量超过 1 磅的鱼，每 100 磅有 60 个包囊，表明被检鱼感染率为 20%。

（3）玫瑰鱼（红鱼和海鲈鱼），检查的鱼片中有 3%含有一种或多种桡足类并伴有脓疱。

3. 有鳍鱼的寄生虫检疫方法（U. S . Food and Drug Administration 2013，MPM：V—7）

FDA 常规检测程序手册（Macroanalytical Procedures Manual，MPM）水产品（MPM：V—7. Seafood）中，规定了有鳍鱼的寄生虫检疫方法

（1）范围　该方法规定了肉眼检查鱼中寄生虫的程序。当肉眼可见的寄生虫在鱼的表面，或鱼肉透明度高，寄生虫在食物的背景下是可见的。将鱼消化后用肉眼方法可以检出 95%的寄生线虫，可以用肉眼检查寄生虫与感官检查腐败变质相结合。

（2）缺陷　寄生虫在可食鱼肉中是一种自然发生的瑕疵。能感染有鳍鱼类的寄生虫种类有：原虫、三个门的蠕虫及甲壳纲的桡足类。

①原虫　虽然原虫通常要显微镜才能看见，但某些聚集起来的原虫偶尔也可以通过肉眼观察到。出现在鱼内脏和鱼肉中的孢子虫包囊（淡水中的 *Wardia spp.* 和苦咸水中的 *Glugea spp.*）就是例子。它们能被肉眼看见是因为包囊的大小，包囊呈乳白色，有时还有颜色。

②蠕虫　在有鳍鱼中发现的三种不同的寄生蠕虫为扁形动物门、线形动物门和棘头动物门的蠕虫。

1）扁形蠕虫（扁形动物门）此门包括经常附着于鳃、鳞、或鳍鱼的鳍上的单殖吸虫，或者在鱼的皮肤附近形成圆盘形的吸虫。鳟鱼和鲑鱼经常有鲑鱼盘杯吸虫（单殖吸虫）寄生。绦虫的幼虫在石首鱼及美国海湾及大西洋海岸其

他的鱼中以大的包囊形式出现。

2）蛔虫（线虫纲）大量的内弯宫脂线虫的幼虫寄生于鳕鱼和挪威其他海洋鱼类。很多国家都对鳕鱼进行对光检查，在包装前检查并去除肉眼可见的线虫。

3）头部带刺的蠕虫（棘头动物门）这些蠕虫生活在肠道内，通过带有弯钩的可伸缩的吻突附着在肠壁上，这类虫体长度在不足一英寸到超过一英尺间不等。多数种类的虫体细长、扁平且能够伸展，其生活史的各阶段都没有消化道，直接从宿主肠道吸取营养。

③桡足亚纲　桡足类是能自由游动的小型甲壳动物。在许多栖息地，其种类和个体都是最多的海洋甲壳类动物。桡足类通常呈瓶形，大小在1mm以内至50mm不等。Pennela属，长达250mm。许多种类为鱼类寄生虫。在Lernacopodorda目中，雌虫在某一阶段在宿主鱼的组织中发育成不动的形态。

（3）流程　加工有鳍鱼的寄生虫检测

①样品准备　每个子样应由10份随机采取样品组成，每份取200g鱼肉（部分可能需要把重量小于200g的鱼样混合在一起）。粘上面粉的部分应先除去面粉，再取10份每份200g鱼肉。子样应根据多样品方案进行分析。根据这个方案，每批最多需要对3个子样进行分析，根据以下方法准备子样。

1）新鲜的白鱼肉　去皮然后切成20mm厚度或更薄的片。

2）带色的新鲜鱼肉、加工或冷冻鱼　不用鱼片。裹面粉的鱼按3.3.1.3执行。

3）去除面粉　冷冻产品应在室温下，在适当大小的烧杯中解冻。解冻后，以每300g样品100mL的量，在鱼肉中加入热的（50℃）2%月桂基硫酸钠溶液。用玻棒搅拌1min。静置至少十分钟或面粉从鱼肉分离为止。样品倒入外套嵌有40号筛的10号筛中，用温自来水通过10号筛轻柔洗涤。用UV光检查40号筛中留下的面包屑。在UV光下，寄生虫会发出荧光。注意记录并报告所有检测到的寄生虫。用自来水反复冲洗40号筛以去除面屑。

②白色鱼肉的照光检查　在灯光台上检查鱼片的两面。光的强度必须足以穿过鱼肉。在半透明的鱼肉中，寄生虫应显示为间隔的不规则阴影。将寄生虫从鱼肉中分离出来以供鉴定。分离出的寄生虫应该由特定方法固定。可疑的尚未鉴定的样品应该固定在下述10%的福尔马林溶液中。

③深色鱼肉的紫外光检测　在台灯或相同光源灯光下，检查鱼肉的每一个部位，按需要去面粉或去皮，两面都进行检查。可用具放大作用的台灯。按以下方法记录发现的东西。在黑暗的房间进行UV检测。用反射长波紫外线（366nm波长）检查两侧的每个部分。寄生虫在此荧光下发出蓝色或绿色光，

鱼骨和结缔组织也发出蓝色荧光，这可通过其规则的发布和形状进行区分，针刺时骨头是硬的。注意：裸眼不要暴露在直接或反射的任何来源的紫外光下。无论是直接还是反射。在辐射存在且未屏蔽情况下，始终佩戴合适的护眼产品，如含氧化铀镜、焊工护目镜等。尽可能不让皮肤暴露于紫外线的辐射下。

④寄生虫的固定　样品中检测出的寄生虫根据以下方法进行固定，并交FDA总部进行鉴定

1）原虫　小孢子虫属的一些种（*Glugea*，*Plistophora*，*Nosema*）在鱼肉中通常以包囊的形式存在。含寄生虫的包囊一般是白色，近球形，直径从不足1～5mm。对可疑的原虫包囊应该用10%福尔马林缓冲液（10份37%～40%甲醛，90份0.1mol/L，pH 6.8～7.2磷酸缓冲液）固定，以便做进一步鉴定。

2）吸虫　吸虫的蚴虫（囊蚴）通常位于或接近鱼皮，这些扁形的盘状的包囊直径从1～3mm不等，常呈暗色（棕色或黑色）。这些矛形的蚴虫通常有两个吸盘，一个位于前部，另一个位于腹中部。吸虫用福尔马林、乙醇、醋酸混合液（FAA）固定，作进一步鉴定。FAA配方：10份37%～40%甲醛，70份95%乙醇，15份水，5份醋酸。

3）绦虫　这些长形的扁平幼虫（突尾蚴或裂头蚴）呈白色至乳白色，有一个前固着器官。阔节裂头绦虫的裂头蚴不形成包囊，是人的鱼源性大型绦虫，宽1～5mm，长20～40mm。厚三枝钩绦虫的裂头蚴形成包囊，2～4mm宽。绦虫可用FAA固定以供鉴定。

4）线虫　线虫幼虫呈圆柱形，大小差异很大，长度从不足0.25mm至大于100mm，直径从0.01～2mm不等。不同种类有不同数量的色素沉积，一些为白色或乳白色，一些为桃红色至红色，一些为黄褐色或褐色。一些形成包囊，一些没有包囊。有些种的线虫在同一宿主体内，一些形成包囊，另一些不形成无包囊。线虫通常卷曲在鱼肉中，呈瘦长的螺旋或平面的线圈形。分离的线虫应在冰醋酸中固定至少1h，然后移入含10%甘油的70%的乙醇中保存或运输。

5）棘头虫　为进一步的鉴定，每个幼虫必须从包囊中剥离出来，置于2～5℃的蒸馏水中至少1h。此步骤可以使虫体松弛。静水压引起吻突外翻。吻突外翻的棘头虫应固定在温热（50℃）的FAA中。

6）桡足类　这些甲壳动物在销售的鱼中很少发现，然而在鱼肉的表面20～30mm的溃疡区能发现其口器。将鱼肉的病变部位部位切下固定在95%的乙醇中。

⑤多样品方案（3份子样）

1）如果第一份子样品中没有发现寄生虫，那么可以认为这批样品合格。

2）如果第一份样品中发现1～5条寄生虫，那么检查另外两份样品。

3）如果第一份样品中发现有6条或6条以上寄生虫，那么这批样品不合格。

4）如果3份样品中发现的寄生虫平均每千克少于2条，那么认为这批样品合格。

5）如果3份样品中发现的寄生虫平均每千克大于等于2条，那么认为这批样品不合格。

6）报告检测样品单位重量发现的寄生虫总数，以平均数每千克为单位。恰当描述寄生虫的特征。

四、加拿大

（一）标准和方法手册——新鲜和冷冻产品（Canadian Food Inspection Agency）

加拿大食品检疫局（Canadian Food Inspection Agency）标准和方法手册新鲜和冷冻产品标准如下：

1. 标准1 底栖鱼块和鱼片标准 除新鲜和冷冻底栖鱼块和鱼片外，还包括鱼糜，标准规定了这些产品污染、腐烂、不卫生及其他方面要求的最小容许量。标准应用于下列鱼类：

鳕鱼科：包括鳕鱼、黑线鳕鱼、绿青鳕、狗鳕、单鳍鳕；

狼鱼科：狼鱼或鲶鱼；

鲉科：包括海鲈（红鱼）和黑腹玫瑰鱼；

六线鱼科：鳕鱼（ling cod）；

蝶形目：包括比目鱼、鳎目鱼、灰色鳎目鱼、大比目鱼及其他与比目鱼相关的种类。

鮟鱇科：安康鱼；

新鲜、冷冻或解冻的鱼片、鱼块、鱼糜应来源于健康、卫生的原料，并且按照良好操作规范（Good Manufacturing Practices，GMP）加工。标准中将寄生虫归为不卫生类别中其他瑕疵，有下列情况的产品为次品。

在寄生虫方面，具有包囊的线虫或桡足类寄生物直径大于3mm，如果没有包囊，长度大于10mm需要考虑该批产品是否合格。对包装大于或者等于1kg样品，每千克样品大于或者等于2个寄生虫，为不合格，具体见表4-9。对包装小于1 kg的样品，如果寄生虫感染平均达到每千克样本1个虫体，为不合格。比如，500g一个包装的样品，13个样品有7个或者以上的寄生虫，该样品不合格。

表4-9 包装大小与产品中不能接受的寄生虫的数量

包装大小	不能接受的寄生虫数量（个）用平均数计算
1kg	2
5 lb	3
10 lb	5

（续）

包装大小	不能接受的寄生虫数量（个）用平均数计算
15 lb	7
16.5 lb	8
18.5 lb	9
20 lb	10
50 lb	23

检测方法为烛光法，采用无破坏性的检测，检查产品自然状态，既不切片，也不去除鱼皮。挑出寄生虫，计算数量，确定样品是否符合上述标准。达到上述指标的为不卫生产品。

2. 标准 4 新鲜和冷冻扇贝　样品寄生虫检疫是否合格的判定标准与标准 1 鱼的判定相同，另外有斑扇贝（*Agropectin gibbus*）大于或等于 10%（重量比）样品中出现寄生虫为不合格。

（二）鱼中异尖线虫幼虫的分离与鉴定（Government of Canada，1995）

加拿大政府实验室操作规程（ExFLP-1，1995，9 月），卫生食品与食物链，鱼中异尖线虫幼虫的分离与鉴定。

1. 应用范围　本规程适用于各种具有重要商业价值的海鱼肉及内脏中发现的活的三期异尖线虫的分离和鉴定。

本规程旨用于少量消费者投诉的鱼，以及在例行检查中获取的大量样品的检疫。

2. 原理　该规程涉及从鱼组织中通过人工，沉积和化学方法分离圆形蠕虫幼虫。这些技术要么非破坏性（烛光和紫外光照射），要么破坏性（洗脱和消化）。根据显微镜下活的或保存样本的大体形态特征进行鉴别。烛光是目前联邦政府对加工厂进行例行检查时唯一使用的方法。用紫外光照射是用荧光检查在鱼肉或内脏表面或附近的异尖线虫幼虫的另一种实验室方法。紫外光会杀灭所有虫体，但样品在初步冷冻/解冻后再用紫外光下检测，其效果更好。

洗脱就是将部分活的寄生虫转移进入生理盐水，但消化是所有寄生虫不管死的活的都被分离出来。不管哪种方法，收集到的寄生虫总数量没有显著差异，但通过消化分离的致病寄生虫（如异尖线虫和伪新地线虫）的数量比洗脱分离的高 175%。由于寄生虫回收率可以有一定程度的提高，推荐使用烛光、洗脱和消化组合法。

3. 异尖线虫的一般特性

(1) 生活史　异尖线虫包含许多圆形动物门中相近的属，具有相对复杂的生命周期，涉及一个自由生长阶段和多种宿主。成熟蠕虫产卵通过海洋哺乳动物的粪便排出。卵下沉到海底孵化成第二期幼虫，具体几天或几周孵化取决于水温。幼虫被海洋甲壳类动物摄取，继续发育为第三期幼虫。当甲壳类动物被鱼或者乌贼吃掉，幼虫迁移到第二中间宿主的组织中，在内脏或肌肉中进一步发展成第三期幼虫。当感染的鱼被海洋哺乳动物等终末宿主摄食，幼虫被释放进入宿主的胃或肠，在这里它们进一步蜕皮，发展成第四期幼虫和成虫。人类只能算是这个生活史中的偶然宿主，并不能影响这些寄生虫的传播。

(2) 幼虫的公共卫生重要性　两种蛔目异尖线虫，简单异尖线虫（鲱鱼蠕虫）和迷惑伪新地线虫（海豹蠕虫）已经感染了很多人。这些感染性的幼虫可在很多具有重要商业价值的鱼肉或内脏中发现，包括鲑鱼、鳕鱼、鲱鱼、鲭鱼和鱿鱼。迷惑伪新地线虫也见于胡瓜鱼和比目鱼。其他两种蛔目圆线虫，对盲囊线虫和豹蛔虫，也在具有重要商业价值的鱼类中发现过，也可能成为公共卫生问题。

3. 材料和专用设备

(1) 烛光

①烛光台

②镊子和含生理盐水培养皿（每 100mL 蒸馏水含 0.85gNaCl）

(2) 紫外线光照射

①手持式或固定式的紫外线照明灯

②面罩或护目镜（抗紫外线）

③镊子和含生理盐水的培养皿

(3) 洗脱

①美国标准 4 号筛（或类似大小的厨房筛）

②大漏斗（500mL 或更大）或其他容器

③透明软管和管夹

④环钳支撑杆和底座

⑤生理盐水

⑥保鲜膜或铝箔

⑦大烧杯

⑧体视显微镜或放大镜

⑨镊子和含生理盐水的培养皿

（4）消化

①胃蛋白酶溶液［15g 胃蛋白酶（1∶10 000；Sigma 化学公司）溶解于750mL 生理盐水］

②1.5 L 烧杯

③振荡水浴（37 ℃）或带机械搅拌设备的水浴

④pH 计或 pH 试纸和 6mol/L 盐酸

⑤铝箔

⑥美国标准 18 号筛（或大小类似的厨房筛）

⑦大的容器放置过筛的物质，或美国标准 140 号筛

⑧生理盐水以冲洗筛

⑨漏斗装置用来洗脱

⑩体视显微镜或放大镜

⑪镊子和含生理盐水的培养皿

（5）保存和储存

①固定液

冰醋酸，或酒精福尔马林乙酸（AFA）（85mL85％的乙醇，10mL 福尔马林，5mL 冰醋酸）

②保存液

70％的乙醇，或酒精甘油（9 份 70％的乙醇，1 份甘油）

③透明剂

冰醋酸，或甘油，或二甲苯

5. 检测和分离程序

（1）烛光

①烛光台　推荐用于烛光法中的烛光台需要有至少 20W 的冷白色荧光灯管。光源应该由一个下面是白色半透明的丙烯酸塑料或者其他透明度在45％～60％之间的材料的钢性框架固定。工作台应大约有 30cm×60cm 面积，且厚度5～6mm。在离丙烯酸片中央上方 30cm 处测到的平均光源强度应在 1 500～1 800lx。上面的强度至少要 500lx。在实验室用一个简单摄影台也能得到满意的结果。烛光在新鲜的和冷冻的鱼检测时一样有效。烛光检疫技术的效率很大程度上取决于肉片的厚度。大而厚的鱼片会导致一个特殊的问题，诸如生产成本的增加和鱼块切片造成的价值损失。光检验通常被认为是一种昂贵的低效率的检测和去除鱼片中寄生虫的技术。这项技术因不能区分活的和死的寄生虫而

受到限制。

②将鱼片放在光台上检查，如果是紧紧盘绕或含包囊的幼虫将显示为黑点。没有包裹的幼虫也能在鱼片表面发现。

③用镊子把所有看得见的虫夹到一个装有生理盐水的培养皿中。

（2）紫外光照射

①戴一个防紫外线面罩或护目镜。

②在一个黑暗的房间里，用紫外线在鱼片上方10cm处寻找发荧光的虫。荧光的颜色能提供初步的鉴别。异尖线虫和伪新地线虫发出明亮的蓝白色荧光，而对盲囊线虫发出黄色的荧光。与烛光检测一样，这种方法不能区分活的和死的虫。

③用镊子把所有看得见的虫夹到一个装有生理盐水的培养皿中。

（3）洗脱

①将至少200g的鱼组织通过固定在一个大的漏斗或其他容器中的美国标准4号筛（或同等大小的厨房筛），连接管连接到漏斗的颈部，用管夹封闭。

②用生理盐水填充漏斗或容器（完全浸泡鱼组织）。盖上保鲜膜或铝箔，使装置在室温下过夜。活幼虫将迁移出组织，并通过筛进入漏斗的颈部（或进入容器的底部）。

③16～18h后，放出100mL沉积物入烧杯中。用镊子取出所有可见幼虫放于含生理盐水培养皿，使用立体显微镜或放大镜检查剩余悬浮液，看看是否有更小的幼虫。

（4）消化

①添加约200g鱼肉组织于盛有750mL的温胃蛋白酶溶液的大烧杯中。

②将烧杯置于37℃振荡水浴锅中，控制烧杯中水的上下振荡幅度在1cm以内。低速摇晃样品约15min。

③用6mol/L的HCl调节样品至pH2，用铝箔盖住烧杯，并继续振荡24h（或者直到组织被完全消化）。

④将消化好的物质通过美国标准18号筛（或同等大小的厨房筛）过滤到合适的容器中。用生理盐水冲洗筛，将筛子浸泡在生理盐水中以检查是否将残留清洗干净。用镊子将幼虫转移到含有生理盐水的培养皿中。

⑤将通过筛子的物质转移到一个固定漏斗，沉降1h，将沉积物排出到用于洗脱的烧杯中，检查有没有更小幼虫。

⑥或者消化的物质可以分别通过嵌套的浸没在生理盐水中的18号和140号美国标准筛，将收集在18号筛的幼虫转移至生理盐水，同样，将收集在

140 号筛的所有更小幼虫转移至生理盐水。

6. 结果记录　所有寄生虫从样品中分离出来都需要被记录，无论活的、死的，还是破碎的。在分离过程中寄生虫有任何活动都被认为是活的。在室温中，异尖线虫的幼虫一般都会更加活跃。如果可能的话除了记录每千克样品中寄生虫的数量外，最好还要包括这些寄生虫的初步鉴定（或简要说明）。需要记录鱼的种类，来源，整个样品重量，单个样品的数量和重量和一些其他相应信息。

7. 幼虫的固定和保存　现在已经有各种各样的保存线虫的技术。活的或者冷冻过的幼虫首先应彻底固定在冰醋酸或 AFA 中，然后保存在一个含有70％乙醇或者最好是甘油乙醇混合物的小玻璃瓶中。为了方便镜检，用透明液让线虫的角质层变透明，可以做个临时样品框，检查后将幼虫放入保存液，在显微镜下观察线虫时一般不用染色。

8. 寄生虫识别　简单异尖线虫和伪地新线虫的三期幼虫一般可根据他们的大小和颜色进行区别。通过体视镜检查活的或者保存幼虫的前盲囊的结构可以得到明确的判断。简单异尖线虫的三期幼虫呈白色，较小，9～36mm 长，具有前部消化道结构较直，含食道，胃和肠。伪地新线虫呈典型的红褐色，长9～58mm，并有一个向前突出的肠盲囊。对盲囊线虫和针蛔属虫的第三期幼虫从形态上非常难以区分，所以经常作为一个独立群进行讨论。然而对盲囊线虫/豹蛔虫的三期幼虫可以很容易与单纯异尖线虫和伪地新线虫区分开来。前者是褐绿色，7～30mL 长，两者都有向前突出的肠盲囊和向后突出的胃盲囊。

9. 说明　如果吃了生的或者没煮熟的的含有异尖线虫幼虫的肉片时，这是对身体有害的。最近卫生部也没有关于鱼寄生虫的指导方针。然而，对于商业检查，渔业和海洋对新鲜和冷冻的鱼中寄生虫（如线虫和桡足类）有个限度。这种限度不在这里讨论，因为随时在变化。

五、日本

（一）以食品为媒介的寄生虫病相关对策（1997 年日本厚生省关于以食品为媒介的寄生虫病相关对策的通知）

1. 前言 最近，以前从未发生过的原虫集体感染事件引起了人们很大的关注，如 1994 年 8 月发生在神奈川县平塚市，1996 年 6 月发生在埼玉县越生町（隐孢子虫病）、1997 年 4 月发生在美国（环孢子虫病）的等事件。另外，在由食品媒介的蠕虫引起的疾病方面，近年来随着生鲜食品的流通手段创新及随之流通领域的扩大，在今后也有逐渐多发的趋势。

与寄生虫病相关患者的确切人数不明，但在食品卫生上，当前必须采取对策的寄生虫主要有：

（1）全国性多次发生的（寄生虫病），或者是近年来病例有增加倾向的寄生虫。

（2）在海外发生多次，日本也有逐渐多发趋势的寄生虫。

（3）发生次数不多，但可能造成严重受害情况的寄生虫。

综上考虑，具体应采取对策的寄生虫如下所列。

一）原虫类

隐孢子虫、环孢子虫、贾第虫、痢疾阿米巴。

二）蠕虫类

（一）通过生鲜的海鲜类感染的

异尖线虫、旋尾线虫、裂头绦虫、大复殖门绦虫、横川后殖吸虫、颚口线虫。

（二）通过其他食品（生兽肉等）感染的

肺吸虫、曼氏裂头蚴、猪囊尾蚴、旋毛虫。

2. 以食品为媒介的寄生虫的感染方式 经由食品媒介感染的寄生虫有多种多样。虽然不同种类的寄生虫的生活史也各不相同，但食品和寄生虫的关系，大致可以分以下的两种情况来考虑。一种情况是原生动物的包囊或卵囊和蠕虫类的虫卵等从外部污染食品，使这些食品成为感染源；另一种情况是特定种类的鱼贝类、家畜、动物成为了寄生虫的中间宿主，从而这些鱼和肉中的幼虫成为了感染源。

3. 以食品为媒介的寄生虫病的发生情况

一）原虫类

（一）隐孢子虫：主要是饮用水污染。

（二）贾第虫：饮用水、不洁蔬菜、男男同性恋等途径传染。

（三）环孢子虫（美国发生过由被污染的覆盆子传染）。

（四）痢疾阿米巴：主要是食品和水的经口感染。

二）蠕虫类

（一）通过生鲜的海鲜类感染的

（1）异尖线虫　生吃各种鱼贝类等海产是该病的起因。日本异尖线虫病的发生报道从 1980—1994 年期间共约 26 000 例。据推测，每年至少有 2 000～3 000人由异尖线虫引发的急性肠胃炎患者。而 1980 年以前没有发病报道的冲绳县，在生鲜鱼贝类开始通过空运输入以后，也出现了本病的发生报道。

本病以前多是零星发生的病例，不过最近也出现了集体发生的案例报道，如 1988 年在千叶县鸭川市的以黑背鰮为媒介的总计 62 人发病的例子，以及 1991 年 1～3 月期间在山口县萩市，异尖线虫病确诊患者 90 名，疑似异尖线虫病患者 44 名发生的例子。

另外，在对千叶县的前例中的同一地区被捕获的黑背鰮进行调查后发现，全年有 3%～10%的比例检出了异尖线虫。另外，从进口的鲑鱼、鳟鱼类中也能检出异尖线虫，未经冷冻处理（－20℃、24h 以上）的就有可能成为感染源。

（2）旋尾线虫　主要是由于生吃萤鱿，以及食用未去除内脏未冷藏的刺身类食物这一新的饮食习惯而发生的病例。从 20 世纪 80 年代中期开始逐渐增加到目前为止由本虫引起的病例报道有皮肤爬行症 32 例、肠梗阻 20 例、眼寄生 1 例。

（3）裂头绦虫　本症由食用寄生于鲑鱼、鳟鱼类的裂头绦虫类的幼虫感染。症状比较轻微，多数无症状，不过也有腹泻、腹痛等症状发生。

20 世纪 70 年代以前本症的发生局限在北陆、东北和北海道地区，但随着物流方式的创新和物流区域的扩大，在首都圈和西日本生食鲑鱼、鳟鱼类的地方近年来也有增加的倾向。1970 年以来，日本全国已有超过 1 200 例的发生报道。

另外，特别地，该虫在樱鳟上的寄生率有 30%之高。也有人指出未经冷冻处理的进口冷藏鲑鱼有成为感染源的可能性。

（4）大复殖孔绦虫　本虫对人的感染源并不确定，推测是由于生食沙丁鱼、鲣鱼等海产鱼感染的，该虫在小肠发育，成虫最大的能够达到 10m，但是很多患者能够通过自然排虫知道自己感染本病。症状几乎只是腹泻、腹痛等消化系统的症状。

日本的感染报道约 200 例。1996 年，静冈县内一年就发生了 46 例病例。原因可能是食用生的シラス（沙丁鱼、黑背鰛、脂眼鲱鱼苗的总称）。

（5）横川后殖吸虫　通过香鱼、银鱼等淡水鱼的生食感染。有很多人无症状，但多数寄生的话会引起腹泻、腹痛。

最近，据在浜名湖周边地区的河川进行的调查报道，1993～1996 年捕获的香鱼 437 尾中检出横川吸虫幼虫的有 161 尾（37%）。这个调查，表明了日本的香鱼中依然有很高的横川吸虫的幼虫发生率，自然界中横川吸虫的生活链被维持着。有报道指出日本的感染者人数推算约有 15 万人。

⑥颚口线虫　因本虫感染会导致腹部、胸部、腰背部发痒和伴随疼痛的游走性的皮下包块（皮肤匐行疹）发生，目前治疗方法只能是虫体摘除。

在日本的感染报道数，1911—1990 年有 3 133 名，但大部分是从 1946—1965 年发生的，原因是生吃雷鱼造成的。当时，生吃雷鱼的危险性被广泛传播，20 世纪 70 年代前半这种病的患者就急剧减少，但从 1980 年左右开始，因生吃从韩国、中国大陆和台湾进口的泥鳅导致引起一部分流行性皮肤匐行疹的颚口线虫病（约 5 年 90 例）。之后，生吃真鳟等导致的颚口线虫病（现在 1992 年 12 例）、生食日本产的泥鳅和鲶鱼导致的颚口线虫病（现在 1992 年 3 例）也有报道。

（二）通过其他食品（生兽肉等）感染的

（1）肺吸虫。

（2）曼氏裂头蚴：通过寄生于蛇、青蛙、鸡肉等肉上的幼虫感染。

（3）猪囊尾蚴。

（4）旋毛虫。

4. 评价

（一）整体事项

在食品媒介的寄生虫病方面，先不说包括与食品卫生相关的从业者在内的国民有着足够的关心和必要的知识技能，必须在采取必要措施的基础上解决问题。

而在寄生虫病方面，虽然最近有作为新兴感染症而备受关注的（隐孢子虫等原虫），以及过去日本一直时有发生的（异尖线虫等）之分，但关于患者发病状况和食品污染情况还是有很多不清楚的地方。

（二）原虫

在日本，食品媒介的原虫感染症的报道几乎没有。但是今后，考虑到被原虫污染的食品进行流通的可能性，也有可能出现免疫力低下状态者等被感染，或是正常人感染痢疾阿米巴，甚至可能出现生命垂危的症状的情况。

另一方面，从食品中检出寄生虫的技术很多尚未确立。此外，食品污染的具体情况也不清楚。

（三）蠕虫

在日本，发生过很多食品媒介的蠕虫感染症的事例，推测患者数也很多，其中无症状的人或症状轻微者居多。但是，异尖线虫、旋毛虫，旋尾线虫、有钩绦虫、曼氏迭宫绦虫等也有引起严重疾病可能性。

除了一部分旋毛虫之外，寄生虫本身可以通过充分的冷冻处理大致消灭，而充分加热的话，就能全部消灭寄生虫。但是，没有安全的饮食习惯的人会由于生吃等行为感染各种各样的寄生虫感染症，其中生食野猪，熊等兽肉和爬行类等（通过刺身的方式）的情况，受到感染的危险性特别高。

（5）当前应当采取的对策

基于以上的现状及其评价，目前采取以下对策是必要的。另外，不同时代、不同地域间的饮食习惯和饮食生活也多种多样，具体的对策有必要针对现状作具体考虑。

（一）对国民及相关从业人员的宣传教育，普及安全的饮食方法

有关寄生虫相关的正确知识，以及现在已知的寄生虫病和食品关系的宣传科普是必要的。具体来说，生鲜蔬菜等方面，烹饪、食用前应好好洗干净；海鲜、肉类方面，充分的冷冻及加热是重要的。特别的，由于存在生食野猪、熊、爬行类等导致的感染事例，让广大国民了解生吃这些东西的危险性是必要的。

另一方面，对于医疗从业人员，关于寄生虫疾病的诊断和治疗方法，对输入性寄生虫病药物治疗的指南等的普及也有其必要性。另外，在患者诊察的时候听取他的饮食情况等必要的诊断事项以及有关对患有免疫力低下的患者等的指导方法等也有必要得到普及。

（二）确立从食品中检测寄生虫的方法（主要是原虫类）

从食品中检测原生动物的方法还尚未确立。因此在原虫类中，特别需要关注的是在外国被怀疑与食品相关的，以及多次发生水系感染的例子导致二次污染等，今后和食品相关的可能性高的东西。基于这样的观点，确立从食品中检出隐孢子虫、环孢子虫及贾第虫的检查方法是必要的。

另外，虽然阿米巴痢疾只是作为特定的风险群体内的感染症而引人注目，但在日本出于经由食品相关工作者对食品污染的危险性的考虑，阐明感染途径

及进一步确立能够利用流行病学调查的检查方法也有其必要。

（三）实行对寄生虫知识和食品检测方法等相关内容的研究

对于地方政府职员，寄生虫相关的知识及有关从食品中检出技术的提高的研究是必要的。

（四）及时掌握国内外食品的寄生虫污染动态及相关疾病的发生情况

目前，由于还不能充分掌握食品媒介的寄生虫的污染状况和这些疾病的发生情况，因此在确立了从食品中检测寄生虫的方法之后，应当实施食品污染情况的调查。此外，应当在继续努力对国内外的文献调查的同时，推进对把握患者的发生状况的调查研究。

（五）其他

在美国发生的覆盆子污染事件的原因被认为是环孢子虫的集体感染，此后，基于 HACCP 的生产阶段的卫生管理被实施。而在日本，同样应当考虑在水源污染状况的基础上、生食用蔬菜、果实等受到污染的可能性，种植阶段中使用卫生的水等相应的对策也应该研究。

（二）生食萤鱿应采取的处理措施（2000 年日本厚生省关于生食萤鱿应采取的处理措施的通知）

为了今后能防止由寄生于萤鱿的旋尾线虫引发的幼虫移行症的发生，关于以下几点，必须对相关营业者进行彻底的告知，同时也请对一般消费者努力提供情报。进行生食的情况下，应采取以下的方法。

(1) 应在－30℃4 天以上，或者是在与此有同等杀虫能力的条件下进行冷冻例如：－35℃（中心温度）15h 以上，或者－40℃ 40min 以上）。另外，进行了冷冻处理后，应在制品上注明这样处理的目的。

(2) 应当除去内脏，并且应注明除去内脏的必要性。

(3) 而在生食以外的情况下，应当进行加热处理（投入沸水后保持 30s 以上，或者使中心温度加热到 60℃以上）。

(4) 对于贩卖者、饮食店等相关营业者，如果有贩卖生食用的萤鱿等情况，应当指导他们用（1）所列方法进行处理后方可贩卖。

(5) 对于一般消费者，应当对有关生食萤鱿导致寄生虫感染的可能性提供充分的情报，同时应大力宣传生食情况下进行（1）所列处理方法的目的。

六、中国

（一）有关水产品中寄生虫的管理措施

2015 年 10 月 1 日施行的《中华人民共和国食品安全法》，第二章（食品安全风险监测和评估）第十四条 国家建立食品安全风险监测制度，对食源性疾病、食品污染及食品中的有害因素进行监测。食品安全风险监测工作手册中，将并殖吸虫、东方次睾吸虫、颚口线虫、广州管圆线虫、华支睾吸虫、棘口吸虫、异尖线虫等列入监测范围。

2011 年 6 月 1 日起实施的国家质量监督检验检疫总局《进出口水产品检验检疫监督管理办法》（总局第 135 号令），第二十条检验或者监测项目包括寄生虫；第二十二条规定，涉及人身安全、健康和环境保护项目不合格的，作退回或者销毁处理。

2015 年 11 月 13 日发布，2016 年 11 月 13 日实施的《食品安全国家标准 动物性水产制品》（GB10136—2015）（中华人民共和国国家卫生和计划生育委员会，2015）条款 3.7 规定，即食生制动物性水产制品要进行寄生虫检疫，不得检出，包括：吸虫囊蚴，线虫幼虫，绦虫裂头蚴。

国家标准《农产品安全质量无公害水产品安全要求》（播青等，2001）中第 4.5 条规定：致病寄生虫卵（曼氏双槽蚴、阔节裂头蚴、颚口蚴）不得检出。

上海市地方标准《食品安全地方标准 生食动物性海水产品》（上海市食品药品监督管理局，2013）（DB 31/2013—2013）条款 4.4 规定，不得检出寄生虫。附录 A.1.2 寄生虫污染的控制，规定：供生食的冷冻或冰鲜海水产品应当经过－20℃以下连续冷冻 20h，或者－35℃以下连续冷冻 15h。

（二）有关水产品寄生虫检疫的技术标准

中华人民共和国出入境检验检疫行业标准《进出口食品中寄生虫的检验方法》（盘宝进，2006），该标准规定了进出口食品中主要食源性寄生虫的检验方法。包括鱼肉、贝类肉中吸虫囊蚴、颚口线虫幼虫、广州管圆线虫幼虫、阔节裂头绦虫裂头蚴的检查方法。

中华人民共和国出入境检验检疫行业标准《水产品中颚口线虫检疫技术规范》（李树清等，2013a），该标准规定了水产品中颚口线虫幼虫的检疫和形态学及分子生物学鉴定方法。

中华人民共和国出入境检验检疫行业标准《甲壳类水产品中并殖吸虫囊蚴检疫技术规范》(李树清等，2013b)，该标准规定了甲壳类水产品中并殖吸虫囊蚴的检疫和形态学及分子生物学鉴定方法。

中华人民共和国出入境检验检疫行业标准《鱼华支睾吸虫囊蚴鉴定方法》(陈信忠等，2011)，该标准规定了水产品中鱼华支睾吸虫囊蚴的检疫和形态学及分子生物学鉴定方法。

中华人民共和国出入境出入境检验检疫行业标准《异尖线虫病诊断规程》(罗朝科等，2005)，该标准规定了异尖线虫幼虫的检疫和形态学鉴定方法。

中华人民共和国出入境检验检疫行业标准《淡水鱼中寄生虫检验检疫规范》(李叶等，2010)，该标准规定了淡水鱼中寄生虫的检验方法，适用于淡水鱼中小瓜虫、黏孢子虫、三代虫、指环虫、有棘颚口线虫包囊、广州管圆线虫感染性幼虫、阔节裂头绦虫幼虫等寄生虫的监测与检测。

参 考 文 献

播青，张列奇，高清火，等．2001. GB18406.4—2001 农产品安全质量无公害水产品安全要求 [S]．北京：中国标准出版社．

陈信忠，郭书林，陈韶红，等．2011. SN/T 2975—2011 鱼华支睾吸虫囊蚴鉴定方法 [S]．北京：中国标准出版社．

李树清，陈韶红，黄维义，等．2013b. SN/T 3504—2013 甲壳类水产品中并殖吸虫囊蚴检疫技术规范 [S]．北京：中国标准出版社．

李树清，黄维义，张鸿满，等．2013a. SN/T 3497—2013 颚口线虫水产品中颚口线虫检疫技术规范 [S]．北京：中国标准出版社．

李叶，吴斌，胡传伟，等．2010. SN/T2503—2010 淡水鱼中寄生虫检验检疫规范 [S]．北京：中国标准出版社．

罗朝科，李超美，王达龙，等．2005. SN/T 1509—2005 异尖线虫病诊断规程 [S]．北京：中国标准出版社．

盘宝进，韦梅良，罗兆飞，等．2006. SN/T 1748—2006 进出口食品中寄生虫的检验方法 [S]．北京：中国标准出版社．

上海市食品药品监督管理局．2013. DB 31/2013—2013 食品安全地方标准 生食动物性海水产品 [S]．北京：中国标准出版社．

中华人民共和国国家卫生和计划生育委员会．2015. GB10136—2015 食品安全国家标准 动物性水产制品 [S]．北京：中国标准出版社．

Canadian Food Inspection Agency. Chapter 3 - Fresh and Frozen Products: Standards and

Methods Manual [EB/OL]. [2015-03-21].

Food and Agriculture Organization of the United Nations, World Health Organization. 2014. Multicriteria-based ranking for risk management of food-borne parasites: report of a Joint FAO/WHO expert meeting, 3-7 September 2012, FAO Headquarters, Rome, Italy [M/OL]. [2015-03-24]. http: //apps. who. int/iris/handle/10665/112672.

Food and Agriculture Organization of the United Nations. 2014. Assessment and anagement of seafood safety and quality: Current practices and emerging issues [M/OL]. [2015-02-27].

Government of Canada. 1995. Isolation and identification of Anisakid Roundworm Larvae in fish: Laboratory Procedure [EB/OL]. [2015-08-14]. http: //www. hc-sc. gc. ca/food-aliment.

http: //www. fda. gov/downloads/food/guidanceregulation/guidancedocumentsregulatoryinformation/seafood/ucm251970. pdf

http: //www. fda. gov/food/foodscienceresearch/laboratorymethods/ucm178990. htm#v-28.

http: //www. fda. gov/ICECI/ComplianceManuals/ CompliancePolicyGuidanceManual/ucm074509. htm

http: //www. globefish. org/assessment-and-management-of-seafood-safety-and-quality-current-practices-and-emerging-issues. html.

http: //www. inspection. gc. ca/food/fish-and-seafood/manuals/standards-and-methods/eng/1348608971859/1348609209602? chap=6

The European Commission. 2011. Regulations: Commission regulation (EU) No1276/2011 of 8 December 2011 [J]. Official Journal of the Eruopean Union, L 327: 39-41.

U. S. Food and Drug Administration. 2013. MPM: V-7, Seafood, Science & Research (food), [EB/OL]. [2015-08-14].

U. S. Food and Drug Administration. 2014. CPG Sec. 540. 590 Fish-Fresh and Frozen, as Listed-Adulteration by Parasites, Compliance Policy Guides, Inspections, Compliance, Enforcement, and Criminal Investigations [EB/OL]. [2015-08-14].

U. S. Department of Health and Human Services Food and Drug Administration Center for food safety and applied nutrition. 2011. Fish and Fishery Products Hazards and Controls Guidance [M/OL]. 4th ed. 29-74, 91-98. [2015-08-14].

图书在版编目（CIP）数据

水产品中重要食源性寄生虫检疫手册 / 李树清，黄维义主编．—北京：中国农业出版社，2016.8
ISBN 978-7-109-21963-2

Ⅰ.①水… Ⅱ.①李… ②黄… Ⅲ.①水产品—寄生虫病—食品检验—手册 Ⅳ.①TS254.7-62

中国版本图书馆 CIP 数据核字（2016）第 183754 号

中国农业出版社出版
（北京市朝阳区麦子店街 18 号楼）
（邮政编码 100125）
责任编辑　王玉英

北京万友印刷有限公司印刷　　新华书店北京发行所发行
2016 年 8 月第 1 版　　2016 年 8 月北京第 1 次印刷

开本：720mm×960mm 1/16　　印张：15.25　　插页：5
字数：262 千字
定价：50.00 元

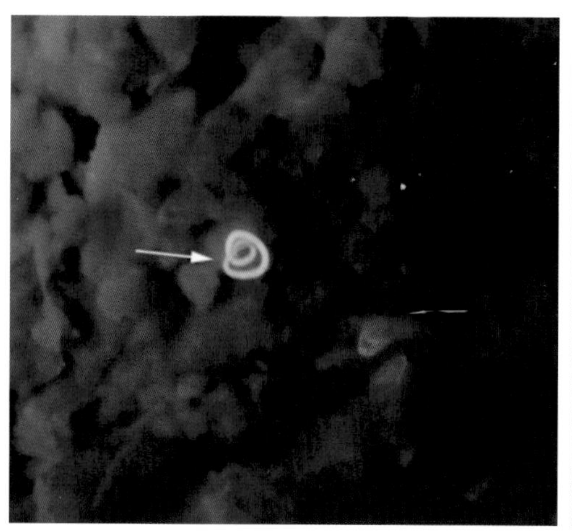

图1-2　左为紫外灯检法所见红色鱼肉中的幼虫，右为正常灯光下同一位置视野（周君波，2011；黄维义）

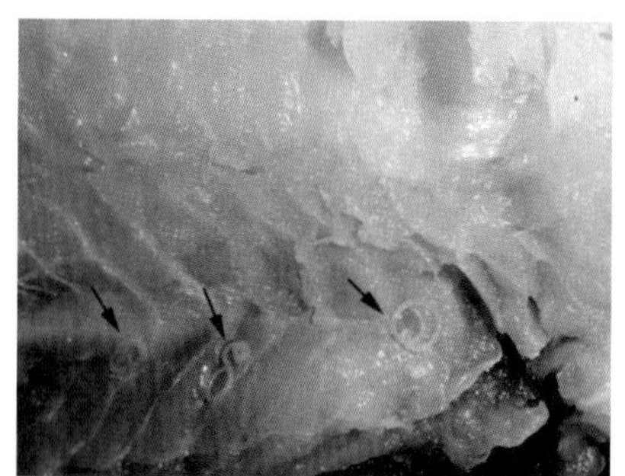
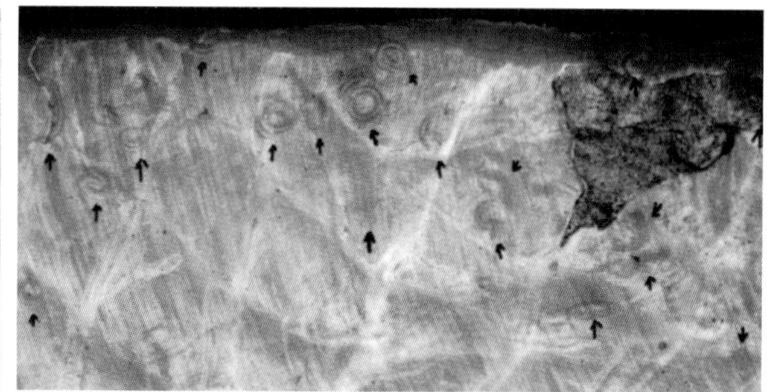

图1-3　肉眼检查所见鱼肉内的幼虫（周君波，2011；黄维义）

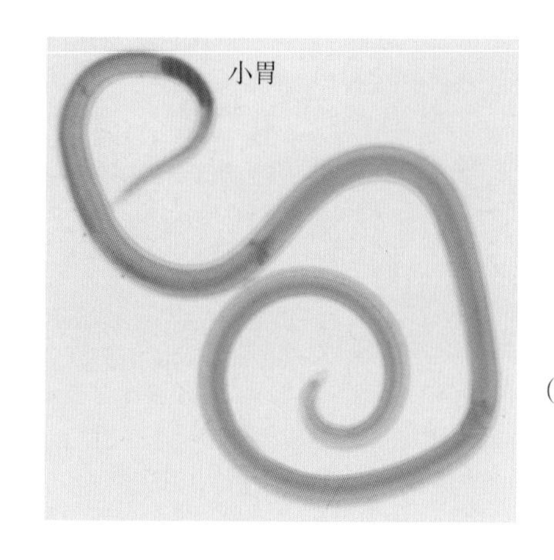

图1-4　异尖线虫活虫（45×）（李树清，2015）

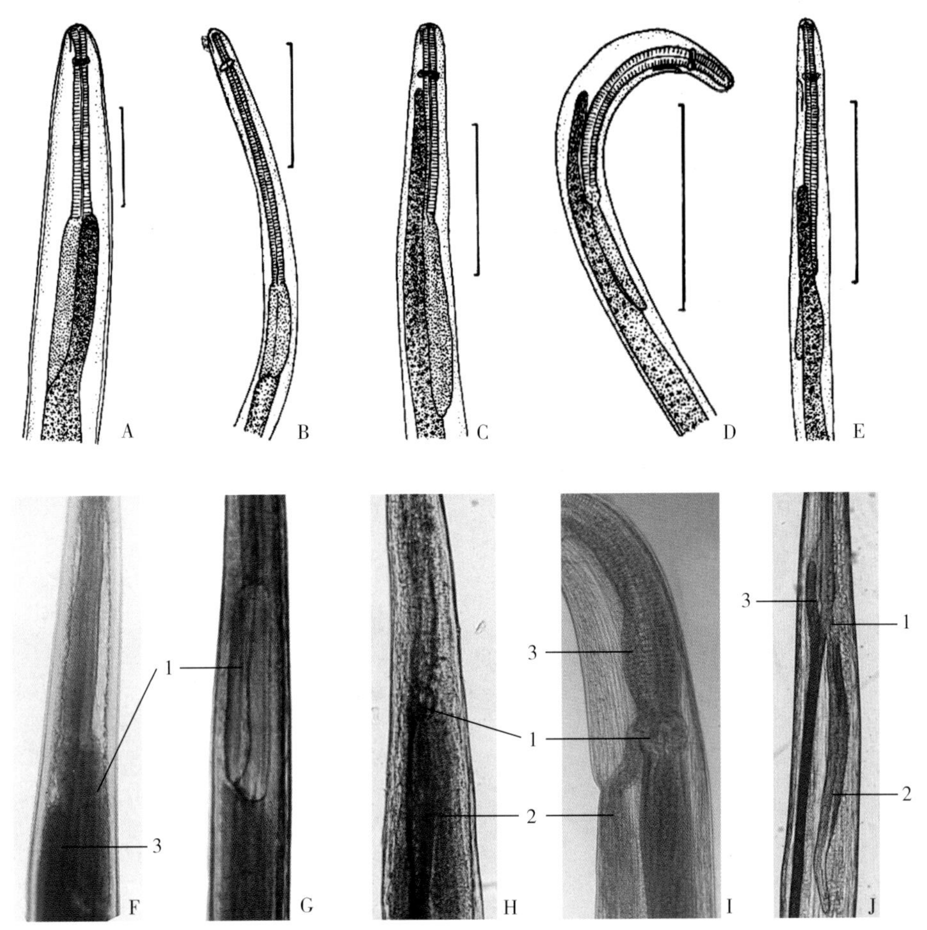

图1-5　异尖线虫科4个属的L3虫体前半段（示胃、肠盲囊、胃盲囊）（黄维义，李树清）

上排为模式图，标尺为0.1mm；下排为光学显微镜照片，F~I放大倍数100×，J放大倍数为50×　A、F.伪新地属线虫　B、G.异尖属线虫　C、H.对盲囊属线虫　D、E、I、J.宫脂属线虫　1.胃　2.胃盲囊　3.肠盲囊

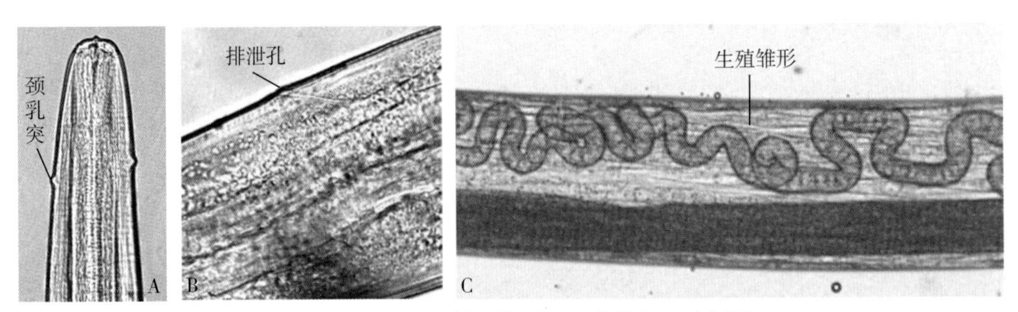

图1-6 异尖科线虫虫体局部特征（黄维义，李树清）

A.伪新地属线虫不对称的颈乳突（100×）　B.宫脂属线虫排泄孔位于神经环下方（400×）　C.宫脂属线虫L4中段，已具生殖器官（100×）

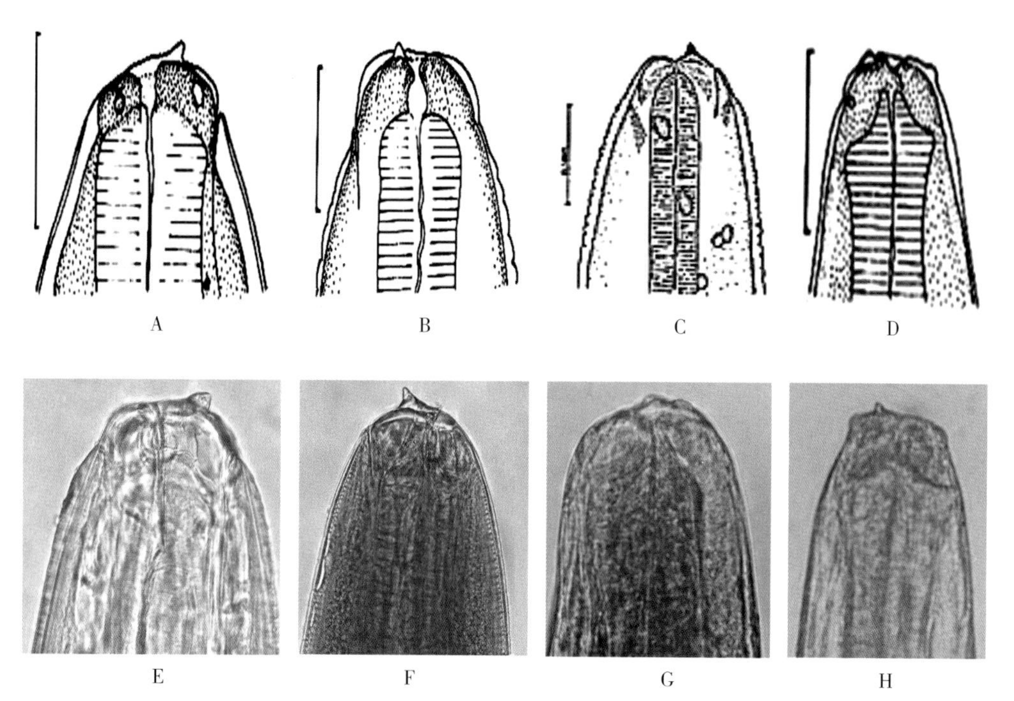

图1-7　异尖科线虫4个属的L3头端比较（黄维义，李树清）

上排为模式图，标尺为0.1mm；下排为光学显微镜照片，放大倍数为400×　A、E.异尖属线虫，B、F.伪新地属线虫　C、G.对盲囊属线虫　D、H.宫脂属线虫

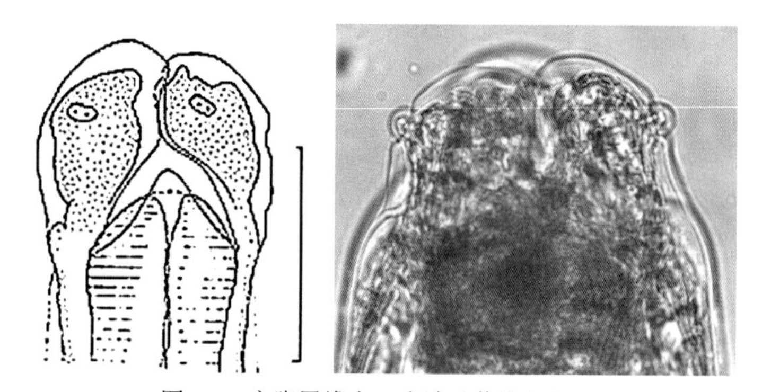

图1-8　宫脂属线虫L4头端（黄维义）

左为模式图，标尺为0.1mm；右为光学显微镜照片，放大倍数为400×

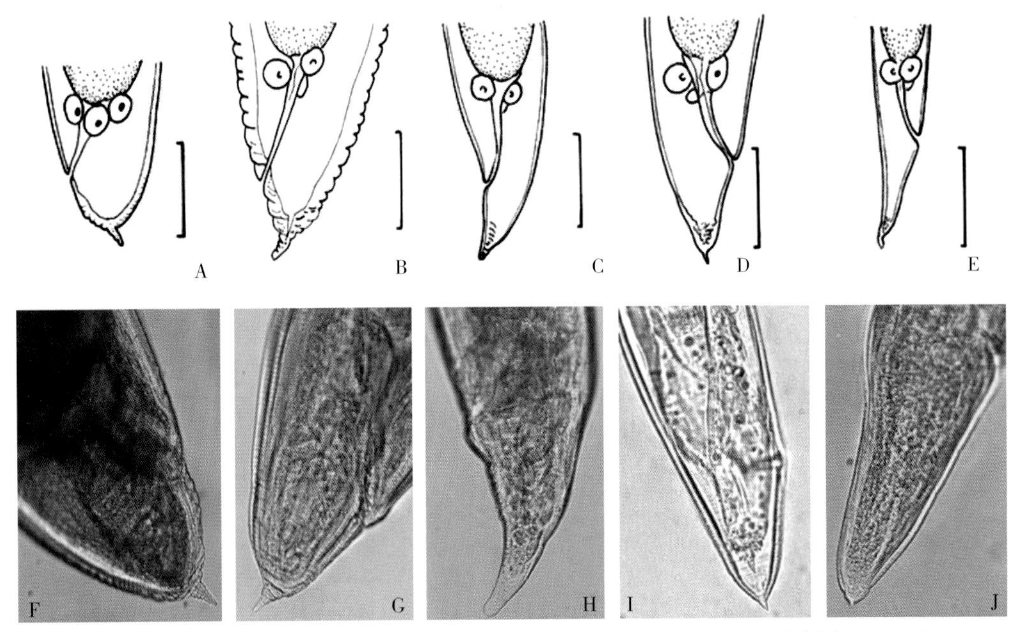

图1-10　异尖线虫科5个属的L3尾端比较（张路平；黄维义，2014；李树清，2015）

上排为模式图，标尺为0.1mm；下排为400× 光学显微镜　A、F.异尖属线虫　B、G.伪新地属线虫　C、H.对盲囊属线虫　D、E、I、J.宫脂属线虫

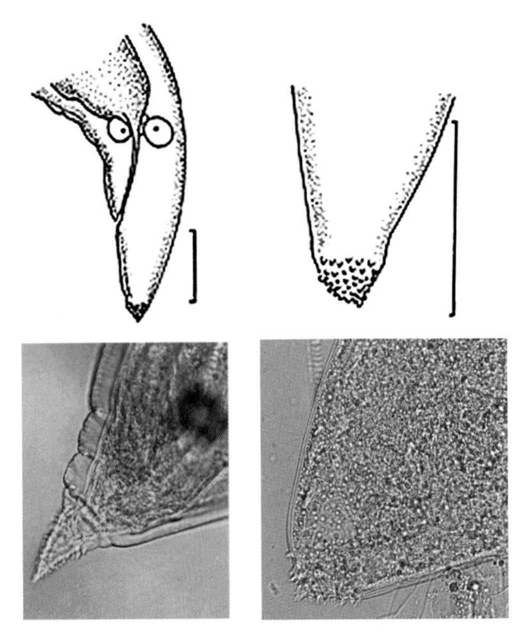

图1-11　宫脂属线虫L4尾端（张路平；黄维义）

上排为模式图，标尺为0.1mm；下排为400× 光学显微镜

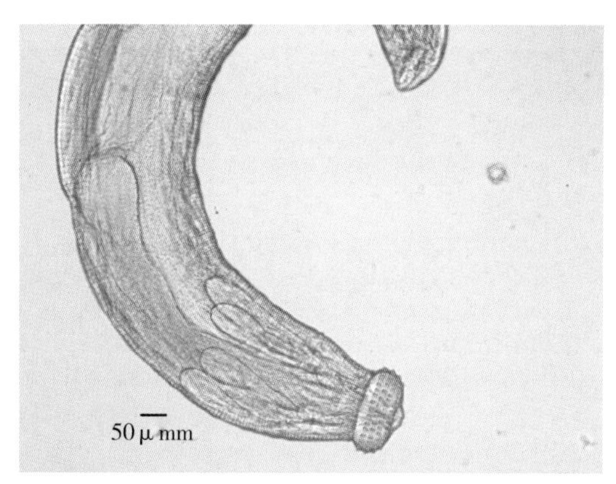

图1-23　颚口线虫L3（示4条颈囊）（李雯雯，李树清，2011）

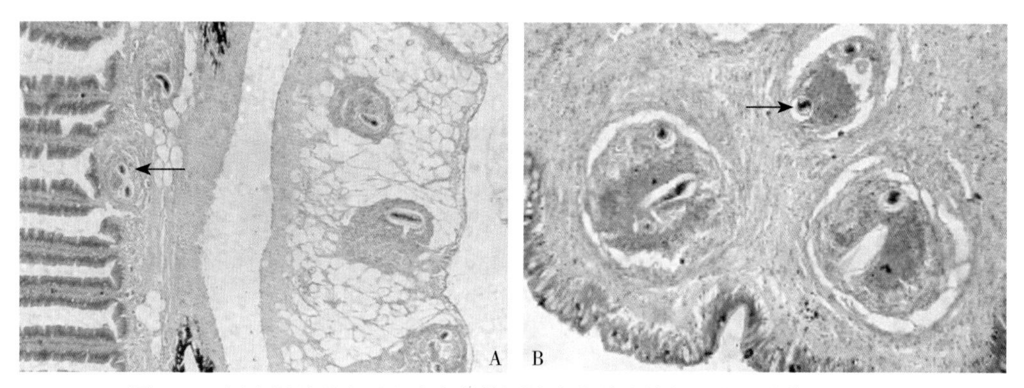

图1-37　福寿螺肺囊和足肌中广州管圆线虫的幼虫结节（张超威等，2008）

A.肺囊（×100）　B.足肌边缘（×200）

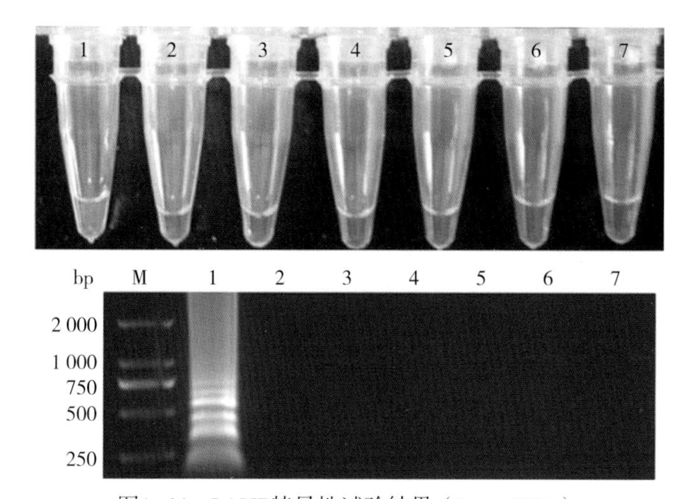

图1-44　LAMP特异性试验结果（Liu，2011）

1.广州管圆线虫　2.简单异尖线虫　3.鞭虫　4.犬弓蛔虫　5.旋毛虫　6.蛔虫　7.空白对照

图1-46　LAMP特异性试验结果（Chen，2011）

N.阴性对照　1.广州管圆线虫　2.弓形虫　3.恶性疟原虫　4.日本血吸虫　5.华支睾吸虫　6.卫氏并殖吸虫　7.异尖线虫

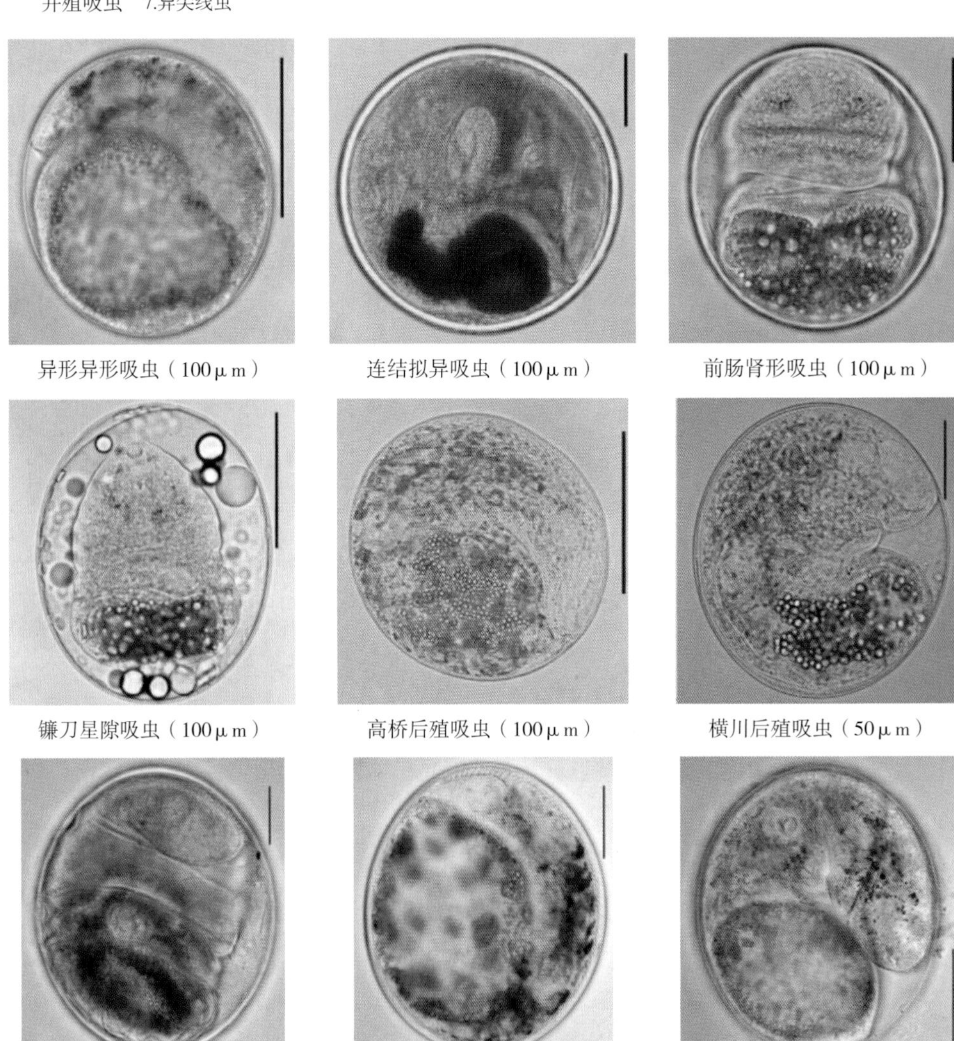

异形异形吸虫（100μm）　连结拟异吸虫（100μm）　前肠肾形吸虫（100μm）

镰刀星隙吸虫（100μm）　高桥后殖吸虫（100μm）　横川后殖吸虫（50μm）

扇棘单睾吸虫（50μm）　钩棘单睾吸虫（50μm）　多棘单睾吸虫（75μm）

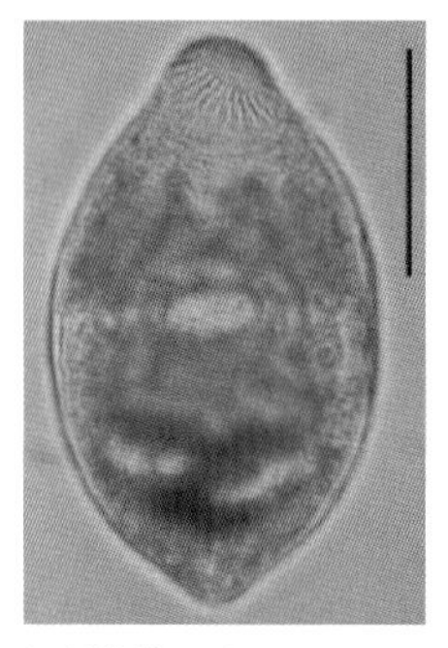

多刺棘带吸虫（100μm）

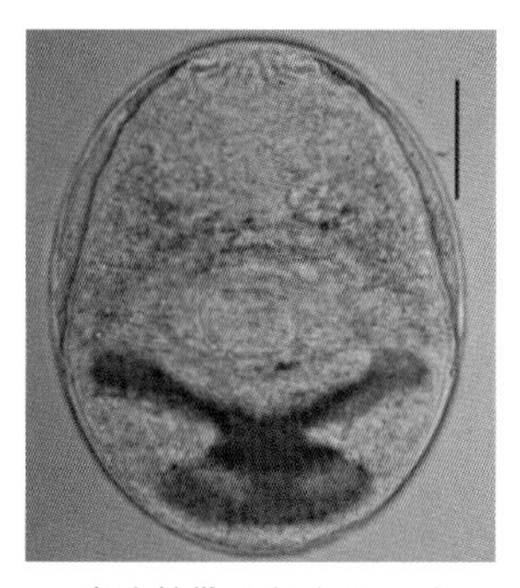

台湾棘带吸虫（50μm）

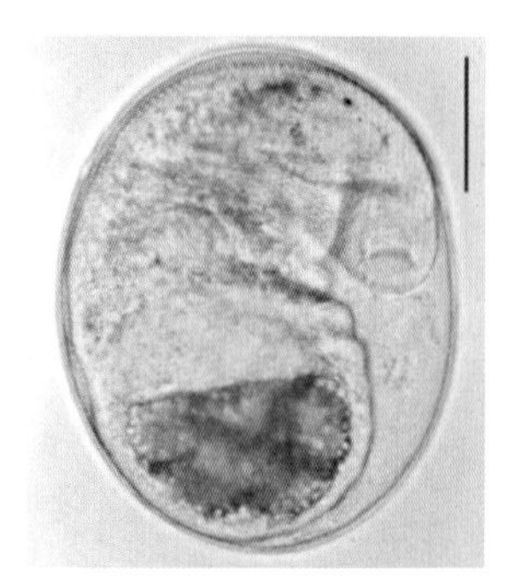

变异前角囊吸虫（50μm）

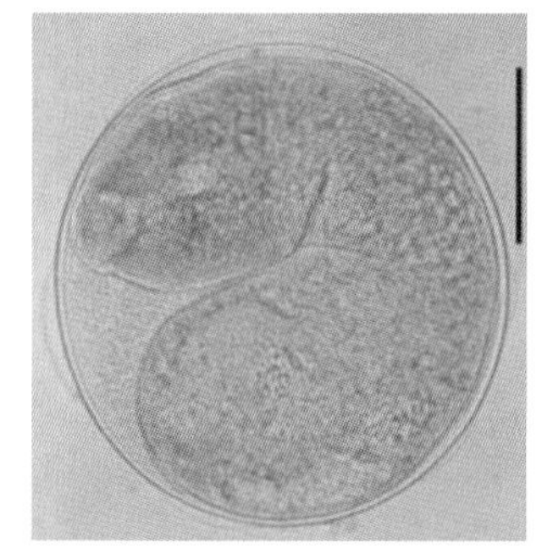

双叉斑皮吸虫（100μm）

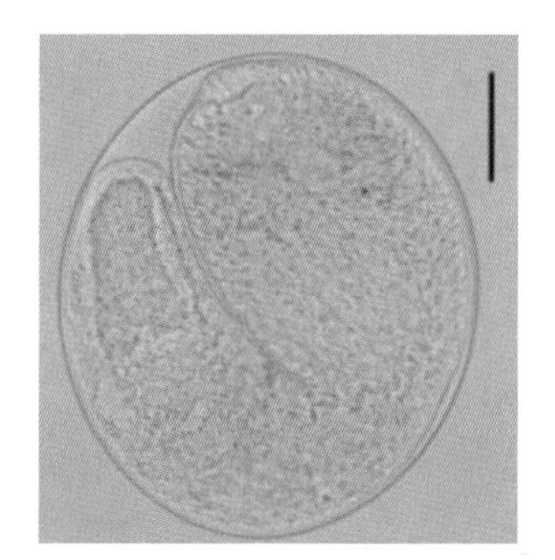

拉里斑皮吸虫（100μm）

图1-59　异形吸虫的囊蚴形态

（Rim，2008；Sohn，2009a，2009b；Chai，2012）

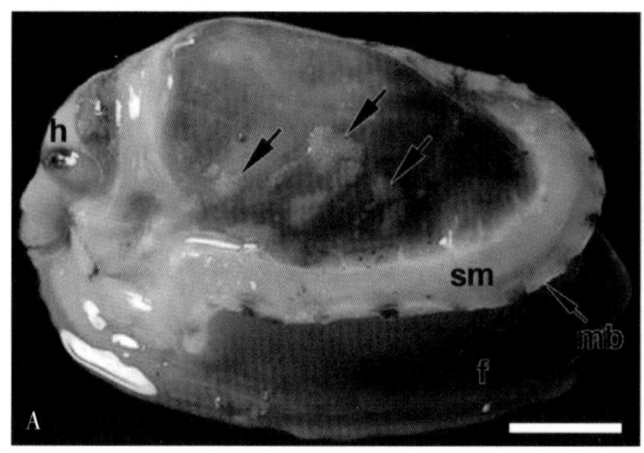

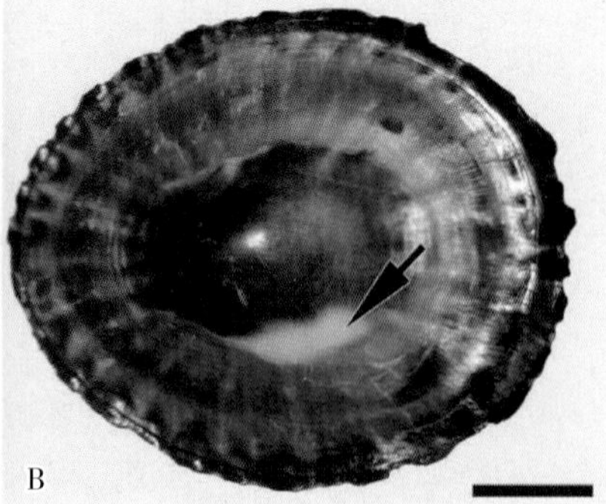

图1-67　受感染的牡蛎（Cremonte，2013）

A.受感染的牡蛎内部景象，后尾蚴集中于牡蛎外套膜上（箭头指示处）　B.后尾蚴群集的软体部正上方的内壳表面异常钙质沉积（箭头指示）　f.足　h.头　mb.壳背边缘　sm.壳肌（比例尺：10mm）

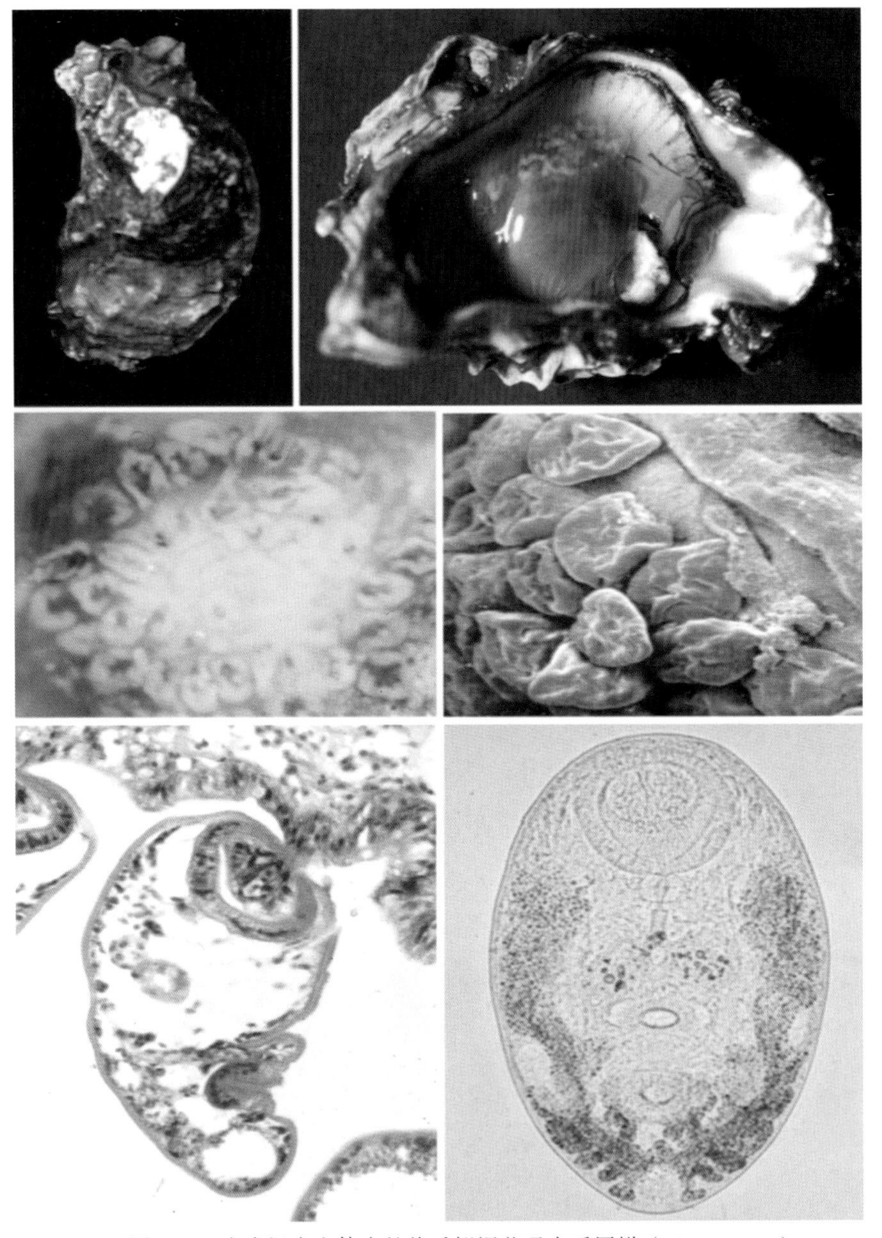

图1-68　在中间宿主体内的徐氏拟裸茎吸虫后尾蚴（Chai，2003）

左上：在流行地区自然条件下可用的牡蛎；

右上：受感染的牡蛎内部景象，后尾蚴集中于牡蛎外套膜上（箭头指示处）；

左中：牡蛎外套膜上感染的后尾蚴集团；

右中：扫描电镜下牡蛎外套膜上感染的后尾蚴集团；

左下：一个后尾蚴以口吸盘吸附在牡蛎外套膜上外表皮部；

右下：这是一个新鲜的后尾蚴，轻压后腹面观，显示口吸盘（OS），腹侧坑（VP）和腹吸盘（VS）

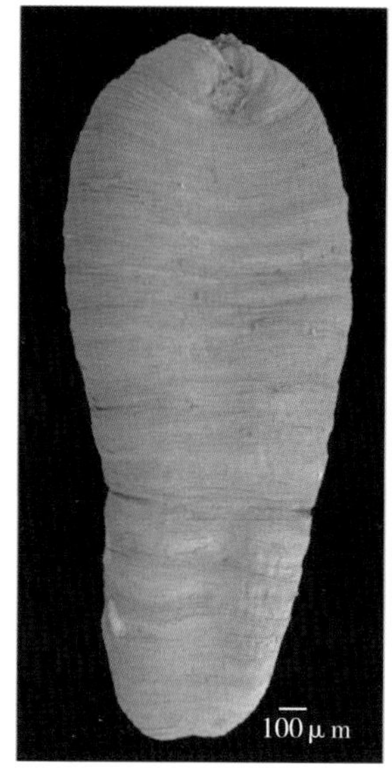

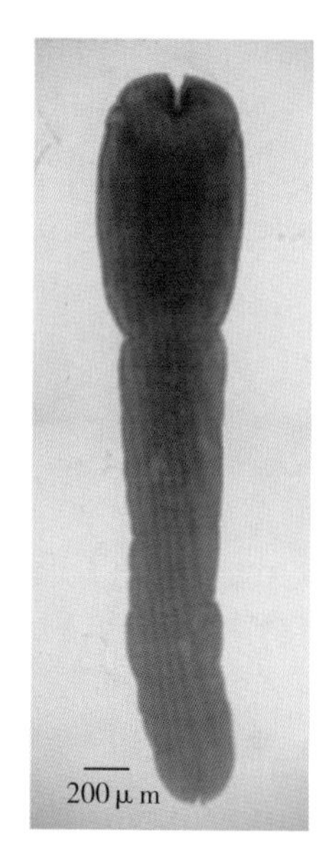

图1-73　阔节裂头蚴（Scholz，2009）

左：鱼肌肉中的阔节裂头蚴；中：阔节裂头蚴电镜图（100μm）；右：阔节裂头蚴光镜图（200μm）

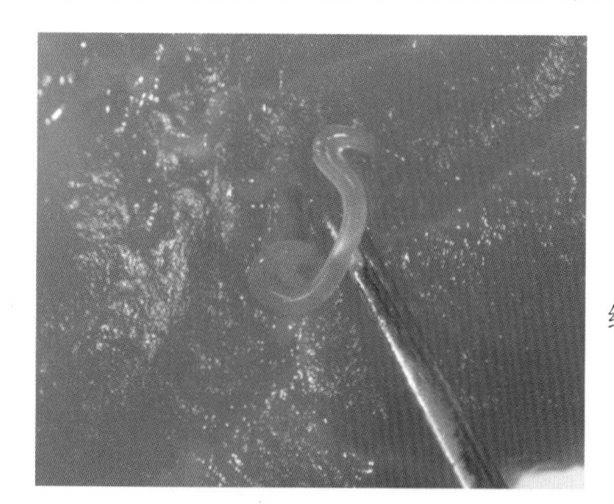

图3-1　直接检查法检出鱼肉中异尖线虫L3（李树清，李雯雯）

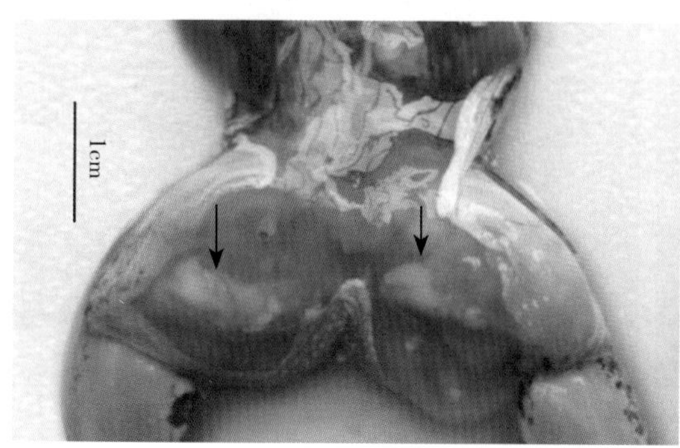

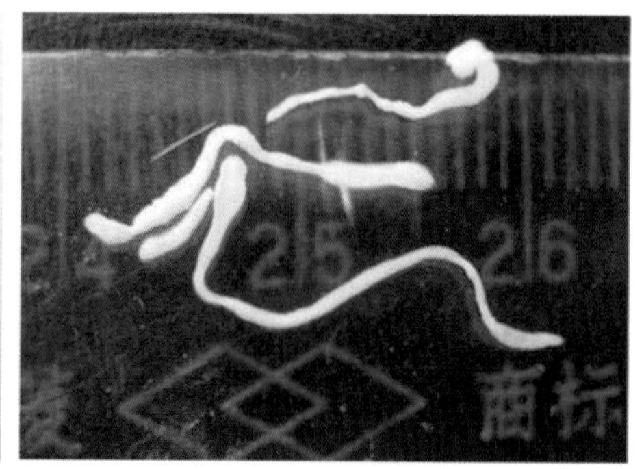

图3-2　直接检查法检出蛙腿部肌肉中裂头蚴（见白点），右图为分离出的虫体（李健，黄维义，2015）

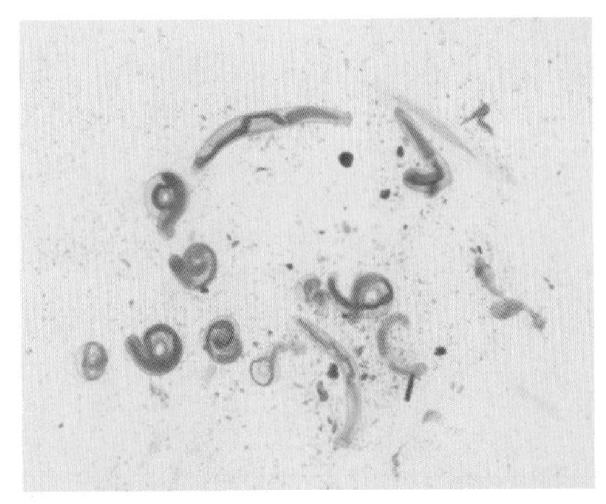

图3-3　消化后在体视镜下检出的颚口线虫（4×10）（李雯雯，李树清）

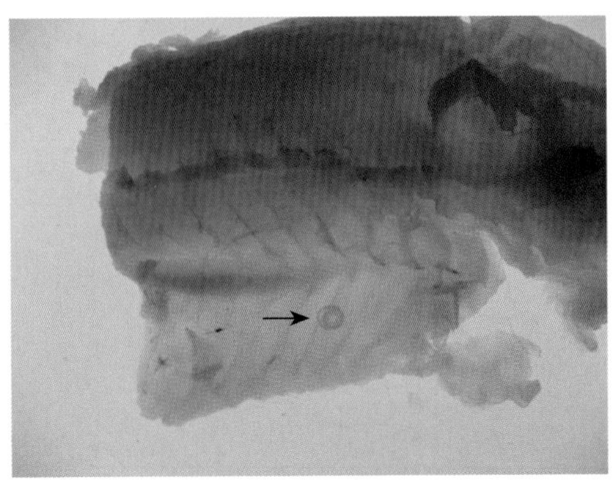

图3-6　鱼肉中的异尖线虫（周君波，黄维义，2011）

图3-7　紫外灯烛光法检测大马哈鱼肌肉中的异尖线虫（周君波，2011）

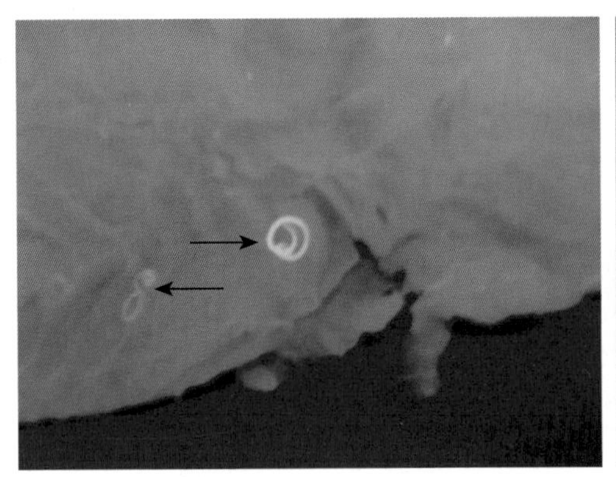

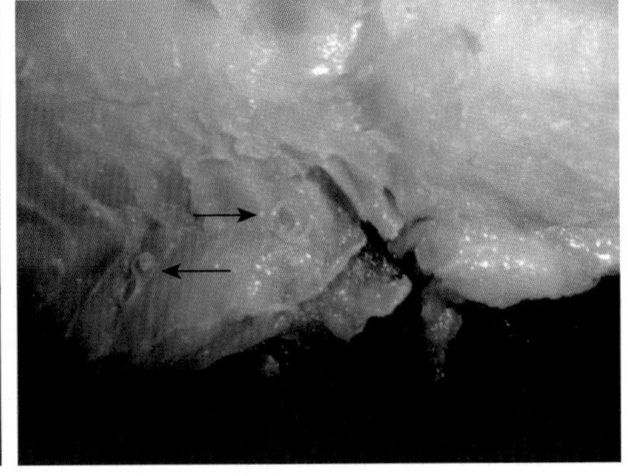

图3-8　左：紫外灯烛光法检测鳕鱼肌肉中的异尖线虫（周君波，2011）
右：相同位置普通光线下见到的异尖线虫（周君波，2011）